廊坊市灾害性天气预报手册

主　编：杜海涛

副主编：郭立平

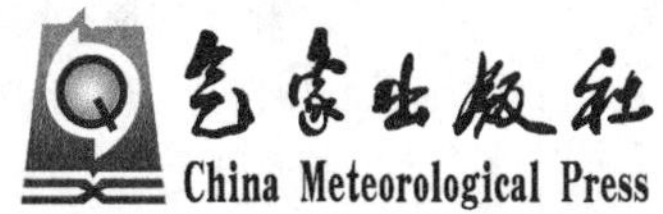

气象出版社

China Meteorological Press

内 容 简 介

本书以提高灾害性天气预报、预警和服务水平为目的，从灾害性天气的气候特征、大气环流形势、预报指标及预报着眼点等几方面进行深入、全面的研究和归纳。全书共分11章，包含暴雨、雾、高温、寒潮、冰雹、大风等10余种灾害性天气，是一本廊坊市气象行业专业指导手册。

本书可供气象、农林、水利、环保等专业的科技人员参考，也可作为有关领导决策服务的实用参考书。

图书在版编目(CIP)数据

廊坊市灾害性天气预报手册 / 杜海涛主编. — 北京：气象出版社，2019.5

ISBN 978-7-5029-6966-0

Ⅰ.①廊… Ⅱ.①杜… Ⅲ.①灾害性天气-天气预报-廊坊-手册 Ⅳ.①P457-62

中国版本图书馆CIP数据核字(2019)第086134号

出版发行：气象出版社
地　　址：北京市海淀区中关村南大街46号　　**邮政编码**：100081
电　　话：010-68407112(总编室)　010-68408042(发行部)
网　　址：http://www.qxcbs.com　　**E-mail**：qxcbs@cma.gov.cn
责任编辑：黄海燕　　**终　　审**：吴晓鹏
责任校对：王丽梅　　**责任技编**：赵相宁
封面设计：博雅思企划
印　　刷：北京中石油彩色印刷有限责任公司
开　　本：787 mm×1092 mm　1/16　　**印　　张**：12.75
字　　数：326千字　　**彩　　插**：4
版　　次：2019年5月第1版　　**印　　次**：2019年5月第1次印刷
定　　价：60.00元

《廊坊市灾害性天气预报手册》
编委会

序

廊坊市位于河北省中东部(116°07′～117°14′E，38°28′～40°15′N)，地处京津两大城市之间，环渤海腹地。

全市总面积 6429 km^2，整个区域分南、北两部分，中间被北京、天津相隔，地形呈狭长状。其中三河市东北隅有小面积低山丘陵，为燕山南侧余脉，海拔一般为200～300 m；其余98%均系平原，地势平坦，北部略高，南部低洼，地势由西北向东南倾斜，平均海拔 13 m。

廊坊市天气复杂多变，暴雨、冰雹、大风、雷电、高温、雾、霾、寒潮等灾害性天气种类多，时空变率大，给预报服务工作带来了很大难度和挑战，需要气象工作者不断进行深入研究，为廊坊市的防灾减灾及公众服务工作提供科技支撑。

多年来，廊坊市气象工作者为提高灾害性天气预报准确率，不断探索、研究、归纳和总结各种灾害性天气的预报技术、方法，取得了很好的研究成果。近年来，预报业务人员加强了新资料、新产品、新方法的研究，从多角度寻找灾害天气发生及演变的规律，使天气预报质量稳步提高，这些科研工作为《廊坊市灾害性天气预报手册》的完成创造了有利的条件。

1978 年、2004 年廊坊市气象科技人员先后编著了《廊坊地区灾害性天气气候手册》《廊坊市天气气候手册》，由于气象事业的快速发展，其技术方法、研究内涵已不能适应当前业务的需要，有必要组织编写《廊坊市灾害性天气预报手册》。此次编写工作是在河北省气象局有关专家指导、廊坊市各县(市)气象局一线科技工作者积极参与和支持下完成的。该书凝聚了廊坊市气象科技工作者的智慧，既承接了以前的预报技术、经验，也补充了新的研究成果，同时培养和锻炼了预报员队伍，必将对廊坊市气象事业的发展产生积极的推进作用。谨此，我向参与此书编写并付出艰辛努力的专家和全体气象科技人员表示衷心的感谢！

廊坊市气象局党组书记、局长：展芳

2018 年 11 月

前　言

灾害性天气常常给国民经济和人们的生产生活带来一定不利影响，甚至带来严重的财产损失和人身伤亡。廊坊市主要灾害性天气有暴雨、冰雹、大风、雷电、高温、寒潮、连阴雨、雾等。随着气象科学技术和观测手段的不断进步，新资料、新技术方法也在发生着前所未有的变化。为了满足不断增长的气象服务需求，提高预报员把握灾害天气过程特点的能力，充分挖掘多种新资料和数值预报产品的实用价值，廊坊市气象局成立了以预报员为主要力量的编写组，在 1978 版《廊坊地区灾害性天气气候手册》、2004 版《廊坊市天气气候手册》的基础上，整理了近年来的预报经验及气象科研成果，经过反复修改，完成了新版手册的编写任务。

本书主要是为具有气象专业背景和天气学基础的预报员编写的实用性技术手册，也可以作为当地新预报员的培训教材。

本书主要由廊坊市气象局市(县)两级一线气象科技人员完成。杜海涛负责手册的总体规划、文稿审定、调度等工作，郭立平负责内容设计、技术和各章节文稿审核工作。各章节主笔分工如下：第 1 章：暴雨，由李娜负责编写；第 2 章：强对流天气，冰雹部分由刘艳杰负责编写，雷暴及雷暴大风，由孟宪群、刘小雪负责编写；第 3 章：大风，由刘小雪负责编写；第 4 章：雾，由周贺玲负责编写；第 5 章：高温，由李红星、周玉都负责编写；第 6 章：霾与空气重污染，由秦云苗、石林芝、王亚明负责编写；第 7 章：沙尘天气，由霍东升、李红星、张绍恢负责编写；第 8 章：寒潮，由郭立平、王洁负责编写；第 9 章：强降雪，由许敏负责编写；第 10 章：连阴雨(雪)，由王梦负责编写；第 11 章：廊坊市历史气象灾害及区划，由王清川负责编写；附录 A：由王清川负责编写；附录 B：由郭立平负责编写；附录 C：由周玉都负责编写。此外，张绍恢、黄浩杰、周涛、王鹤婷完成了部分章节的数据整理、文字审核及目录编排等工作。

本书的编写得到了廊坊市气象局 2016 年科研项目的资助；廊坊市气象局各位领导对本书的编写给予了高度重视和大力支持，在此表示衷心感谢。河北省气象局李江波首席、王丽荣总工程师认真审阅了书稿并提出了一些宝贵的修改意见，在此一并致谢！

本书在撰写过程中，参考了一些科技工作者的研究成果，除参考文献所列正式刊登的论文、论著外，还有一些没有正式发表的文献未能一一列出作者和出处，恳请有关人员谅解，在此也深表谢意。

作者

2018 年 11 月

目　　录

第1章　暴　雨

暴雨是廊坊市主要的灾害性天气之一，它所造成的洪涝常使国民经济和人民生命财产受损，同时，暴雨也是一种重要的水资源，能够调节局地气候，缓解旱情；若能充分利用，化害为利可给城市和农业生产带来不可低估的益处。

1.1　暴雨的统计特征

暴雨定义与分级：根据《降水量等级》(GB/T 28592—2012)及业务服务需求，本章主要分析暴雨(日降水量≥50 mm)、大暴雨(日降水量≥100 mm 和日降水量≥200 mm)以及特大暴雨(日降水量≥250 mm)的分布特征。统计时段分为 24 小时段(20—20 时，北京时，下同)、白天段(08—20 时)和夜间段(20—08 时)。同时规定：辖区内一日有一站出现暴雨即记为一个暴雨日。

1.1.1　各级暴雨日的分布特征

资料统计结果显示，1964—2015 年廊坊市共出现暴雨日 373 天(表 1.1)，平均每年 7.2 天；大暴雨日 63 天，平均每年 1.2 天；200 mm 以上的大暴雨共出现 3 天、6 站次，≥250 mm 的特大暴雨只出现 1 天、1 站次，即 2012 年 7 月 21 日夜间固安站的特大暴雨，日降水量达到 366.7 mm，是廊坊市 52 年来日降水量之最。从表 1.1 中还可以看出，出现在夜间段的暴雨和大暴雨日比白天时段多，特别是 200 mm 以上的大暴雨日，主要出现在夜间段。

表 1.1　三个时段暴雨(大暴雨)出现的站次、日数

时段	暴雨(≥50 mm)		大暴雨(≥100 mm)		大暴雨(≥200 mm)	
	站次	日数(天)	站次	日数(天)	站次	日数(天)
20—20 时	852	373	124	63	6	3
20—08 时	374	188	57	29	4	3
08—20 时	276	159	25	15	0	0

按照单站暴雨、局部暴雨(2～3 站)、区域性暴雨(4～8 站)和全市性暴雨(9 站)的标准进一步分析廊坊暴雨的分布特征，结果显示：单站暴雨日最多，共计 200 天，占总日数的 53.7%，平均每年发生约 3.8 天；局部暴雨次之，102 天，占总日数的 27.3%，平均每年发生约 2.0 天；区域性暴雨 65 天，占总日数的 17.4%，平均每年发生 1.25 天；全市性暴雨最少，仅 6 天，占 1.6%(表 1.2)。

此外，从图 1.1 中可以看出，无论是白天段还是夜间段的暴雨或大暴雨，均以单站暴雨(大暴雨)发生的频率为最高，所占比例最大，均达 50%以上，说明廊坊市暴雨的局地性特征强；52 年内，没有出现过全市性的大暴雨。

表 1.2　三个时段暴雨(大暴雨)类型的统计特征

	暴雨			大暴雨		
	20—20 时	08—20 时	20—08 时	20—20 时	08—20 时	20—08 时
单站	200	103	111	40	11	17
局地	102	43	52	13	2	7
区域	65	12	23	10	2	5
全市	6	1	2	0	0	0

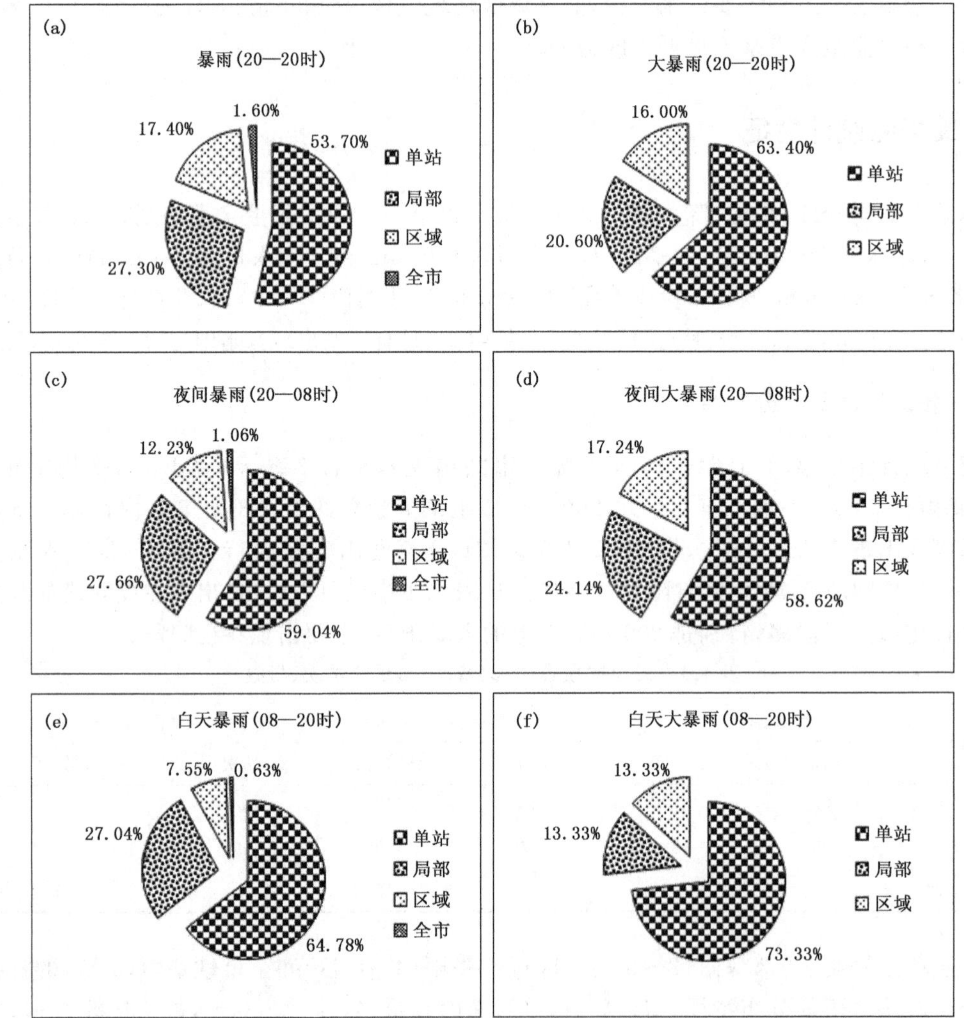

图 1.1　廊坊市三个时段暴雨(大暴雨)分布特征

1.1.2　暴雨的空间分布特征

进一步分析廊坊市暴雨的空间分布特征(图 1.2、图 1.3)。从图 1.2 中可以看出,三河站暴雨日数最多,为 117 天,平均每年 2.25 天;其次是香河站 103 天,平均每年 1.98 天;年均暴雨日数最少的是文安站和永清站，分别是1.58天和1.60天。由此可见，北三县(三河、大厂、香河)、固安和大城是暴雨相对高发的区域。大暴雨的分布主要有两个大值中心，即南部的文安、大城和市区(廊坊)，三站大暴雨总日数均在15天以上，大城站最多，为19天，年均0.37天；其余几站大暴雨日数相差不大，为10～13天；最少的是霸州站，为10天。可见，廊坊大暴雨易出现在市区和南部的文安、大城。

进一步分析可以看出，各站的暴雨和大暴雨，均是夜间段比白天段日数多。从各站夜间段暴雨日数的分布看，最多的是大城，其次是三河，而市区最少；各站夜间段大暴雨出现日数相差不大，仍是大城站最多。白天段暴雨日数的分布与夜间段相似，北三县、大城是高发地区，最少是永清；白天段大暴雨日数最多的是市区，为5天，最少的是固安和永清，只有1天。

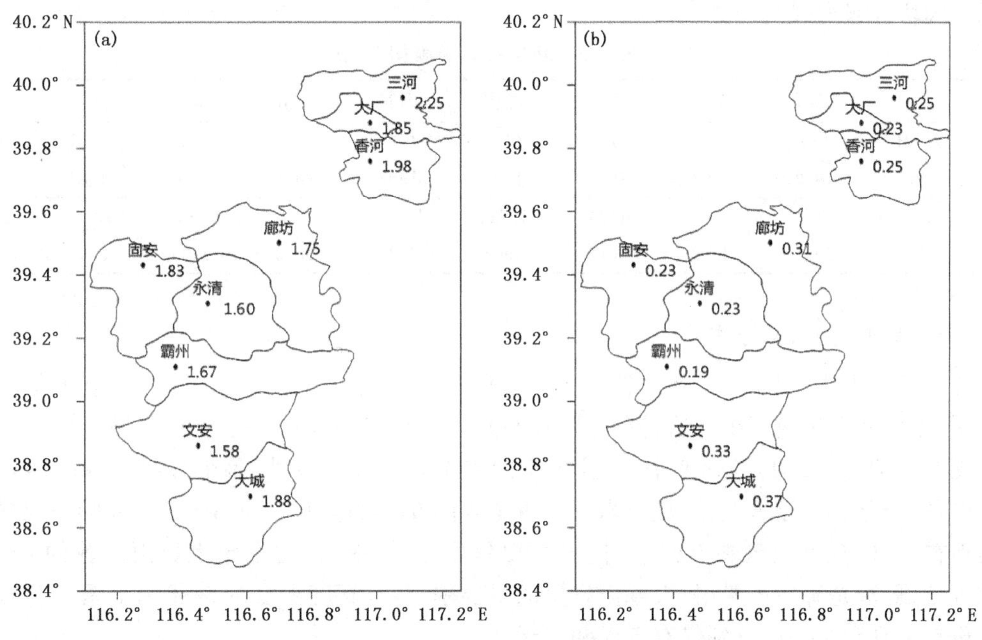

图1.2 廊坊市年均暴雨(a)、大暴雨(b)日数空间分布(单位:天)

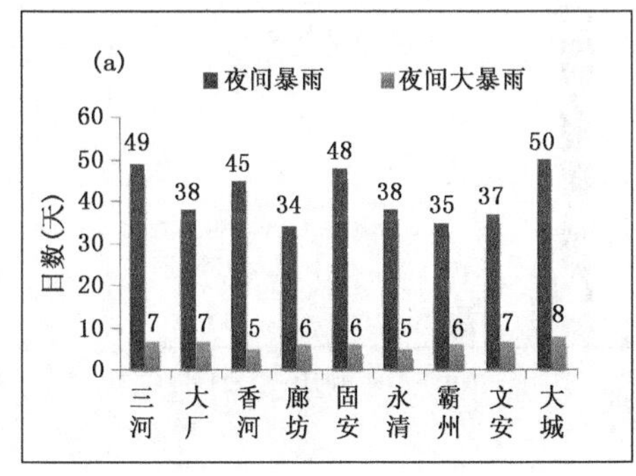

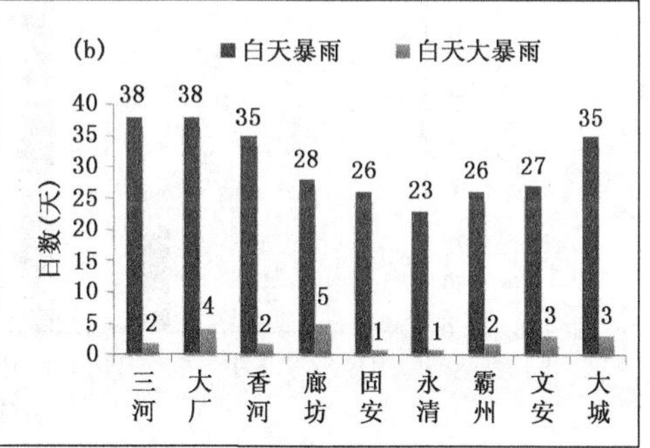

图1.3 廊坊市夜间(a)、白天(b)暴雨(大暴雨)日数空间分布

1.1.3 暴雨的时间分布特征

1.1.3.1 暴雨初、终日

数据统计结果表明(表 1.3),廊坊市暴雨最早初日为 4 月 21 日,于 2011 年出现在永清站,最晚初日出现在 6 月 5 日,于 1979 年出现在三河;暴雨终日最晚时间为 11 月 4 日,2012 年出现在北三县,其中香河县降水相态以雨为主,伴有降雪,终日最早时间是 2003 年 10 月 11 日。各站初日时间分布差异较大,一些站随年代变化,日期更新,导致暴雨初日出现的年跨度从 20 世纪 70 年代后期到 2012 年不等,月份分布从 4 月下旬到 6 月初;暴雨终日时间分布相对集中,主要是 2003 年 10 月 11 日和 2012 年 11 月 4 日,暴雨初、终日的分布变化一定程度上体现了廊坊气候变暖的趋势。

表 1.3　廊坊各站暴雨初、终日

站名		三河	大厂	香河	廊坊	固安	永清	霸州	文安	大城
初日	月/日	6/5	5/22	5/24	4/22	4/25	4/21	6/2	5/11	4/24
	年	1979	1987	1994	1998	1983	2011	2010	1984	2012
终日	月/日	11/4	11/4	11/4	10/11	10/11	10/11	10/11	10/11	10/11
	年	2012	2012	2012	2003	2003	2003	2003	2003	2003

1.1.3.2 暴雨的月、旬分布

统计结果表明(图 1.4),廊坊市暴雨具有明显的季节特征,平均每年 6 月开始增多,7 月最多,8 月次多,9 月迅速减少。这种分布特征与廊坊市处于季风区关系密切。暴雨最早出现在 4 月,最晚出现在 11 月,长达 8 个月,除冬季的三个月和 3 月以外,每个月都有暴雨出现的可能。但月、季分布有显著差异,夏季暴雨日占全年的 91.7%,其中 7—8 月占 79.6%;大暴雨最早出现在 5 月,最晚出现在 9 月,也同样主要集中在 7—8 月,占全年大暴雨日数的 88.9%。由此可见,夏季是廊坊市暴雨、大暴雨发生的主要季节,且高度集中在 7—8 月。暴雨日数较少的月份是 4 月和 11 月,分别仅有 5 天和 1 天。

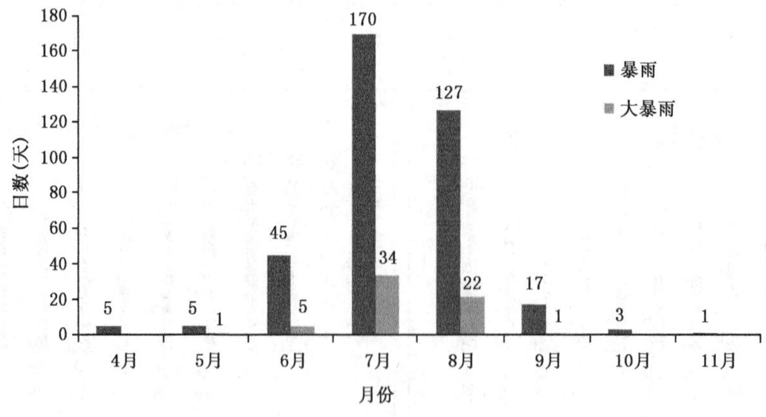

图 1.4　廊坊市暴雨(大暴雨)月分布

从逐旬分布来看(图 1.5),7 月下旬暴雨日数最多,占全年总数的 24.2%,其次是 8 月上

旬,占16.7%;大暴雨的旬分布也具有相似的分布特征,且更为集中和明显,7月下旬、8月上旬的大暴雨日占总日数的51.61%,即一半以上的大暴雨都发生在这两个时间段,因此“七下八上”是廊坊市暴雨防范最关键的时期。随季节推移,平均来说,7月底到8月,西太平洋副热带高压(简称“西太平洋副高”)已北跳东移到日本西南部及其以南海域,华北及其邻近地区位于西太平洋副高西北侧,而西太平洋副高西北侧与西风带副热带锋区相邻,多气旋和锋面活动,上升运动强,有利于暴雨形成(朱乾根 等,2000)。

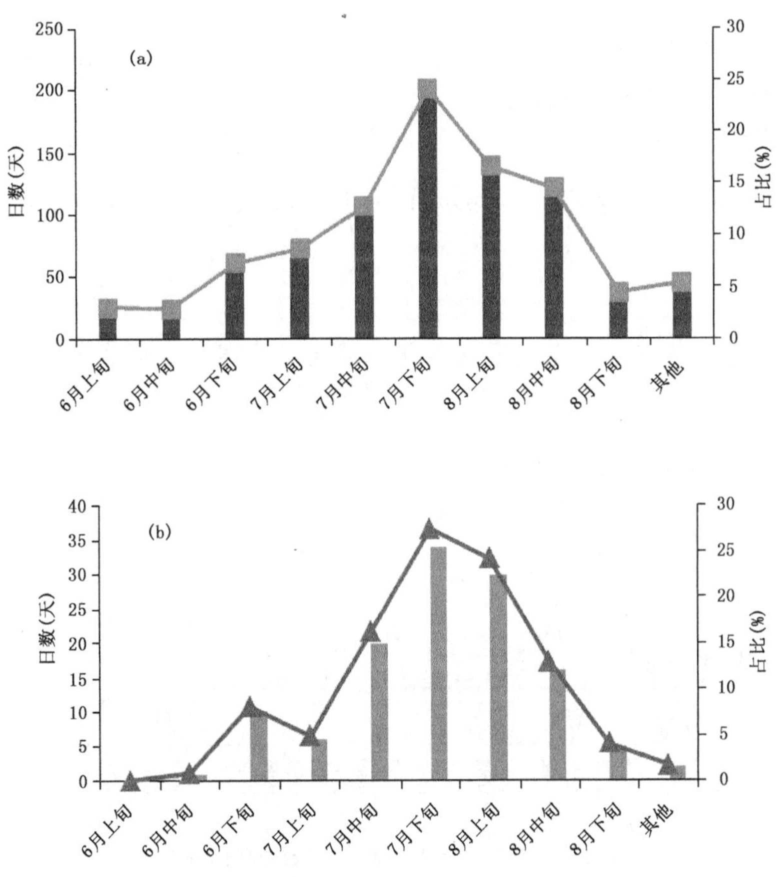

图1.5 廊坊市暴雨(a)和大暴雨(b)旬分布

1.1.3.3 暴雨的年代际特征

廊坊市暴雨、大暴雨日数的逐年变化呈波形(图1.6),均随年代变化呈波动下降趋势,其中暴雨日数的减少趋势更为明显。年代分布特征:1964—1969年出现50个暴雨日,平均每年8.3天;20世纪70年代85个,平均每年8.5天;80年代68个,平均每年6.8天;90年代80个,平均每年8天;2000—2009年49个,平均每年4.9天;2010—2015年41个暴雨日,平均每年6.8天。其中,20世纪70年代暴雨日数最多,2000—2009年最少,明显低于平均值。此外,1997—2009年这13年,暴雨日均低于多年平均值,暴雨日最多年份是1994年,为17天,最少年份是2002年,全市只出现1个站次暴雨日。

大暴雨的年代分布变化与暴雨的变化趋势基本一致,相对于暴雨而言,更为离散。年代分布为 1964—1969 年 10 个大暴雨日，平均每年 1.7 天；20 世纪 70 年代 15 天、80 年代 15 天、90 年代 14 天，2000—2009 年 6 天；2010—2015 年 3 天，平均每年 0.5 天；除 2000—2015 年分布低于平均值以外，其余年代均略高于平均值。大暴雨的年代分布有几个明显的大值年，日数最多的年份是 1994 年，全市共出现 5 个大暴雨日，其次是 1964 年（4 天），未出现过大暴雨的年份多达 16 年，仅 2001—2010 年就有 5 个年份未出现过大暴雨，自进入 21 世纪以来，廊坊市大暴雨日数明显减少，与郭立平等（2017）关于廊坊市降水变化特征分析中的结果一致。

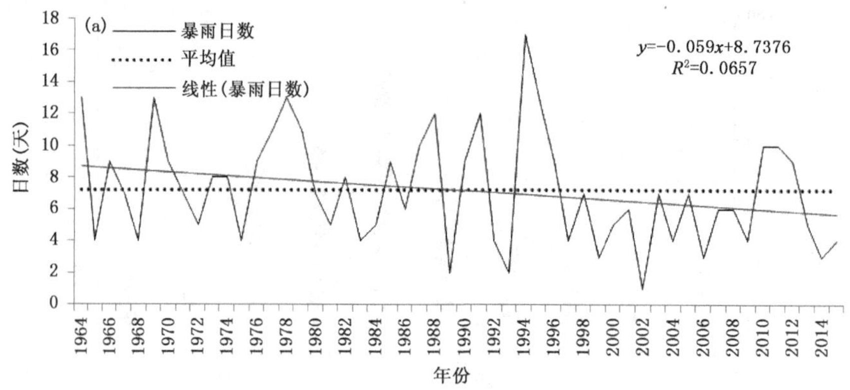

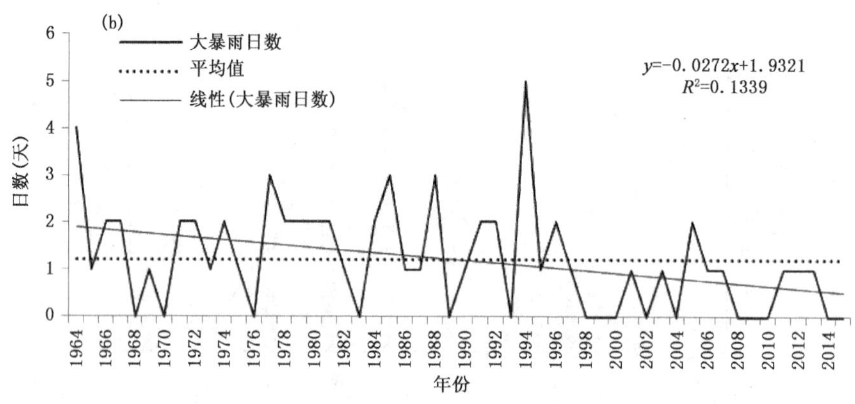

图 1.6　暴雨(a)和大暴雨(b)日数年代际分布

1.2　暴雨的环流形势及配置特征

目前对于暴雨的影响系统、环流形势特征等方面的研究已经取得了一些成果。其中对于廊坊市暴雨前期的环流形势特征分析，郭立平等在 2004 年版《廊坊市天气气候手册》中进行了系统的总结，将 1971—2000 年廊坊市暴雨天气系统，分为六类。

（1）低槽锋面系统类，地面锋面包括冷锋、锢囚锋、静止锋；

（2）气旋类，包括黄河气旋、蒙古气旋、东北气旋、江淮气旋；

（3）高空低涡类，包括河套低涡、西北涡、东北涡、华北涡、东蒙冷涡；

（4）切变线类，包括冷性切变线、暖性切变线、静止锋式切变线、西风槽；

（5）台风类，包括台风和台风倒槽；

(6)西北气流类(500 hPa 高空为西北气流控制)。

在六类暴雨影响系统中,前两类占暴雨总数的 72.7%,其中低槽冷锋暴雨是发生频率最高的一类(图 1.7、图 1.8),4—9 月均可发生,以产生局部和区域(≥2 站及以上)暴雨为主,占 56%。低槽冷锋类暴雨的天气学特征非常明显,影响系统清楚,主要特征为(30°～55°N,100°～130°E)有冷锋系统,高空有低涡或槽配合,并以河套呼和浩特地区出现冷锋系统频率为最多。这类暴雨过程中有 22.7%伴有西南或东南低空急流,暴雨个例之间副热带高压脊线跨度较大,脊线维持在 18°～38°N,中心区域分布在朝鲜半岛—日本岛、杭州—福州一带及日本岛南部海域,此外,西太平洋副热带高压常常与大陆脊合并形成较稳定的强脊。

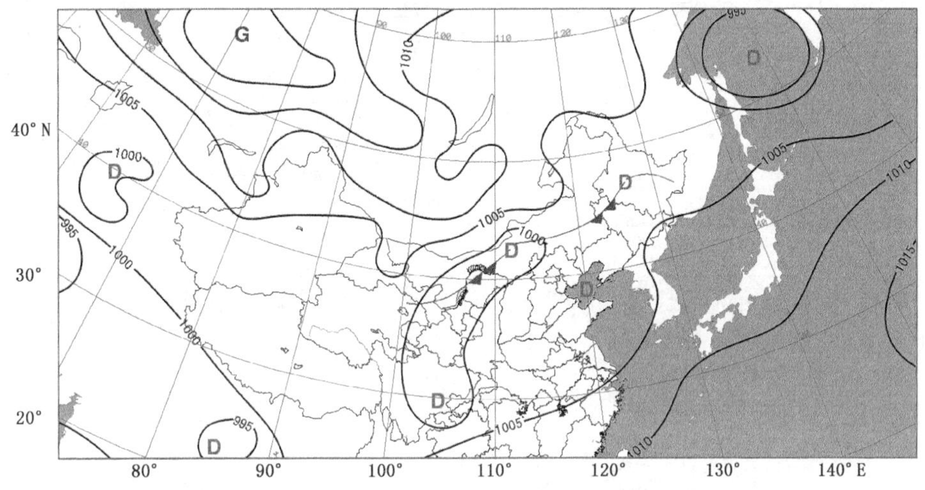

图 1.7　低槽冷锋暴雨地面形势

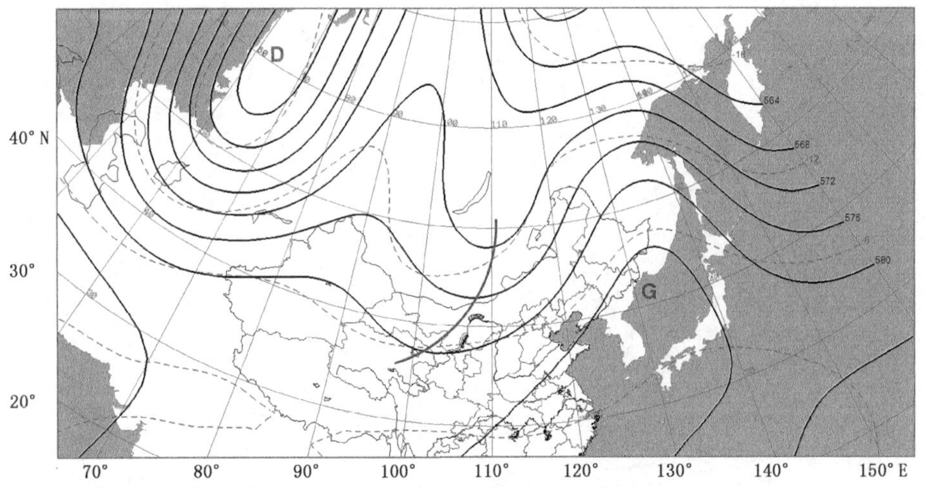

图 1.8　低槽冷锋暴雨 500 hPa 形势

1.2.1　暴雨的影响系统特征

利用 1999—2015 年 MICAPS 气象资料和暴雨资料分析暴雨日当天 500 hPa、700 hPa、850 hPa 高度以及海平面气压场的天气系统特征(个例数为 93 个)。统计得出,当廊坊市发生暴雨天气时,海平面气压场中,廊坊处于高压场底部的比例最大,达 26%。其次是倒槽、高压后部、低压和回流形势，所占比例均超过10%，图1.9是低压型、高压后部型、高压底部型和倒槽型的典型特征图。

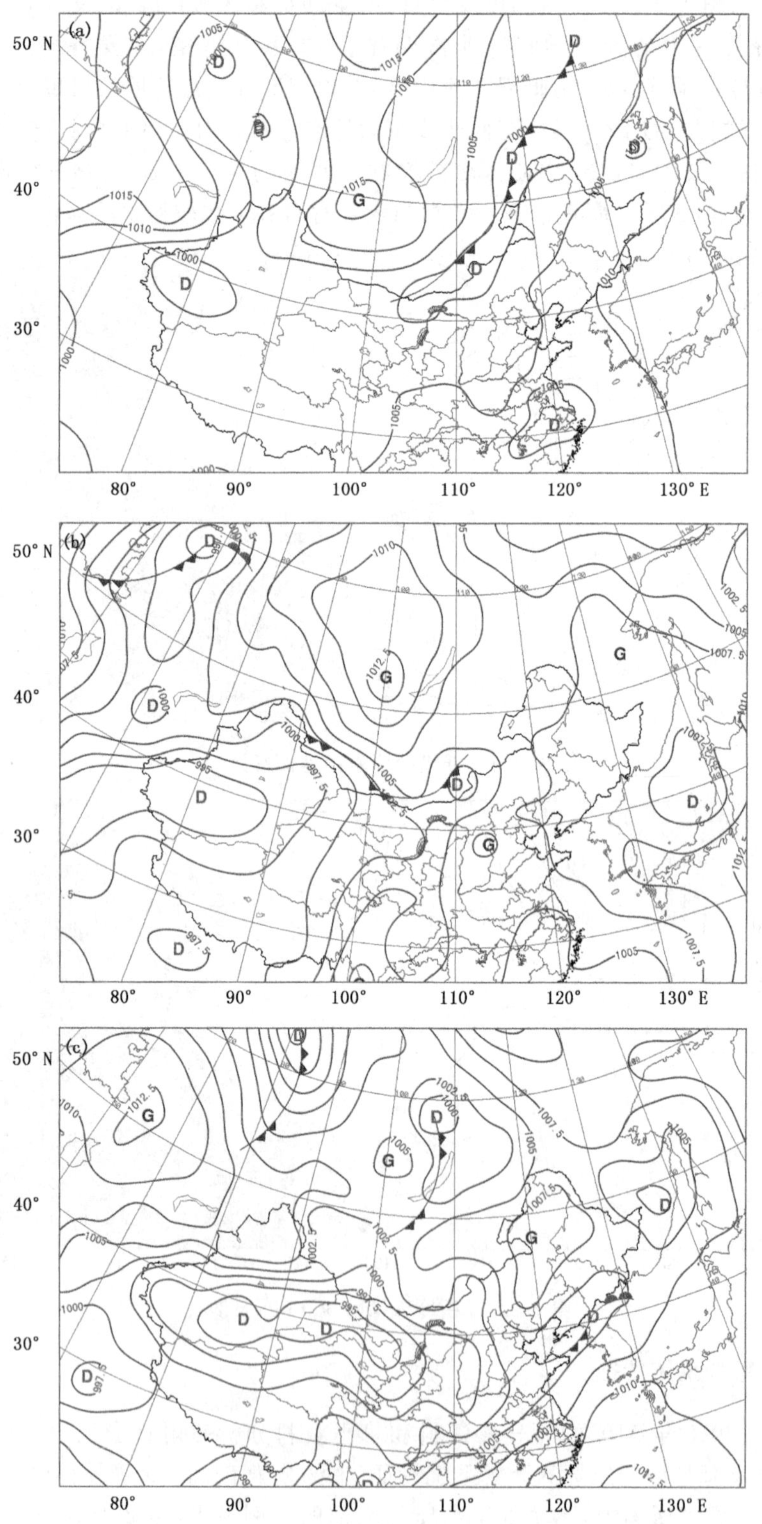

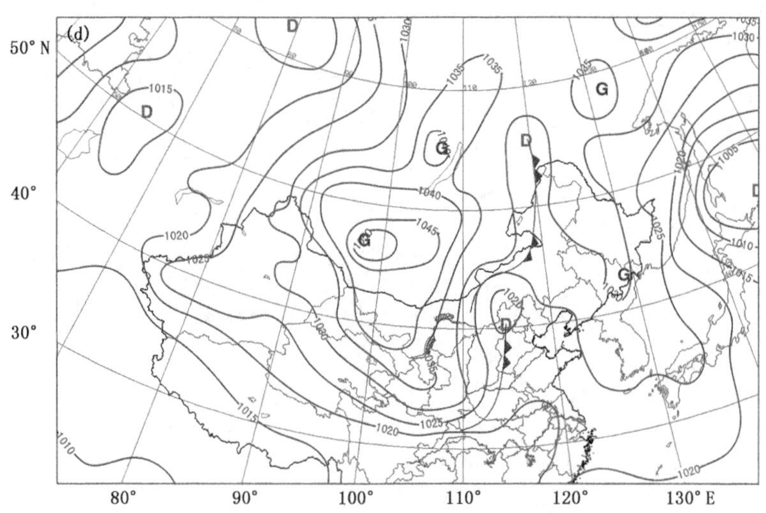

图 1.9 暴雨的地面环流形势

(a. 低压型;b. 高压后部型;c. 高压底部型;d. 倒槽型)

分析暴雨日 500 hPa、700 hPa、850 hPa 高度场和温度场分布得到,暴雨日 500 hPa 高空影响系统主要有三类,分别是低涡、平直西风环流、槽前西南气流(图 1.10)。其中槽前西南气流,在三层中的比例均超过了 50%,在 850 hPa 高度甚至达到了 62%,说明对流层低层来自南方的水汽输送条件是廊坊暴雨发生不可忽视的重要条件之一。其次是平直西风环流。低涡也是重要的暴雨天气影响系统。从暴雨日三层高空的温度场分布特征看,主要有冷槽前部、南高北低、暖脊这三种形势。

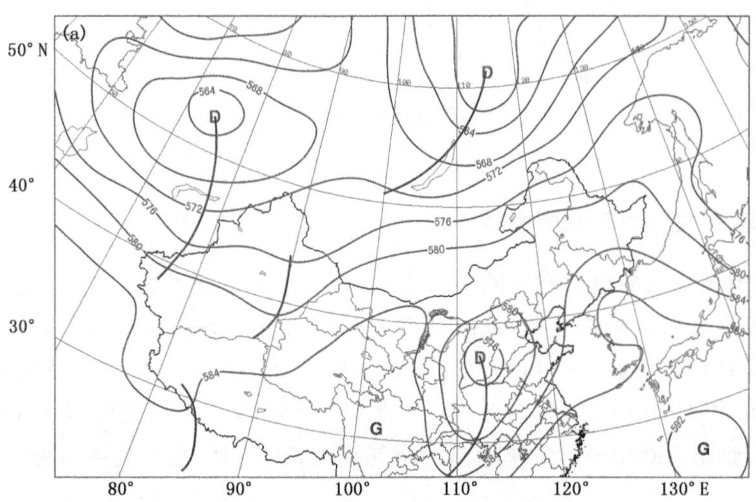

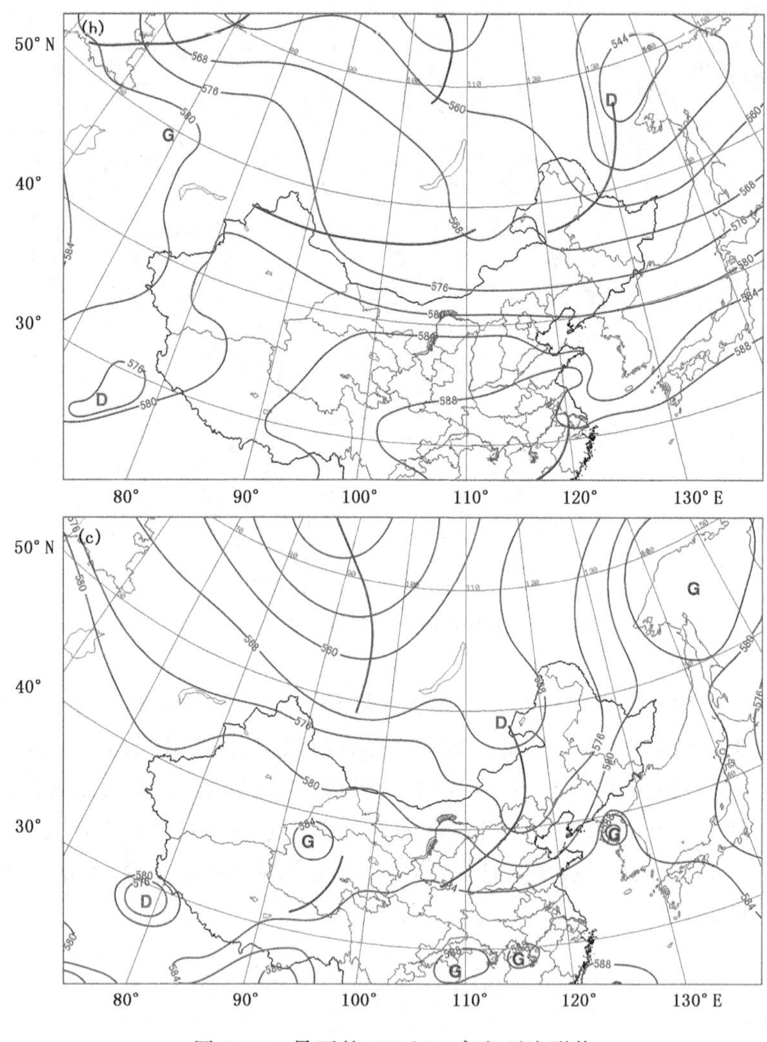

图 1.10　暴雨的 500 hPa 高空环流形势

（a. 低涡；b. 平直西风环流；c. 槽前西南气流）

1.2.2　暴雨的高、低空天气系统配置特征

为了能给暴雨预报业务提供有力的参考依据，本节在上述分型的基础上，进一步分析暴雨的高、低空天气系统配置。结果发现，暴雨日当天海平面气压场和 500 hPa、700 hPa、850 hPa 各层高度场、温度场的高、低空配置比较复杂，如当廊坊地面处于高压场底部时（22 个个例），500 hPa 高度场可分为槽前西南气流（9 个）、平直西风环流（9 个）、低涡（3 个）和脊前西北气流（1 个）四种形势，而当 500 hPa 上空是槽前西南气流时，700 hPa 高空又可分为三种环流形势：槽前西南气流（77.8%）、平直西风环流（11.1%）、高压脊内（11.1%）；850 hPa 可再分为槽前西南气流（77.8%）、高压脊（22.2%）；考虑到高、低空环流配置的复杂性，为了便于业务预报参考，总结归纳暴雨日当天 500 hPa、700 hPa、850 hPa 高度场和温度场的配置分布可以看出，尽管暴雨日当天高、低空环流形势配置复杂，当廊坊市上空高度场为槽（涡）、温度场为冷槽（中心）控制时，

暴雨发生所占比例明显偏高，是廊坊暴雨的主要影响系统和配置形势（表1.4、表1.5）。

表1.4　三层高度场的配置特征

500 hPa—700 hPa—850 hPa 类型	日数（天）	占比
槽（涡）—槽（涡）—槽（涡）	65	0.765
槽（涡）—脊—脊	5	0.059
脊—槽（涡）—槽（涡）	4	0.047
槽（涡）—槽（涡）—脊	4	0.047
脊—脊—脊	3	0.035
槽（涡）—脊—槽（涡）	3	0.035
脊—槽—脊	1	0.012

表1.5　三层温度场的配置特征

500 hPa—700 hPa—850 hPa 类型	日数（天）	占比
冷槽（中心）—冷槽（中心）—冷槽（中心）	43	0.54
暖脊—暖脊—暖脊	12	0.15
冷槽（中心）—暖脊—冷槽（中心）	7	0.09
暖脊—冷槽（中心）—冷槽（中心）	6	0.08
冷槽（中心）—冷槽（中心）—暖脊	4	0.05
冷槽（中心）—暖脊—暖脊（中心）	3	0.04
暖脊—暖脊—冷槽（中心）	3	0.04
暖脊—冷槽（中心）—暖脊	1	0.01

1.3　暴雨预报物理量指标

暴雨天气发生通常需要具备一定的不稳定能量，本节重点分析暴雨日的物理量特征指标。利用北京站的探空资料，通过分析1999—2015年74个暴雨个例北京站探空图（$T-\ln P$）中K指数、A指数、对流凝结高度CCL_P、沙氏指数SI、自由对流高度LFC_P、对流加速度W_CAPE、对流有效位能$CAPE$等物理量特征（表1.6～1.16），得到暴雨天气发生日能量条件和大气稳定度情况，为暴雨的预报提供一些参考依据。出现在白天段的暴雨采用08时北京站探空资料，出现在夜间段的暴雨采用20时北京站探空资料，出现逆温情况时，抬升层选择为最低逆温层。

1.3.1　能量条件和大气层结稳定度参数

（1）K指数

$K=(T_{850}-T_{500})+T_{d850}-(T_{700}-T_{d700})$，单位℃。计算式中，第一项表示温度直减率，第二项表示低层水汽条件，第三项表示中层饱和程度。因此，K指数可以反映大气的层结稳定情况。K指数越大，层结越不稳定。统计结果表明，当廊坊暴雨发生时K指数为11～43℃，平均值为30.4℃，当$K\geqslant28$℃，可概括77.2%的暴雨个例，当$K\geqslant31$℃，可概括67.1%的暴雨个例，当$K\geqslant35$℃，可概括36.7%的暴雨个例，可见，K指数对廊坊暴雨预报具有很好的指示意义。

(2)*SI* 指数

SI 指数,即沙氏指数,也叫作稳定指数,$SI=T_{500}-T'_{500}$,单位℃。通常是用来判断大气稳定度的一种判据。将 850 hPa 上的空气质点沿干绝热线上升到凝结高度后,再沿湿绝热线上升到 500 hPa,以 500 hPa 上的环境温度减去该上升点的温度,所得的差为沙氏指数。如 $SI<0$,表示上升空气质点的温度高于环境温度,大气不稳定,且负值越大,不稳定程度也越大;如 $SI>0$,表示上升空气质点的温度低于环境温度,大气稳定,且正值越大,稳定程度也越大。由统计结果可知,当廊坊发生暴雨时,$SI>0$ 的概率为 57%,$SI<0$ 的概率为 43%,但是 65.8%的暴雨发生时,*SI* 介于－3℃和 3℃之间,其中－3～0℃比例最大,达 35.4%,因此,*SI* 值在－3～3℃这个区间是暴雨预报有价值的参考值。

(3)对流有效位能(*CAPE*)

对流有效位能是气块在自由对流高度和平衡高度之间受环境正浮力累积所做的功,体现了不稳定能量的大小,单位 J/kg。*CAPE* 值越大,越不稳定。从统计结果来看,廊坊暴雨发生时 *CAPE* 值的范围跨度较大,为 0～3400 J/kg,平均值为 596 J/kg。56.4%的暴雨发生时,*CAPE* 值大于 100 J/kg,也即暴雨的发生需要一定的能量条件。

(4)最大上升速度(*W_CAPE*)

最大上升速度的单位是 m/s。廊坊暴雨产生时,*W_CAPE* 最大值为 71.7 m/s,平均值为 25.3 m/s,69.2%的暴雨天气发生时,最大上升速度大于 5 m/s,60.3%的暴雨天气发生时最大上升速度大于 10 m/s,44.9%的暴雨天气发生时最大上升速度大于 20 m/s,即暴雨发生时需要一定的上升运动条件。

(5)对流凝结高度(*CCL_P*)

当未饱和湿空气微团被抬升时,随着空气微团抬升、温度按干绝热直减率降低,到达某一高度时,在此高度处饱和水汽压等于空气微团的水汽压,于是水汽开始凝结,这一高度称为对流凝结高度,单位 hPa。廊坊出现暴雨时,对流凝结高度最低为 1003 hPa,最高为 547 hPa,平均值为 809 hPa,79.9%的暴雨天气发生时对流凝结高度低于 850 hPa,53.2%的暴雨天气发生时对流凝结高度低于 900 hPa,对流凝结高度越低说明水汽条件越好。

(6)自由对流高度(*LFC_P*)

气块上升到某一高度后,气块温度高于环境温度,气块能从环境大气中获取不稳定能量自由上升,这个高度即为自由对流高度,单位 hPa。暴雨日自由对流高度最低是 1005.9 hPa,最高是 397.4 hPa,平均值为 822 hPa,86.7%的廊坊暴雨发生时,自由对流高度低于 650 hPa。

(7)*A* 指数

$A=(T_{850}-T_{500})-[(T-T_d)_{850}+(T-T_d)_{700}+(T-T_d)_{500}]$,单位℃。其中第一项为 850 hPa 与 500 hPa 的温度差,代表温度递减率,第二项为 850 hPa、700 hPa、500 hPa 的温度露点差之和,反映中低层饱和程度和湿层厚度。*A* 指数是综合反映大气静力稳定度与整层水汽饱和程度的物理量,一般情况下 *A* 值越大表明大气越不稳定或对流层中下层饱和程度越高,对降水有利。廊坊暴雨发生时 *A* 指数为－43～30℃;78.2%的暴雨发生时,$A>0$℃;60.3%的暴雨发生时,$A>10$℃。

1.3.2 水汽条件和热力条件参数

暴雨是在大气饱和比湿达到相当大的数值以上才形成的。统计廊坊出现暴雨时本地

700 hPa、850 hPa 高度上比湿分级出现的频次，暴雨发生时 850 hPa 上比湿为 4～18 g/kg，其中最大值为 18.2 g/kg，平均值为 9.7 g/kg，并且 81.7%的暴雨发生时比湿大于 5 g/kg，63.8%的暴雨发生时比湿大于 8 g/kg；700 hPa 相对略小，平均值为 6.03 g/kg，14.6%的暴雨发生时，比湿大于 8 g/kg，如果降水区整层饱和，垂直递减率等于湿绝热递减率，700 hPa 等压面上比湿≥8 g/kg，相当于 850 hPa 附近比湿≥14 g/kg。

暴雨发生时除了要有相当高的饱和比湿外，还必须有充分的水汽供应，其中西南低空急流对本地的水汽输送具有重要作用，天气学上，将 600～900 hPa 上风速≥12 m/s 的极大风速带称作西南低空急流。统计发现，42.7%的暴雨 700 hPa 上伴随西南低空急流，并且有 4 次暴雨，急流风速≥20 m/s。

假相当位温是一个能够同时表征大气水汽和热力状况的指标物理量，而对流层低层假相当位温的显著增加可以造成对流不稳定，因此，假相当位温作为一个暴雨指标被广泛应用于日常暴雨预报业务的诊断分析中。对暴雨日假相当位温的统计分析表明，廊坊暴雨发生时假相当位温都很高，普遍在 40℃以上。在 850 hPa，平均值为 59.5℃，最大值达到 89.6℃，81.9%的暴雨发生时，假相当位温为 50～80℃；73.6%的暴雨发生时，假相当位温≥55℃。在 700 hPa，平均值为 56.1℃，最大值为 80.9℃，87.5%的暴雨发生时，假相当位温为 45～70℃。

1.3.3 动力条件参数

降水的形成需要三个条件，除了水汽条件和云滴增长条件以外，还需要垂直上升运动条件。垂直上升运动条件对于暴雨来说尤为重要。从垂直上升速度这一指标来看，暴雨发生时，700 hPa 和 850 hPa 高度上分别为 -3×10^{-3} hPa/s 和 -2×10^{-3} hPa/s；700 hPa 上最大上升速度可达 -26.9×10^{-3} hPa/s，850 hPa 上最大上升速度可达 -12.4×10^{-3} hPa/s。廊坊 60.3%的暴雨发生时，700 hPa、850 hPa 高度的上升速度明显。从散度场和涡度场的高、低空配置来看，暴雨发生时一般都伴有高层辐散、低层辐合；或者低层辐合、中高层辐散，还有 500～850 hPa 均为辐合。

表 1.6 暴雨发生时 *SI* 指数的分级显示

分级(℃)	<−6	−6～−3.01	−3～−0.01	0～3	3.01～6	>6	<0	≥0	−3～9
次数(次)	1	5	28	24	11	10	34	45	71
百分比(%)	1.3	6.3	35.4	30.4	13.9	12.7	43.0	57.0	89.9

表 1.7 暴雨发生时 *CAPE* 的分级显示

分级(J/kg)	0～100	100.1～1000	1000.1～2000	2000.1～3000	>3000	>500	>1000
次数(次)	34	35	6	2	1	23	9
百分比(%)	43.6	44.8	7.7	2.6	1.3	29.5	11.5

表 1.8 暴雨发生时 *W_CAPE* 的分级显示

分级(m/s)	0～20.0	20.1～40.0	>40	>5	>10	>20
次数(次)	40	25	13	54	47	35
百分比(%)	50.4	32.1	17	69.2	60.3	44.9

表 1.9　暴雨发生时 *CCL_P* 的分级显示

分级(hPa)	700.1～900	900.1～1100	＞850	＞900
次数(次)	37	45	63	42
百分比(%)	46.8	53.2	79.7	53.2

表 1.10　暴雨发生时 *LFC_P* 的分级显示

分级(hPa)	500.1～700	700.1～900	＞900	＞650
次数(次)	13	26	21	52
百分比(%)	21.7	43.4	35.0	86.7

表 1.11　暴雨发生时 *A* 指数的分级显示

分级(℃)	－40～－20.1	－20～－0.1	0～20	＞20	＞0	＞10
次数(次)	11	6	59	2	61	47
百分比(%)	14.1	7.6	75.6	2.6	78.2	60.3

表 1.12　暴雨发生时 850 hPa θ_{se} 的分级显示

分级(℃)	≤40	40.1～60	60.1～80	＞80	≥55
次数(次)	4	35	31	2	53
百分比(%)	5.6	48.6	43.1	2.8	73.6

表 1.13　暴雨发生时 700 hPa θ_{se} 的分级显示

分级(℃)	≤40	40.1～60	60.1～80	＞80	45～70
次数(次)	4	44	23	1	63
百分比(%)	5.6	61.1	32	1.4	87.5

表 1.14　暴雨发生时 850 hPa *Q* 的分级显示

分级(g/kg)	0～5	5.1～10	10.1～15	15.1～20	≥5	≥8
次数(次)	8	37	28	2	67	52
百分比(%)	9.8	45.1	34.1	2.4	81.7	63.4

表 1.15　暴雨发生时 700 hPa *Q* 的分级显示

分级(g/kg)	0～5	5.1～10	10.1～15	≥5	≥8
次数(次)	23	46	3	49	12
百分比(%)	28.0	56.1	3.7	59.8	14.6

表 1.16　暴雨发生时 *K* 指数的分级显示

分级(℃)	11～20	21～30	31～40	＞40	≥28	≥31	≥35
次数(次)	6	20	50	3	61	53	29
百分比(%)	7.6	25.3	63.3	3.8	77.2	67.1	36.7

1.4 典型暴雨个例

1.4.1 降水实况

受高空低涡和北上黄河气旋的共同影响，2016 年 7 月 19—20 日，廊坊市出现一次大暴雨天气过程（表 1.17），全市平均降水量为 162.6 mm，固安最大（207.1 mm），大厂最小（106 mm），此次全市性大暴雨过程历史上比较少见。从表 1.17 中还可以看出，降水时长普遍达 17 h 以上，固安、廊坊市区及永清三站达 20 h 以上，这三站降水量也较其余站普遍偏大，短时强降水（>20 mm/h）的时数≤3 h，小时雨强普遍在 30 mm/h 以下，1 h 最大降水量出现在霸州站（20 日 11—12 时），为 41.4 mm，由此可见，此次大暴雨降水过程的对流强度不强，以长时间稳定性降水为主。

表 1.17 2016 年 7 月 19 日 20 时—20 日 20 时廊坊各站降雨分布特征

站点	三河	大厂	香河	固安	廊坊	永清	霸州	文安	大城
降水量(mm)	148.2	106.0	130.6	207.1	177.8	201.1	181.4	153.0	161.0
降水时长(h)	19	19	17	21	21	22	18	18	18
1 h 最大降水量(mm)	25.5	22.2	17.3	26.6	23.0	26.6	41.4	30.3	40.0
短时强降水时数(h)	1	1	0	3	2	2	2	3	3

1.4.2 环流形势分析

从 19 日 08 时 500 hPa 高空图上可以看出，我国新疆至渤海湾间为两脊一槽型，脊的位置分别为新疆至河套西部及渤海湾以东地区，槽区位于河套呼和浩特附近—西安—重庆—昆明一线，槽区深、长，东部高压脊与副热带高压脊叠加，径向度大，584(dagpm)线外围脊顶在朝鲜半岛附近，廊坊市处于槽前脊后西南气流控制中；700 hPa 高度，大气环流形势相似，与 500 hPa高空槽区相对应的位置存在一条明显的切变线；850 hPa 高度上，廊坊市处于脊后东南气流中；到 19 日 20 时，500 hPa 高空在西安、太原之间形成明显低涡，低涡前西南气流风速达 12～20 m/s；700 hPa 同样位置也存在一个明显低涡，外围西南、东南气流普遍达 12～20 m/s；850 hPa 层在郑州附近形成一个明显的辐合低涡，伴“人”字形切变线，低涡前风速达 8～16 m/s；廊坊市处于低涡外围东南气流中；到 20 日 08 时，500 hPa 低涡向北移动，移至太原附近，低涡前西南气流风速达 24～30 m/s；700 hPa、850 hPa，低涡移动至河北南部，伴“人”字形切变，低涡前存在明显的西南、东南气流，700 hPa 达 26～32 m/s；850 hPa 普遍为 22～28 m/s；由此可见，500 hPa、700 hPa、850 hPa 三层影响系统清楚，配置较好，呈垂直略后倾结构，且低空伴有急流，低空急流存在使得来自南海、孟加拉湾地区的水汽不断输送到我国北方，加上东部高压脊的阻挡作用，有利于产生持续性降水。

从地面形势看，7 月 19 日 08 时，新疆至渤海湾间基本为东高西低气压场形势，成都至重庆一带存在一个明显的辐合低压系统，廊坊市处于东部高压场后部；至 19 日 20 时（图 1.11a），位于四川、重庆一带的辐合低压系统移出北上至郑州一带并发展成黄河气旋，20 日 08 时至 20 日 20 时（图 1.11b，c）受北上黄河气旋外围气流影响，廊坊降水持续，至 21 日 08 时（图

1.11d)气旋西移,逐渐填塞并减弱消失,廊坊降水逐渐结束。此次大暴雨过程是一次典型的气旋系统影响暴雨过程。

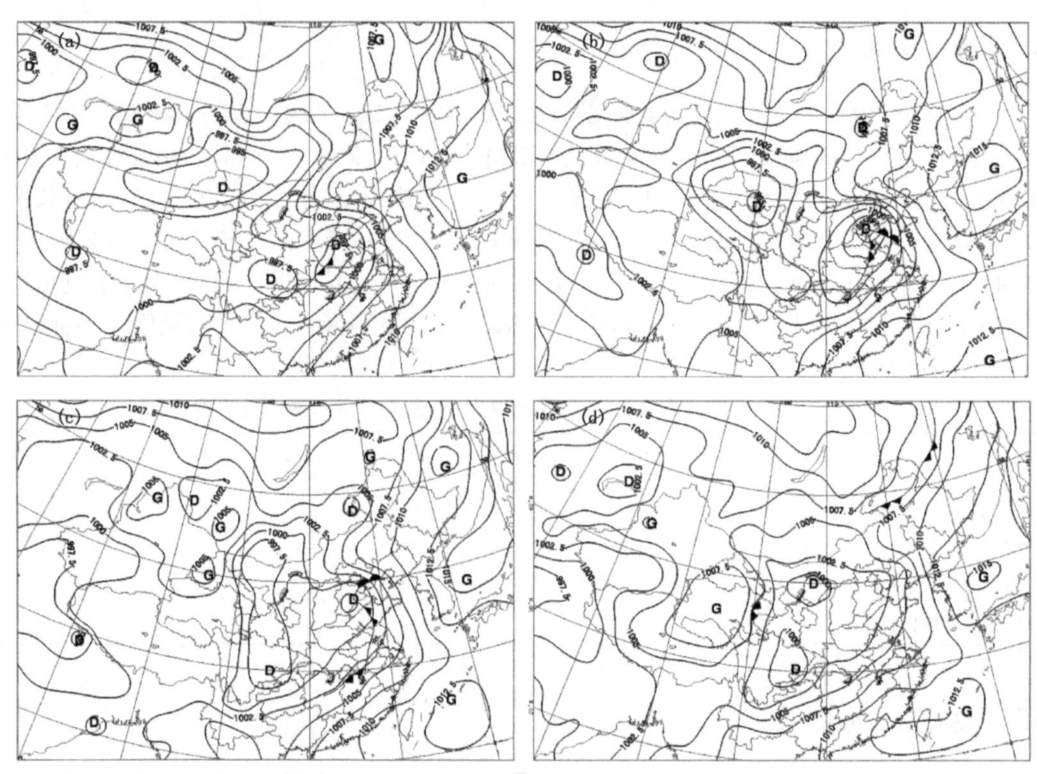

图 1.11　2016 年 7 月 19—20 日大暴雨日地面环流形势演变

(a. 19 日 20 时;b. 20 日 08 时;c. 20 日 20 时;d. 21 日 08 时)

1.4.3　动力和热力诊断分析

1.4.3.1　水汽条件物理量特征

充沛的水汽条件是暴雨发生的重要条件之一。从图 1.12 来看,降水开始前 19 日 08 时至 20 时廊坊 850 hPa 上空水汽条件较好,比湿为 12～13 g/kg,700 hPa 比湿为 7～8 g/kg,此时 850 hPa 以下低空水汽通量散度为正值,为水汽辐散,表明没有水汽的输送,850 hPa 以上为负值,有弱辐合,廊坊本地湿层较厚;降水开始后,850 hPa 以下低空比湿显著下降,20 日 02 时出现比湿低谷,而降水开始后 850 hPa 以下水汽通量散度开始转为负值,表明 400 hPa 以下大气均有水汽的辐合,850 hPa 存在水汽辐合中心,中心值为 -39×10^{-7} g/(hPa · cm^2 · s),强烈的水汽输送为大暴雨产生提供了充足的水汽条件,02 时之后 850 hPa 比湿值有明显的增长趋势,14 时前后增加到 14 g/kg,而 700 hPa 比湿也是上升的趋势。因此,中低层强烈的水汽辐合使得降水过程中下降的 850 hPa 比湿迅速回升,并且 700 hPa 比湿同时上升,为大暴雨的维持提供充足的水汽条件。

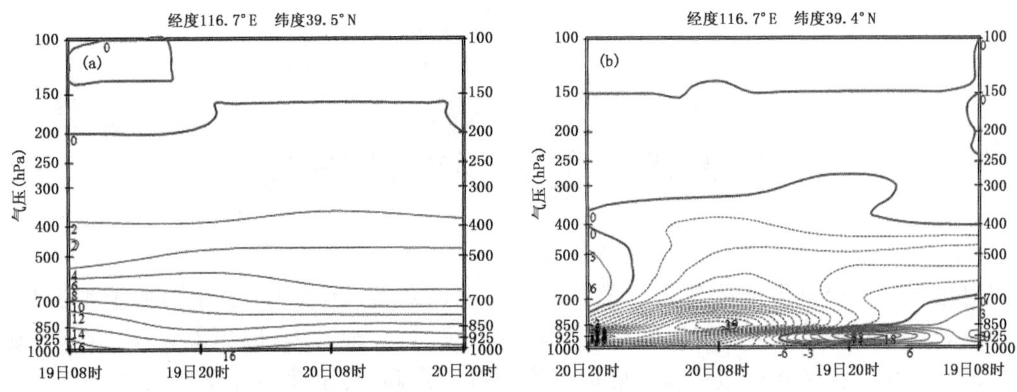

图 1.12 廊坊市 2016 年 7 月 19 日 08 时—20 日 20 时比湿(a,g/kg)和水汽通量散度(b,间隔 3×10^{-7} g/(hPa · cm^2 · s))时间剖面

1.4.3.2 热力和动力条件

在此次大暴雨天气产生前期,7 月 17—18 日廊坊市最高气温均在 30℃以上,空气相对湿度均在 50%以上,高温、高湿的背景条件为大暴雨天气产生提供了基础热量条件;进一步分析大暴雨过程期间 19 日 08 时—21 日 08 时北京探空站各物理量特征发现(表 1.18),降水之前的两个时次 19 日 08 时、19 日 20 时各物理量指标均较好地符合前述总结的各指标范围值,但在降水开始之后,除 *K* 指数、*TCL_P* 指数外,其余物理量指标均有不同程度下降,这种条件不利于产生雷电、冰雹等强对流天气,实况是降水以稳定性降水为主。

表 1.18 2016 年 7 月 19 日 20 时—20 日 20 时廊坊市各物理量分布特征

	CAPE (J/kg)	*CIN* (J/kg)	*A* (℃)	*K* (℃)	*SI* (℃)	*W_CAPE* (m/s)	*TCL_P* (hPa)
19 日 08 时	346.0	67.1	18	36	−1.08	26.3	975.0
19 日 20 时	622.1	7.4	14	32	0.86	35.3	974.0
20 日 08 时	0	0	11	30	4.44	0	984.4
20 日 20 时	0	0	−4	38	0.29	0	995.0
21 日 08 时	0	0	−8	34	2.98	0	968.1

1.4.4 小结

此次大暴雨过程出现在 7 月中下旬,是大暴雨产生比较有利的时间段,前期具有一定的热力条件;地面表现是一次气旋系统影响类暴雨过程;500 hPa、700 hPa、850 hPa 上,河套—渤海湾间均存在明显的低涡系统,且系统比较深厚清楚,副热带高压脊径向分布,具有阻挡作用,使得天气影响系统移动缓慢,降水持续时间长;此次降水过程 700 hPa 和 850 hPa 均存在有明显的低空急流,最大风速分别为 30 m/s 和 28 m/s,为暴雨产生输送水汽条件;降水过程期间,有一定的上升运动。*K*、*SI* 等指数及实况表明,没有较明显的大气不稳定特征,降雨以稳定性降水为主。

第2章　主要强对流天气

强对流天气一般是指短时大风、冰雹、雷暴(雷电)、龙卷、短时强降水等几种类型的对流性天气(陈思蓉 等,2009)。强对流天气一般具有发展突然、局地性强、破坏力大等特点,容易对农业生产和人民生活造成严重危害。廊坊市位于京津走廊,是京津两地重要的农产品生产供应基地,强对流天气对设施农业的破坏常造成廊坊市巨大的经济损失。由于实际预报预警业务需求,本章主要分析冰雹、雷暴和雷暴大风三种强对流天气。

2.1　冰雹的统计特征

2.1.1　冰雹的定义

冰雹,是坚硬的球状、锥形或不规则固体降水物。按照冰雹的直径长短,冰雹等级可分为小冰雹(直径＜5 mm)、中冰雹(5 mm≤直径＜20 mm)、大冰雹(20 mm≤直径＜50 mm)和特大冰雹(直径≥50 mm)(宋善允 等,2017)。

2.1.2　廊坊市冰雹天气气候特征

1964—2015年,廊坊市共有240天出现冰雹天气,达338站次。单站冰雹最多,为173天,占比72.1%,局地冰雹62天(2～3站次)占比25.8%,区域性冰雹5天(＞3站次)占比2.1%,其中2000年5月17日是出现站次最多(6站次)的一次区域性冰雹。

冰雹天气发生时多伴随雷电、雷暴大风、短时强降水等强对流天气,由于2014年及以后取消了雷电观测,因此统计1964—2013年冰雹伴随的天气现象,其中仅伴随雷电天气的比例达65.0%,伴有雷电、雷暴大风两类天气的比例达26.6%,伴有雷电、雷暴大风和暴雨天气的比例达4.8%,伴有雷电、暴雨的比例达3.0%。

2.1.2.1　冰雹的时间分布特征

1964—2015年,廊坊市9个气象观测站共出现冰雹338站次,平均每年6.5站次。对廊坊市52年降雹数据做趋势分析(通过$\alpha=0.05$的显著性F检验),发现1964年以来廊坊降雹站次呈下降趋势(图2.1a)。这与张仙等(2013)指出2000—2011年京津冀地区总降雹站数呈减少趋势相一致。1964—2015年,廊坊每10年降雹减少1.1站次。20世纪80年代末至90年代初,廊坊降雹达到高峰期,1987年和1991年均出现16站次,2006年以来降雹相对较少,平均每年降雹2.6站次。

廊坊冰雹天气发生具有明显的季节性分布特征(图2.1b),主要出现在3—10月,并集中出现在春末至夏初(5—7月),冰雹出现站次占总数的69.9%;2000年以来,冰雹出现月份更加集中,5—7月冰雹站次比例达80.8%。冰雹天气发生最早为3月20日,2003年出现在固安县；最晚为 10 月 30 日，1985 年出现在香河县。

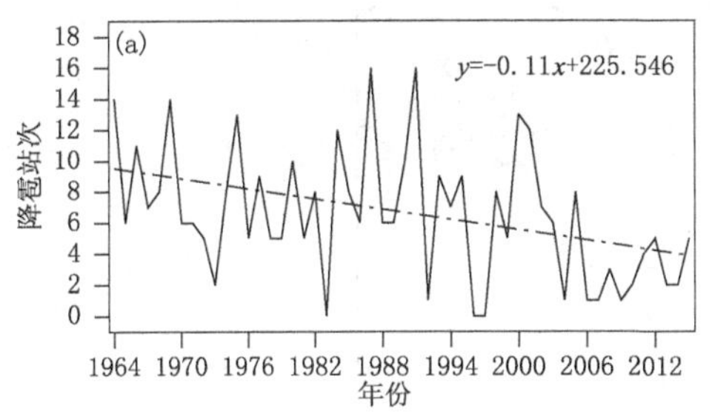

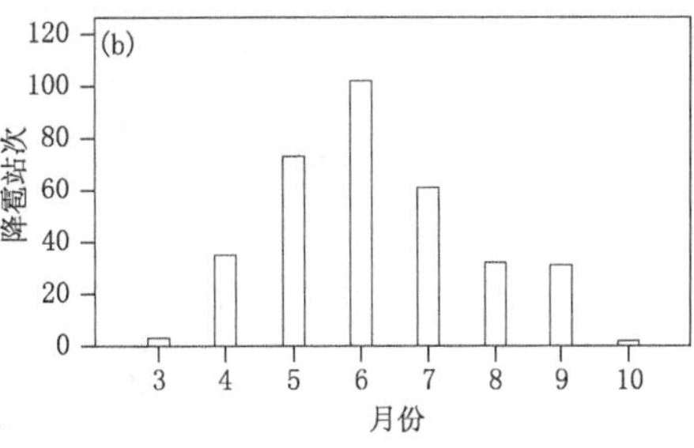

图 2.1　1964—2015 年廊坊市降雹站次的年分布(a)和月分布(b)

由于仅霸州和市区观测站有夜间观测数据，因此，分析 1964 年以来霸州和市区有冰雹记录出现时次的资料发现(图 2.2a)，霸州站冰雹出现在夜间段的概率较小，多出现在午后，尤其是 15—19 时，占全部降雹站次的 52%，出现在上午时段的冰雹也明显偏少。究其原因，主要与午后能量的累积有很大关系。

根据廊坊 9 个测站观测资料分析发现，廊坊市冰雹天气持续时间普遍在 30 分钟以下，并以持续 1～5 分钟为概率最大，达 58.7%，持续 6～10 分钟出现概率为 19.7%，而持续 30 分钟以上的冰雹天气极为罕见，仅占 1.18%(图 2.2b)。

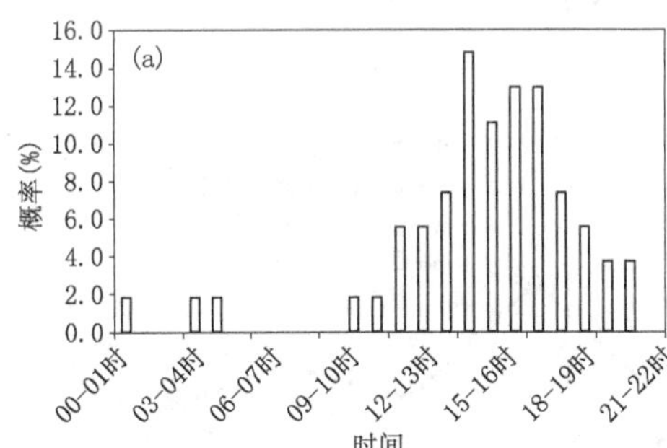

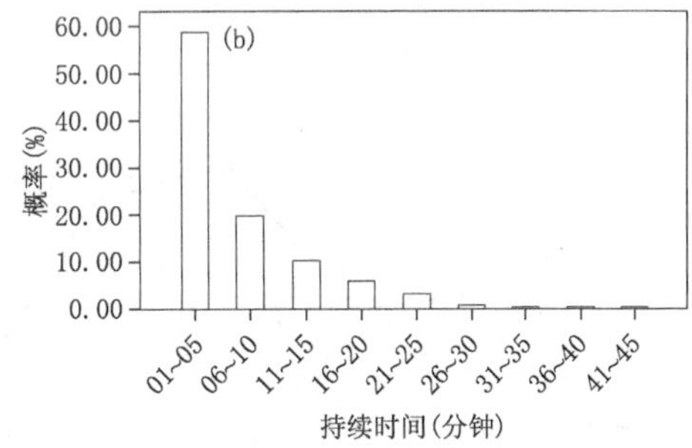

图 2.2　1964—2015 年廊坊市冰雹概率的日分布(a)和冰雹持续时间(b)

2.1.2.2　冰雹的空间分布特征

分析 1964—2015 年廊坊市 9 个气象观测站出现的冰雹日数发现，廊坊市冰雹分布具有明显的地域特征(图 2.3)，固安县、香河县出现日数最多，分别为 47 天和 45 天，霸州市出现日数最少，仅 26 天。

2.1.2.3　各观测站冰雹分布特征

进一步分析各气象观测站冰雹天气特征发现，各站出现冰雹时伴随的天气现象分布特征不太一致(图 2.4)，冰雹仅伴随雷电天气，平均为 24 天，其中香河最多，为 36 天，大城最少(16 天)；其次伴随雷电、雷暴大风天气，平均为 10 天，其中大城最多，为 18 天，香河最少，为 5 天，雷暴大风日数的多少与观测站所处位置有一定关系，由于城市化发展，香河观测站已位于城区内；冰雹产生时伴有暴雨、雷暴的日数或伴有暴雨、雷暴大风的日数与仅出现冰雹天气的日数均比较少，普遍在 3 天及以下，这种现象说明了冰雹、雷暴大风、暴雨等具有强对流性质的天气多局地性分布特征。

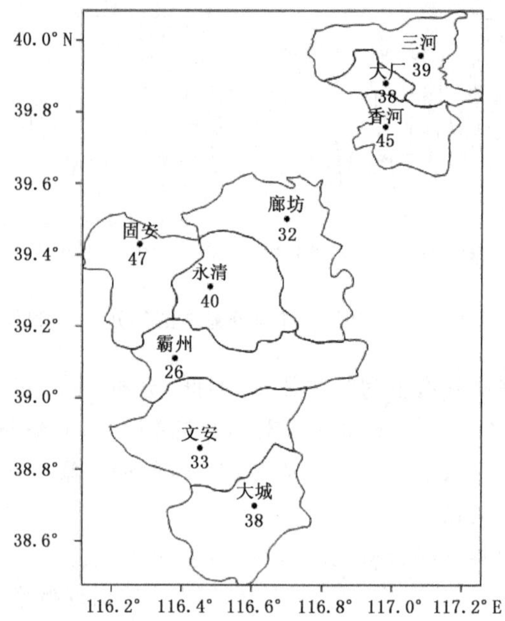

图 2.3　1964—2015 年廊坊市冰雹日数的空间分布

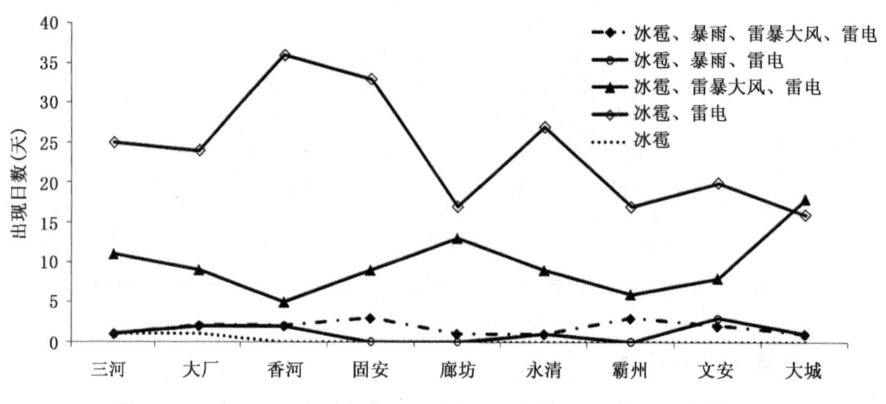

图 2.4　1964—2013 年廊坊市冰雹伴随的强天气分布特征

伴有暴雨、雷电、雷暴大风天气出现的冰雹日主要出现在 5—8 月，出现日数基本为 1～2 天；伴随暴雨、雷暴的冰雹日主要出现在 6—8 月，三河、大厂、香河、永清、文安、大城出现过此类天气，出现日数为 1～2 天；伴随雷电、雷暴大风的冰雹日出现在 3—9 月，出现日数为 1～5 天；仅伴有雷电天气的冰雹日出现在 3—10 月，出现日数为 1～10 天，是冰雹日最常见、最多的一类强对流性天气，其中香河 5—6 月均达到 10 天，具体分布见表 2.1～2.4。

表 2.1 冰雹日伴有暴雨、雷电、雷暴大风天气的月分布特征

月份	三河	大厂	香河	固安	廊坊	永清	霸州	文安	大城	总计
3月										0
4月										0
5月		1				1				2
6月			1					1		2
7月				2	1		2	1	1	7
8月	1	1	1	1			1			5
9月										0
10月										0
总计	1	2	2	3	1	1	3	2	1	16

表 2.2 冰雹日伴有暴雨、雷电天气的月分布特征

月份	三河	大厂	香河	固安	廊坊	永清	霸州	文安	大城	总计
3月										0
4月										0
5月										0
6月	1	1	1					1		4
7月						1		2		3
8月		1	1						1	3
9月										0
10月										0
总计	1	2	2	0	0	1	0	3	1	10

表 2.3 冰雹日伴有雷电、雷暴大风天气的月分布特征

月份	三河	大厂	香河	固安	廊坊	永清	霸州	文安	大城	总计
3月	1	1								2
4月	1	1	1					1	1	5
5月			1	2	3	4		2	4	16
6月	4	1	3	3	4	1	2	3	5	26
7月	3	4	1	3	2	2	2		3	20
8月	2	1				2		1	3	9
9月		1		1	3		2	1	2	10
10月										0
总计	11	9	6	9	12	9	6	8	18	88

表 2.4 冰雹日仅伴有雷电天气的月分布特征

月份	三河	大厂	香河	固安	廊坊	永清	霸州	文安	大城	总计
3月				1						1
4月	7	4	6	1	2	4	1	3	2	30
5月	7	5	10	8	6	6	4	4	2	52
6月	6	8	10	9	6	7	8	5	7	66
7月	3	4	3	7	2	4	2	3	3	31
8月	1	2	4	2	1		1	2	1	14
9月	2	2	2	5		5	1	3	1	21
10月			1			1				2
总计	26	25	36	33	17	27	17	20	16	217

2.1.3　小结

廊坊市冰雹天气具有局地性强的分布特点，单站冰雹最多，占比 72.1%；局地性冰雹占比 25.8%。冰雹天气发生时多伴有雷电、雷暴大风、暴雨等强对流天气，其中仅伴有雷电天气的比例最高，达 66.3%。自 1964 年以来，廊坊冰雹站次呈下降趋势，平均每 10 年冰雹减少 1.1 站次。冰雹天气具有明显的季节性分布特征，主要为 3—10 月，其中 5—7 月冰雹天气最多，占比 80.8%。冰雹天气多发生在午后，尤其是 15—19 时冰雹占全部冰雹站次的比例高达 57%；冰雹天气持续时间普遍在 30 分钟以下，持续 1～5 分钟的冰雹比例高达 58.7%。廊坊市冰雹具有地域性分布特征，固安县、香河县出现日数最多，52 年中分别出现 47 天和 45 天，霸州市出现日数最少，仅 26 天。

2.2　冰雹天气的环流形势及配置特征

2.2.1　冰雹的大气环流形势及影响系统

2.2.1.1　北涡南槽型（东蒙冷涡和华北冷涡）

造成廊坊市冰雹天气最多的高空影响系统为北涡南槽型，这种高空环流形势共 25 例，占比 43.1%。造成冰雹的冷涡多为自贝加尔湖南下的东蒙冷涡或华北冷涡，冷涡中心位置主要位于(39°～55°N，105°～128°E)。影响系统有明显的冷中心或冷温槽配合，高空冷空气南侵，位于冷涡南部或东南象限的廊坊市易出现冰雹天气。500 hPa，新疆北部至贝加尔湖附近和东北平原均为高压脊或弱高压脊，两高之间为低槽区，受东北地区高压脊的阻挡，冷空气沿槽后西北气流入侵河北，影响廊坊地区（图 2.5）。有时涡后及冷涡底部风速较大，出现风速大于 20 m/s的大风速带，有利于强对流天气发生。

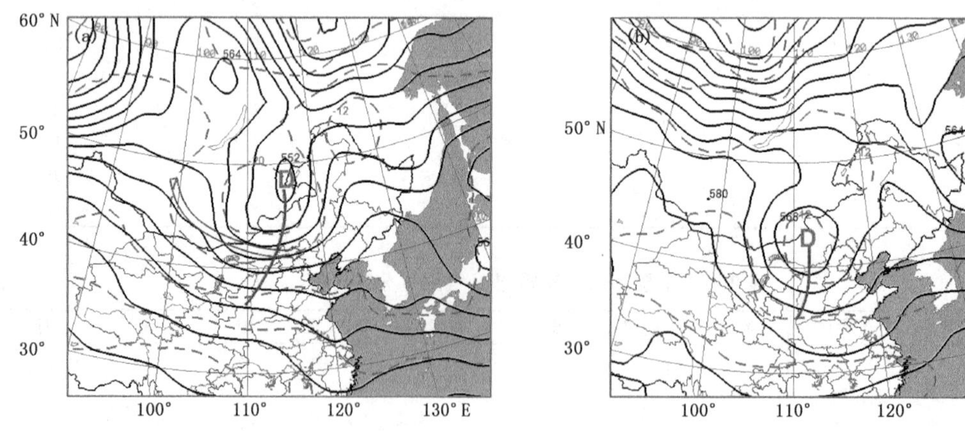

图 2.5　北涡南槽型 500 hPa 环流形势（a. 东蒙冷涡；b. 华北冷涡）

2.2.1.2　短波槽型

造成廊坊市冰雹天气次多的高空影响系统为纬向环流中的低槽型，主要为较深厚的西风槽或纬向小槽。这种高空环流形势共 19 例，占比 32.8%。如图 2.6 所示，500 hPa 西伯利亚地区为一宽阔稳定的低槽或中间伴有一弱高压脊。其南部河套地区为一典型西风槽或短波槽，新疆北部至河套附近为西北气流，冷空气沿着西北气流随槽东移，冰雹出现在槽前西南气流控制下的区域中。西风槽或短波槽中均有冷温槽配合，温度槽落后于高度槽或经向度大，系统东移时有所发展。

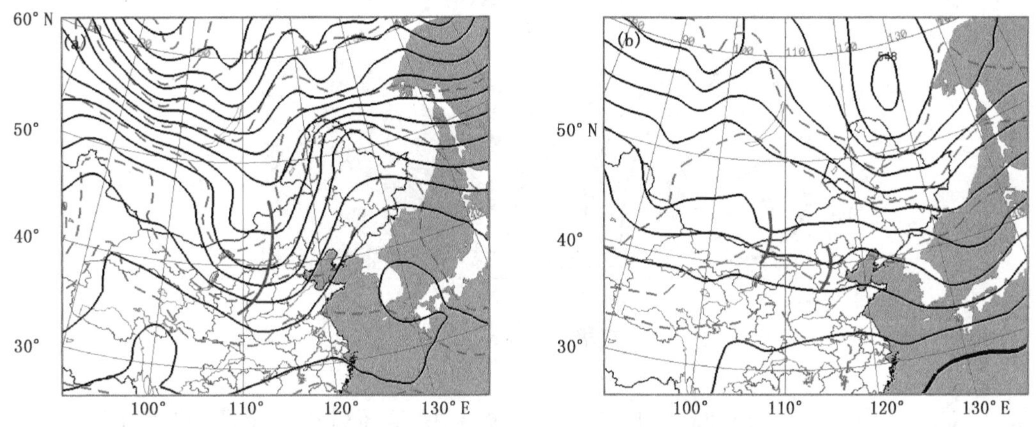

图 2.6　短波槽型 500 hPa 环流形势(a. 西风槽；b. 浅槽)

2.2.1.3　西北气流型(东北冷涡后部、脊前)

有 17.2%的冰雹天气出现在东北冷涡后部或脊前部的西北气流下，主要特征为：500 hPa 高空，河北省均处于一致的西北气流中，温度槽落后于高度槽，廊坊市附近为高空冷平流控制(图 2.7)。当低层有明显的暖湿空气向北输送时，形成“上冷下暖”的层结不稳定形势，西北气流控制区也会出现冰雹等强对流天气。

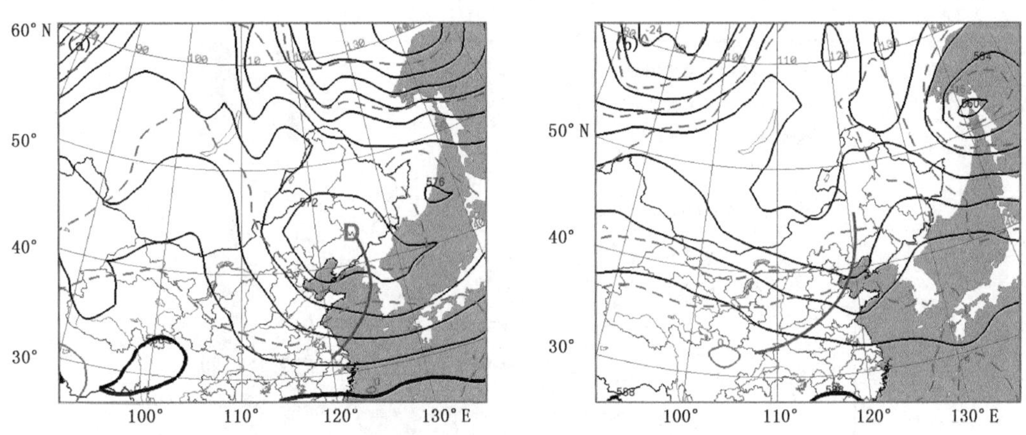

图 2.7　西北气流型 500 hPa 环流形势(a. 冷涡后部；b. 槽后)

2.2.1.4　横槽型

横槽也是冰雹天气产生的主要影响系统之一，比例约占 6.9%。主要特征为：500 hPa 高空，东北至日本海附近为一低槽，槽后高压脊向东北方向发展，脊前偏北气流或东北气流加强，并在河北省中北部上空形成东西向分布的横槽，横槽南下或转竖带来冷空气，造成廊坊市冰雹天气(图 2.8)。

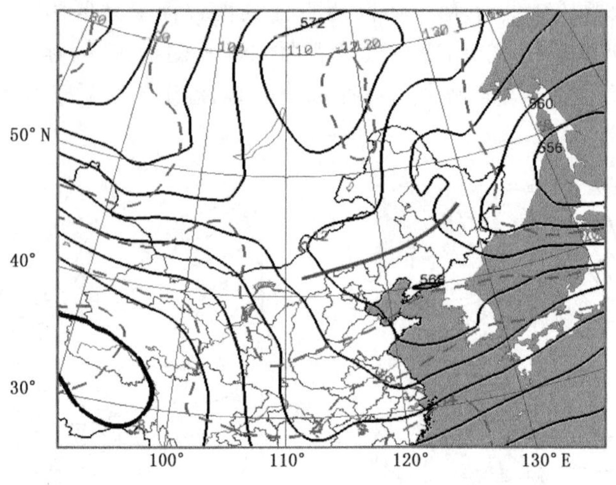

图 2.8　横槽型 500 hPa 环流形势

此外，冰雹天气产生时，地面环流形势主要有低压场、低压带内均压场、倒槽、高气压场后部或底部等四种类型，冰雹天气产生的比例分别占 43.1%、27.6%、15.5%、13.8%。

2.2.2　冰雹的高、低空环流形势配置特征

北涡南槽型的高、低空环流配置特征(图 2.9)为：500 hPa 廊坊市位于低涡或槽前的西南气流中，冷空气沿涡后部的西北气流下滑，700 hPa 和 850 hPa 对应有槽或切变线。河北省大部分地区位于 200 hPa 急流和 500 hPa 大风速带之间，这里是强对流天气热力和动力条件集中区，强对流天气出现在低槽的东南或偏南象限。500 hPa 对应有冷涡和冷温槽，850 hPa 廊

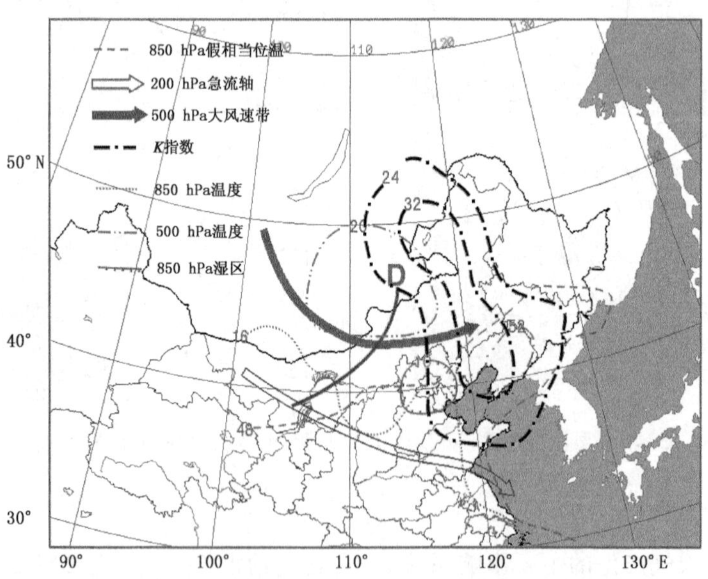

图 2.9　北涡南槽型高、低空形势配置图(附彩图)

坊地区位于暖脊中，构成“上冷下暖”的垂直结构，有利于大气不稳定层结的建立。低层偏南气流较弱，冰雹天气很少伴有明显的低层水汽输送带。廊坊地区位于 850 hPa 假相当位温的高能脊与 K 指数大于 24℃ 的叠加区域。此外，850 hPa 比湿大值区大于 10 g/kg，廊坊位于 850 hPa 比湿大值区内，说明冰雹天气的形成需要低层有一定的水汽条件。

短波槽型的高、低空环流配置特征(图 2.10)为：500 hPa 高空有冷温槽配合，温度槽落后于高度槽，系统有发展趋势。低层 700 hPa 和 850 hPa 有槽线或切变线对应，垂直上为前倾结构，前倾槽使大气层结不稳定，有利于强对流天气的发生发展。廊坊地区位于 500 hPa 大风速带与 200 hPa 急流之间的区域，上升运动强。K 指数大值区达到 28℃以上，850 hPa 假相当位温高能脊与之叠加，廊坊位于叠加区。500 hPa 冷温槽对应 850 hPa 温度脊，叠加在廊坊上空，层结不稳定有利于上升运动。低层有一定的水汽条件，850 hPa 廊坊附近比湿达 8 g/kg。

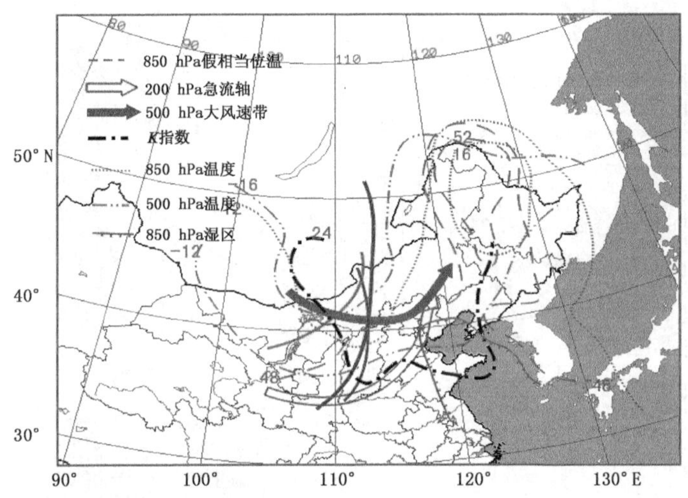

图 2.10　短波槽型高、低空形势配置图(附彩图)

西北气流型的高低空环流配置特征(图 2.11)为：廊坊上空 500 hPa 位于槽后西北气流

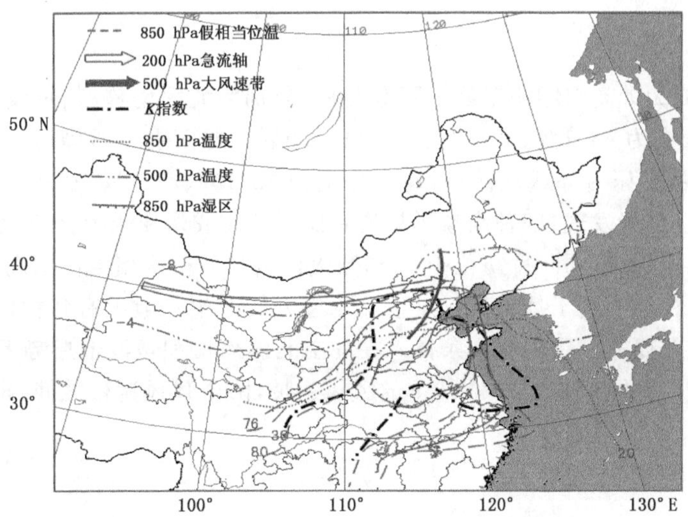

图 2.11　西北气流型高、低空形势配置图(附彩图)

中，冷空气沿西北气流进入河北，低层 700 hPa 和 850 hPa 有切变线对应。200 hPa 急流位于河北北部，抽吸作用有利于上升运动。500 hPa 存在明显温度槽，925 hPa 有温度脊配合，构成“上冷下暖”的不稳定层结结构。低层 850 hPa 假相当位温达 70℃以上，K 指数大于 38℃，廊坊位于两个大值区叠加区域，热力条件好。低层 850 hPa 比湿大值区为 14～16 g/kg，廊坊附近比湿达 15 g/kg，低层水汽条件较好。

横槽型的高、低空环流配置特征(图 2.12)为：高空冷空气沿横槽后部偏北气流或东北气流进入河北。低层 700 hPa 和 850 hPa 有切变线相配合，提供低层动力条件。横槽后部对应冷中心和冷温槽，850 hPa 为暖脊，层结不稳定。200 hPa 急流位置偏南，500 hPa 未出现大风速带，高空动力条件略差。K 指数达到 32℃以上，与 850 hPa 假相当位温高能脊叠加，热力条件好。低层 850 hPa 廊坊位于比湿舌中，比湿大于 8 k/kg，低层有一定的湿度条件。

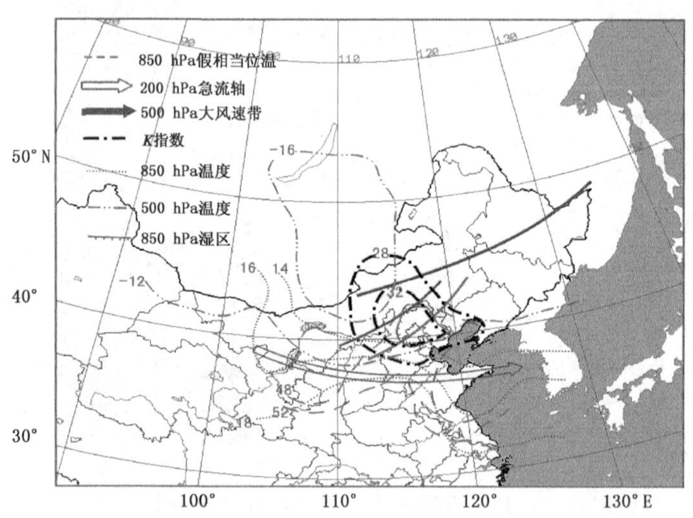

图 2.12 横槽型高、低空形势配置图(附彩图)

2.2.3 小结

冰雹天气的 500 hPa 高空影响系统主要有四种，分别为北涡南槽型、短波槽型、西北气流型和横槽型，占比依次为 43.1%、32.8%、17.2%、6.9%。地面主要形势场为低压型、低压带内均压场型、倒槽型、高压后部或底部型，占比分别为 43.1%、27.6%、15.5%、13.8%。从各类天气形势的高低空配置发现，四种高空形势均有低层槽线或切变线配合，高空温度槽和低空暖脊配合，形成不稳定层结，同时廊坊位于 K 指数大值区与低空假相当位温高能脊的叠加区，能量条件好，以上条件均有利于冰雹天气发生。冰雹天气产生一般没有建立明显的水汽输送通道，但对流层低层需要有一定的水汽条件。在高空北涡南槽和短波槽形势下，一般 200 hPa 会出现急流，500 hPa 存在风速大于 20 m/s 的大风速带，两个强风速带之间，也是动力条件较好的地区。

2.3 冰雹的预报技术

2.3.1 资料和方法

利用北京站的探空资料，分析 1999—2015 年 58 个冰雹个例（表 2.5）$T-\ln P$ 中 *CAPE*、*CIN*、最大上升速度、自由对流高度、*K* 指数、*SI*、*LI* 指数、850 hPa 与 500 hPa 温度差、0℃和 −20℃层高度等物理量参数特征，得出冰雹天气发生前期能量条件和大气稳定度情况，为冰雹的预报提供一些参考依据。本节中出现在午后的冰雹采用 08 时北京站探空资料，出现在夜间（20 时后）的冰雹采用 20 时北京探空站资料。此外，出现逆温情况时，抬升层选择最低逆温层。

表 2.5　逐月个例数

月份	3 月	4 月	5 月	6 月	7 月	8 月	9 月	10 月
个例数（个）	2	3	9	22	15	2	4	1

2.3.2 物理量特征

2.3.2.1　能量条件和大气层结稳定度参数

由于 3—4 月、8—10 月冰雹个例数均小于 5 个，统计意义有待商榷。因此给出这 5 个月的能量条件和大气层结稳定度参数范围供参考（表 2.6）。3 月，冰雹天气 *CAPE*、*CIN*、*W_CAPE* 值均为 0，无自由对流高度，*K* 指数为 15～21℃，*SI* 或 *LI* 大于 0。4 月，冰雹天气 *CAPE* 较小，为 50～221 J/kg，*CIN* 为 0～284 J/kg，*W_CAPE* 为 3～10 m/s，*K* 指数为 −15～30℃，*SI* 或 *LI* 接近 0。3—4 月出现的冰雹天气，发生前 *CAPE* 偏低，最大上升速度偏小，表征大气稳定度的 *K* 值偏小，而 *SI* 指数又大于或接近 0，以上说明早春季节的冰雹天气能量条件和大气稳定度条件均较差。9—10 月，初秋冰雹天气与早春指数相似。8 月仅有 2 个冰雹个例，但能量条件、最大上升速度等差异较大，如 *CAPE* 值分别为 338 J/kg 和 3093 J/kg。但 *K* 指数均大于 31℃，850 hPa 与 500 hPa 温差也达到 28℃以上，说明 8 月冰雹天气虽然能量条件差别较大，但大气在一定程度上是不稳定的。此外，0℃高度层在 3—4 月、9—10 月普遍偏低，范围为 780～3544 m，8 月则为 3723～4051 m。−20℃层高度在 3 月和 10 月偏低，为 3028～5013 m，4 月和 8—9 月为 5130～6956 m。

表 2.6　3—4 月、8—10 月能量条件和大气层结稳定度参数范围

指数月份	3	4	8	9	10
CAPE(J/kg)	0	50～221	338～3093	0～509	182
CIN(J/kg)	0	0～284	91～305	0～225	72
W_CAPE(m/s)	0	3～10	26～79	0～32	20
LFC_P(hPa)	9999	721～1009	702～815	723～764	854
K(℃)	15～21	27～30	31～34	15～33	22
SI/*LI*(℃)	1.8～5.5	−1.0～0.7	−1.9～10.1	−2.3～2.8	0.17

续表

指数月份	3	4	8	9	10
$T_{850-500}$(℃)	29～31	25～32	28～32	26～31	30
0℃层高度(m)	780～2400	1470～3397	3723～4051	2724～3544	2621
−20℃层高度(m)	4142～5013	5130～6874	6812～6956	5778～6706	3028

注：表中 9999 为状态曲线与层结曲线无交点。

对流有效位能 *CAPE* 是描述不稳定能量的最直接参数，由于大部分冰雹过程出现在午后，因此重点分析出现在午后至 20 时的冰雹个例。计算结果表明(表 2.7)，58 个个例中，*CAPE* 均值为 736 J/kg，最大值为 3774 J/kg(图 2.13)，出现在 2001 年 7 月 2 日 20 时。5—6 月能量条件略差，小于 500 J/kg 的个例分别占比 55.6%和 54.5%，7 月能量条件较好，大于 1000 J/kg 的个例占比 46.7%。*CIN* 平均值为 121 J/kg。最大垂直速度平均值为 29 m/s，5 月，<20 m/s 的个例占比 55.6%，而 6—7 月最大上升速度为 20～90 m/s，占比分别为 77.3%和 86.7%，其中 20～50 m/s 占比较多，分别为 63.6%和 53.3%(图 2.14)。自由对流高度平均值为 776 hPa，5—7 月自由对流高度普遍在 700～1000 hPa(图 2.15)。

表 2.7　5—7 月能量条件和大气层结稳定度参数范围

		5月			6月			7月		
CAPE	分级(J/kg)	0～500	500～1000	>1000	0～500	500～1000	>1000	0～500	500～1000	>1000
	次数(次)	5	2	2	12	4	6	5	3	7
	百分比(%)	55.6	22.2	22.2	54.5	18.2	27.3	33.3	20.0	46.7
CIN	分级(J/kg)	0～100	100～500	>500	0～100	100～500	>500	0～100	100～500	>500
	次数(次)	5	3	1	14	8	0	7	7	1
	百分比(%)	55.6	33.3	11.1	63.6	36.4	0	46.7	46.7	6.7
W_CAPE	分级(m/s)	0～20	20～50	50～90	0～20	20～50	50～90	0～20	20～50	50～90
	次数(次)	5	4	0	5	14	3	2	8	5
	百分比(%)	55.6	44.4	0	22.7	63.6	13.6	13.3	53.3	33.3
LFC_P	分级(hPa)	500～700	700～1100	9999	500～700	700～1100	9999	500～700	700～1100	9999
	次数(次)	3	5	1	7	14	1	6	8	1
	百分比(%)	33.3	55.6	11.1	31.8	63.6	4.5	40.0	53.3	6.7
K	分级(℃)	<26	26～35	35～45	<26	26～35	35～45	<26	26～35	35～45
	次数(次)	6	3	0	3	14	5	5	6	4
	百分比(%)	66.7	33.3	0	13.6	63.6	22.7	33.3	40.0	26.7
SI/LI	分级	>0	−5～0	−5～−12	>0	−5～0	−5～−12	>0	−5～0	−5～−12
	次数(次)	4	5	0	2	14	6	1	12	2
	百分比(%)	44.4	55.6	0	9.1	63.6	27.3	6.7	80.0	13.3
$T_{850-500}$	分级(℃)	21～27	28～34	≥35	21～27	28～34	≥35	21～27	28～34	≥35
	次数(次)	0	8	1	7	14	1	6	9	0
	百分比(%)	0	88.9	11.1	31.8	63.6	4.5	40.0	60.0	0

续表

		5 月			6 月			7 月		
0℃层高度	分级(m)	2000～3000	3000～4000	4000～5500	2000～3000	3000～4000	4000～5500	2000～3000	3000～4000	4000～5500
	次数(次)	2	7	0	1	15	6	0	0	15
	百分比(%)	22.2	77.8	0	4.5	68.2	27.3	0	0	100.0
−20℃层高度	分级(m)	5000～6000	6000～7000	7000～8500	5000～6000	6000～7000	7000～8500	5000～6000	6000～7000	7000～8500
	次数(次)	4	4	1	2	12	8	0	0	15
	百分比(%)	44.4	44.4	11.1	9.1	54.5	36.4	0	0	100.0

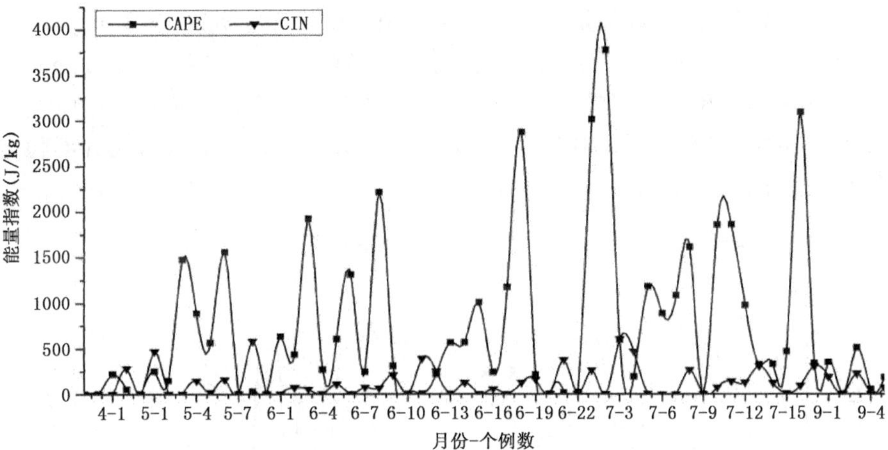

图 2.13　冰雹天气 3—10 月个例 *CAPE*、*CIN* 分布特征

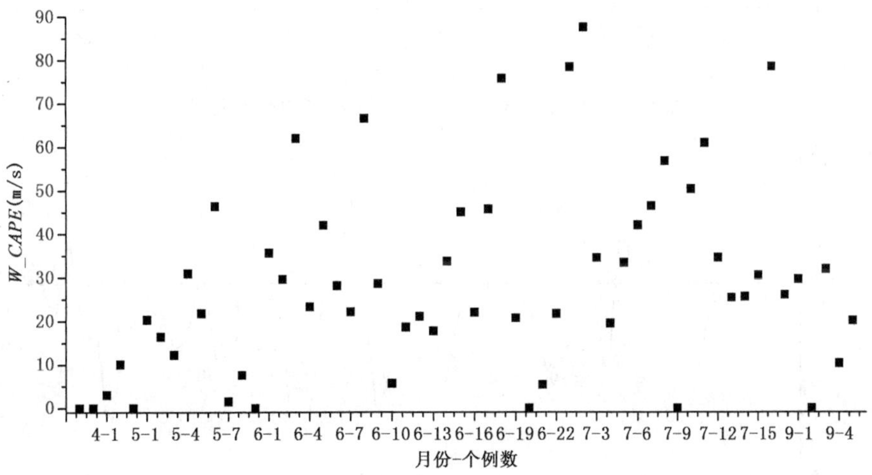

图 2.14　冰雹天气 3—10 月个例 *W_CAPE* 分布特征

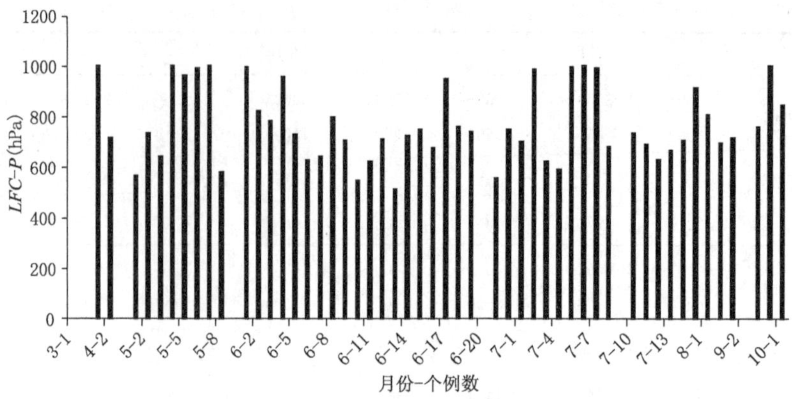

图 2.15　冰雹天气 3—10 月个例 *LFC_P* 分布特征

K 指数、*SI* 指数和 *LI* 指数都是反映大气条件稳定度状况的指数(图 2.16～2.17)。58 个个例中 *K* 指数平均值为 26℃。5 月,*K* 值偏小,66.7%的个例 *K*＜26℃;6 月,63.6%的个例 *K* 值为 26～35℃;7 月,*K* 值跨度较大,为 4～36℃,但 26～35℃占比最多,为 40%。5—7 月,*SI* 或 *LI* 指数普遍在－5～0℃,其中 5 月有 44.4%的 *SI* 或 *LI*＞0,6 月,大气不稳定性更强,有 27.3%的 *SI* 或 *LI*＜－5℃。

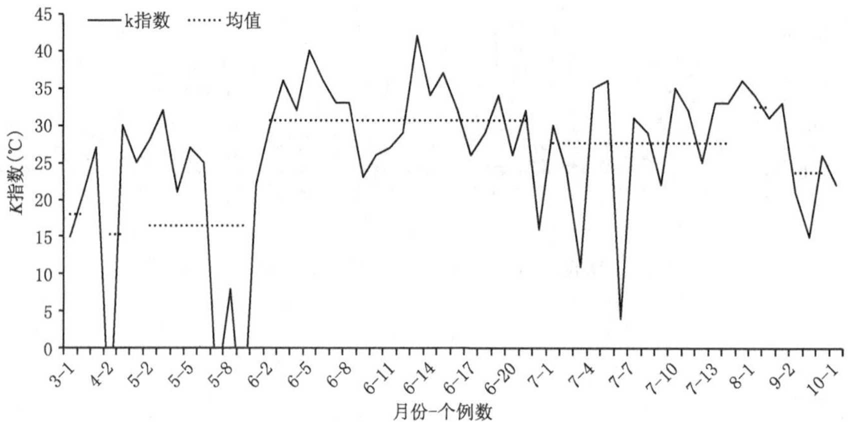

图 2.16　冰雹天气 3—10 月个例 *K* 指数分布特征

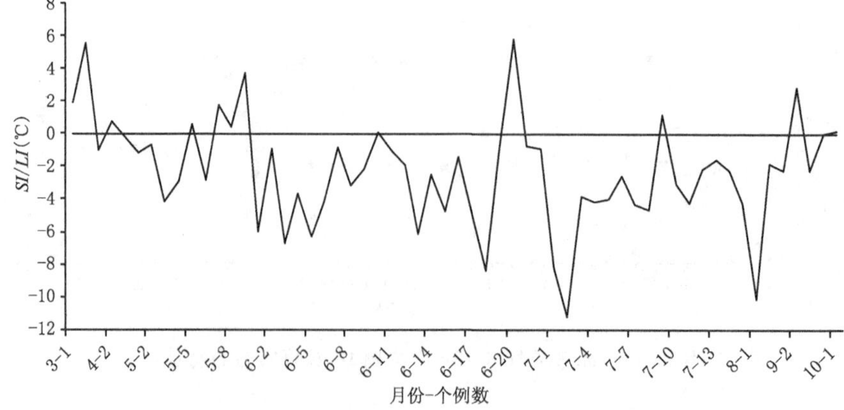

图 2.17　冰雹天气 3—10 月个例 *SI* 或 *LI* 分布特征

以上条件表明，5—7 月，在冰雹天气产生前大气层均存在一定的能量条件，且大气层结普遍是不稳定的，大气环境条件有利于冰雹天气发生。

2.3.2.2　大气温湿参数

冰雹成形需要有适当的 0℃冻结层高度，还要有一定的负温区以供雹胚增长。水滴一般在－20℃凝结成冰，因此－20℃层高度也是判断是否有利于冰雹形成的重要参数(仇娟娟 等，2013)。图 2.18 分析了 3—10 月廊坊冰雹 0℃层和－20℃层高度，3—10 月，两个特征层高度平均值分别为 3624 m、6698 m。5—7 月，0℃层和－20℃层高度分布差别较大，其中 5—6 月冰雹 0℃层高度普遍为 3000～4000 m，分别占比 77.8%、68.2%，7 月 0℃高度较 5—6 月明显偏高，全部个例 0℃高度都为 4000～5500 m。5 月，－20℃高度普遍为 5000～7000 m，6 月普遍为 6000～8500 m，7 月均为 7000～8500 m，占比分别为 88.8%、90.9%和 100%。5—7 月，两个特征层高度差的平均值为 3075 m，这种高度差有利于冰雹胚胎在负温区内不断增大，最终形成冰雹，降落地面。

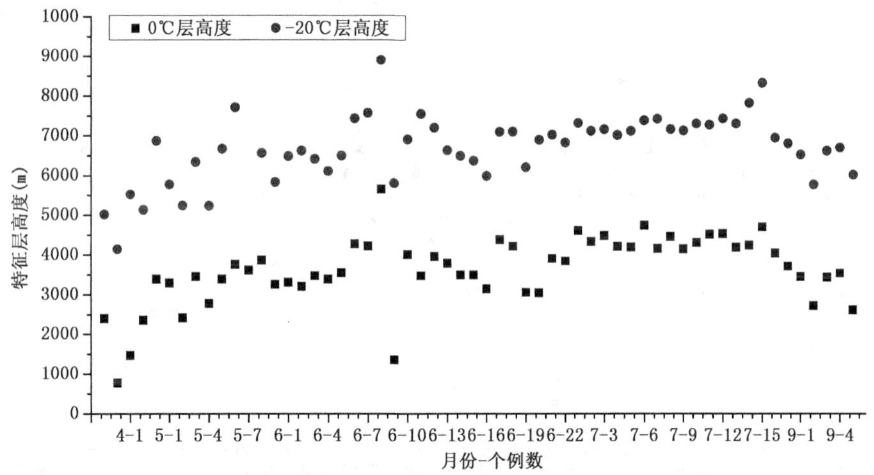

图 2.18　冰雹天气 3—10 月个例特征层高度分布特征

分析 3—10 月冰雹天气 1000～500 hPa 露点温度差(图 2.19)，结果表明：大部分个例都存在中高层为明显干层的特点，1000 hPa、925 hPa、850 hPa、700 hPa 和 500 hPa 平均温度露点差分别为 5.1℃、7.1℃、9.8℃、9.3℃和 15.5℃。高、低层露点温度的最大差值平均为 15℃，说明冰雹天气前期，近地面或低层存在浅薄的湿层，为冰雹的形成提供一定的湿度条件，中高层普遍有明显的干空气侵入，导致大气层结不稳定，从而产生强对流天气。

大气高低层温度差也是判断强对流天气是否发生的重要参数之一，统计冰雹天气过程 850 hPa 和 500 hPa 的温度差发现，普遍在 28～34℃(图 2.20)。这种高低空较强温度差的存在反映了大气层结的不稳定和对流层中高层冷空气在冰雹天气形成中的重要影响。

2.3.2.3　垂直风切变

垂直风切变有利于产生有组织的强雷暴和超级单体活动(Weismen et al.，1982)，同时也促进高低层能量的交换。统计表明，冰雹天气过程中各层次均存在不同程度的垂直风切变，尤其是较低层次的垂直风切变更有利于强雷暴的产生(图 2.21)。地面—925 hPa、地面—850 hPa、

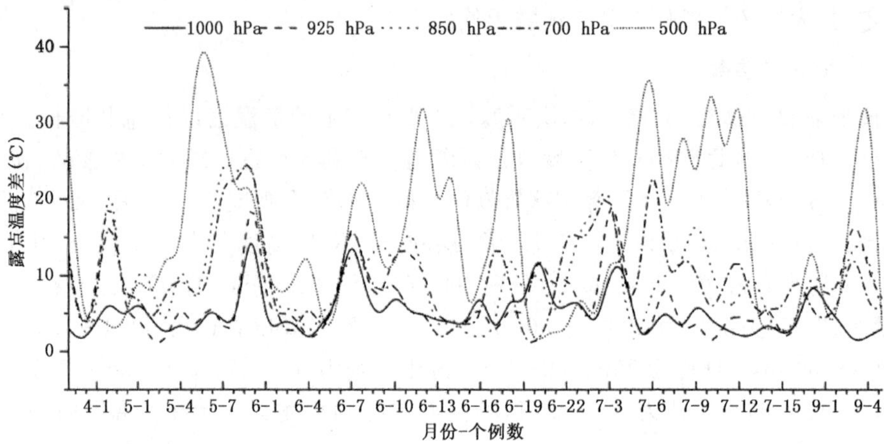

图 2.19　冰雹天气 3—10 月个例各层温度露点差分布图

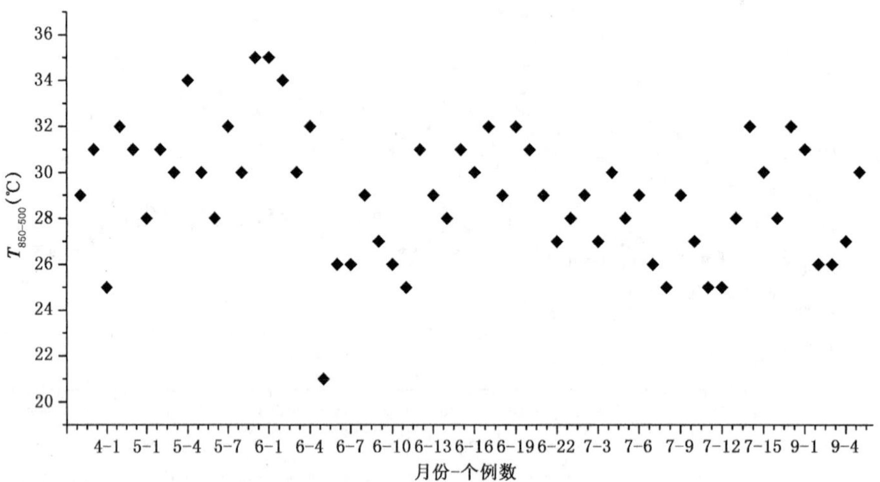

图 2.20　冰雹天气 3—10 月个例 850 hPa 与 500 hPa 温度差分布

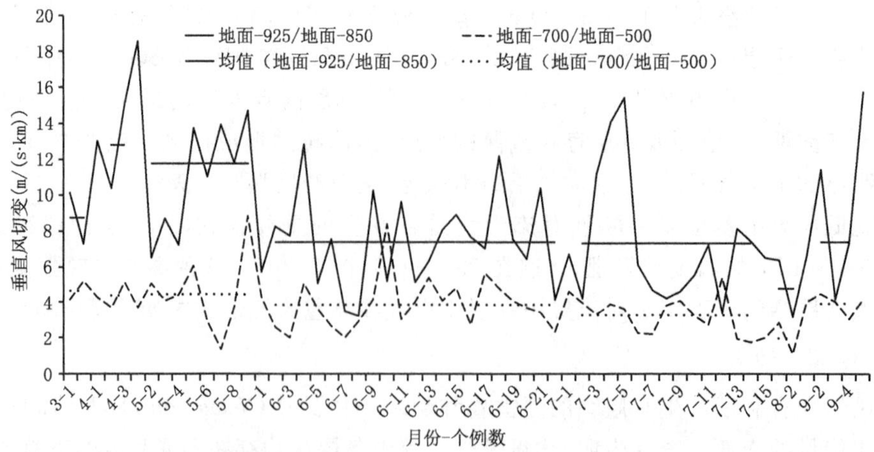

图 2.21　冰雹天气 3—10 月个例各层与地面间的垂直风切变特征

地面—700 hPa、地面—500 hPa 平均垂直风切变分别为 8.0 m/(s·km)、5.1 m/(s·km)、3.6 m/(s·km)、2.8 m/(s·km)。其中各月垂直风切变的大小有明显差异，春季 3—5 月垂直风切变明显较夏季和早秋大，3—5 月，(地面—925 hPa)/(地面—850 hPa)、(地面—700 hPa)/(地面—500 hPa)平均垂直风切变为 12.1 m/(s·km)、4.4 m/(s·km)，6—9 月平均值明显偏小，为 6.7 m/(s·km)、3.3 m/(s·km)。

2.3.3 雷达特征分析

2.3.3.1 冰雹天气反射率因子和径向速度特征

廊坊冰雹天气雷达回波形状和结构主要有两种，一种为块状单体回波，共 12 例，另一种为飑线(定义：呈线性状排列的对流单体族，其长和宽之比大于 5:1)(俞小鼎 等，2006)，共 9 例。回波中心强度普遍大于 60 dBz，并且垂直结构为悬垂结构，有回波"穹窿"，出现冰雹，特别是大冰雹天气时往往有"三体散射现象"。2009 年 7 月 23 日，廊坊文安县出现冰雹，沿强回波作反射率因子剖面(图 2.22a)，大于 60 dBz 强回波出现在 3～6 km，3 km 以下回波偏弱，最弱回波仅 30 dBz 左右，呈"穹窿"状，说明弱回波区有强烈的上升运动。2015 年 6 月 10 日，廊坊永清县冰雹天气(图 2.22b)，提前 30 min 左右，北京雷达站 0.5°、1.5°、2.4° 等仰角在保定新城东部均出现"三体散射"回波特征，对冰雹的短临预报有非常好的指示意义。

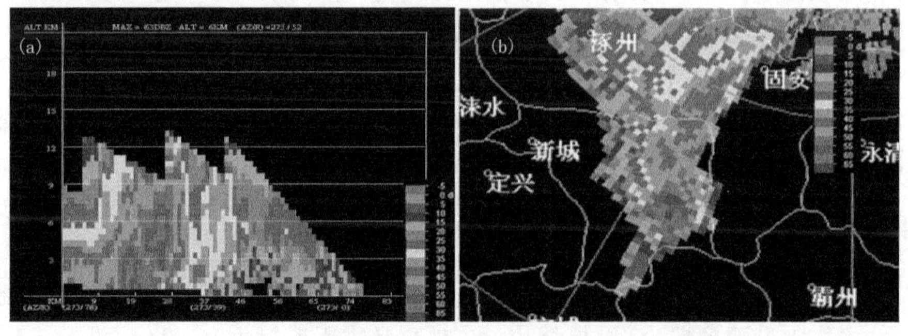

图 2.22　冰雹天气雷达回波特征(附彩图)
(a. 2009 年 7 月 23 日反射率因子剖面；b. 2015 年 6 月 10 日反射率因子图)

速度场结构主要有两种，一种对应强回波位置存在明显逆风区，如 2015 年 5 月 17 日廊坊固安县冰雹天气(图 2.23a)，强回波对应的径向速度图出现逆风区，且冰雹天气持续期间，逆风区一直存在。另一种速度场存在旋转速度大于 12 m/s 的弱切变，如 2015 年 6 月 10 日廊坊永清冰雹(图 2.23b)，强回波对应的径向速度图为明显的小尺度速度，其切变速度达 16 m/s。以上说明两种速度场分布均与中小尺度强对流天气过程有密切关系。有效的识别以上雷达回波特征，对冰雹的短临预报有一定指示意义。

2.3.3.2 垂直累积液态水(VIL)特征

垂直累积液态水含量表示将反射率因子数据转化成等价的液态水值，所用的是假设反射率因子返回都是由液态水滴引起的经验导出关系(俞小鼎 等，2006)。廊坊冰雹过程中 VIL 中心值普遍大于 35 kg/m^2，并且在降雹之前有明显增大。多普勒雷达每 6 分钟进行一次体扫，2011 年 7 月 17 日、2015 年 5 月 17 日、2015 年 8 月 28 日廊坊 3 次中雹过程中，降雹前 3～4 个

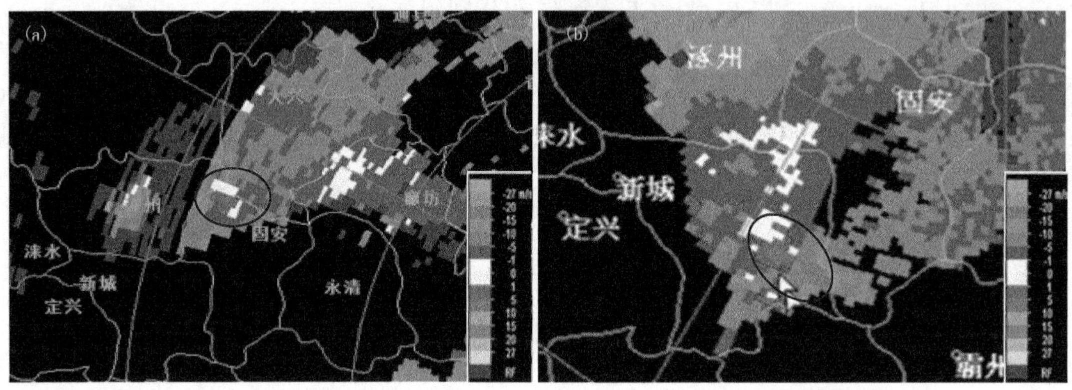

图 2.23　冰雹天气雷达径向速度特征(附彩图)

(a.2015 年 5 月 17 日逆风区;b.2015 年 6 月 10 日弱切变)

体扫时间内 VIL 中心值增至 35 kg/m^2 以上,并在降雹开始前 1～2 个体扫至降雹开始后 1 个体扫达到最大,之后 VIL 值开始呈下降趋势(图 2.24a)。

2.3.3.3　回波顶高度(ET)特征

回波顶 ET 是在≥18 dBz 反射率因子被探测到时,显示以最高仰角为基础的回波顶高度(俞小鼎 等,2006)。廊坊冰雹过程中回波顶高的最大值普遍大于 11 km。上述廊坊 3 次中雹天气过程中,降雹开始 3～4 个体扫内回波顶高增加至 13～15 km(图 2.24b)。回波顶高能够反映出对流延伸的高度,较高的回波顶高可以为雹胚生长提供足够长的路径。对回波顶高的监测也为冰雹的短时预报提供一定的参考依据。

2.3.4　小结

(1)3—4 月与 9—10 月冰雹天气能量条件和大气层结稳定度参数相似,冰雹出现前 *CAPE* 偏低,最大上升速度偏小,*K* 值偏小,*SI* 指数又大于或接近 0。0℃高度 3—4 月、9—10 月普遍偏低,范围为 780～3397 m,8 月则为 3723～4051 m。－20℃高度 3 月、10 月偏低,为 3028～5013 m,4 月和 8—9 月为 5130～6956 m。

(2)5 月和 6 月能量条件略差,小于 500 J/kg 的个例分别占比 55.6%和 54.5%,7 月能量条件较好,大于 1000 J/kg 的个例占比 46.7%。5—7 月 *SI* 或 *LI* 指数普遍在 0～－5℃,其中 6 月大气不稳定性更强,有 27.3%的 *SI* 或 *LI* 小于－5℃。

(3)3—10 月冰雹天气 0℃层和－20℃层高度平均值分别为 3624 m、6698 m。5—7 月两个特征层高度差的平均值为 3075 m,这种高度差有利于冰雹胚胎在负温区内不断增大,最终形成冰雹,降落地面。

(4)冰雹天气前期,近地面或低层存在浅薄的湿层,为冰雹的形成提供一定的湿度条件,中高层普遍有明显的干空气侵入,导致大气层结不稳定。

(5)冰雹天气过程中 850 hPa 和 500 hPa 温度差普遍在 28～34℃。

(6)冰雹天气过程中各层次均存在不同程度的垂直风切变,尤其是较低层次存在垂直风切变。春季 3—5 月垂直风切变明显较夏季和早秋大,3—5 月,(地面—925 hPa)/(地面—850 hPa)、(地面—700 hPa)/(地面—500 hPa)平均垂直风切变为 12.1 m/(s·km)、4.4 m/(s·km)。

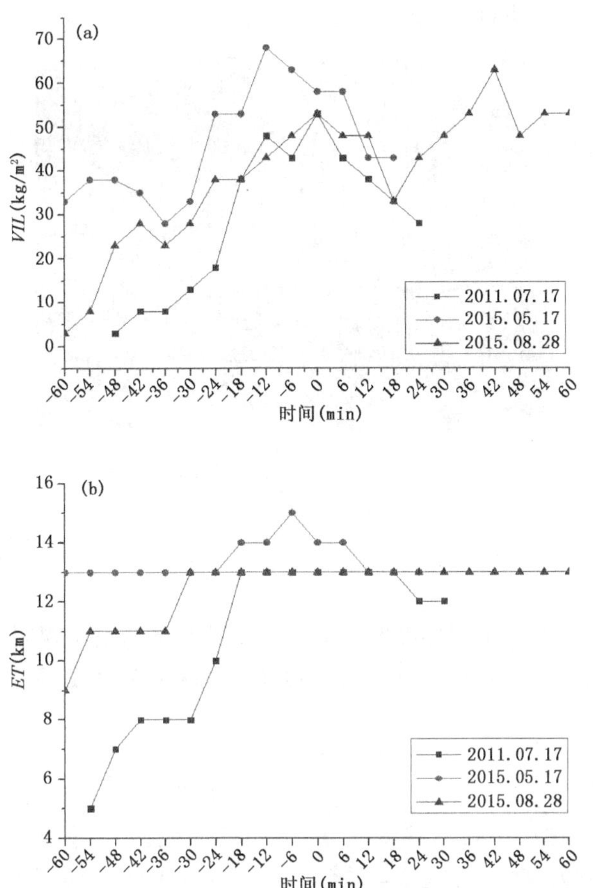

图 2.24　2006—2015 年 22 个冰雹日 VIL 值(a)与 ET 值(b)特征分布

(7)冰雹天气反射率因子形态主要有两种，分别为“飑线”型和“块状单体”型。回波共同点为中心强度普遍大于 60 dBz，并且垂直结构为悬垂结构，有回波“穹窿”出现，“三体散射”常不能及时识别。

(8)速度场结构主要有两种，一种对应强回波位置存在明显逆风区，另一种速度场存在旋转速度大于 12 m/s 的弱切变。

(9)3 次冰雹过程中，降雹前 3～4 个体扫时间内 VIL 中心值增至 35 kg/m^2 以上，并在降雹开始前 1～2 个体扫至降雹开始后 1 个体扫达到最大，之后 VIL 值开始呈下降趋势。降雹开始 3～4 个体扫内回波顶高增加至 13～15 km。

2.4　典型冰雹天气个例

2.4.1　冰雹个例实况

2015 年 6 月 10 日 17 时左右廊坊市中部出现强对流天气，伴随雷暴、冰雹等灾害性天气，永清南部乡镇三圣口、后奕、龙虎庄出现冰雹，其中后奕镇的李奉仙、邓家务和董向庄 8000 余亩葡萄和梨树受灾，损失严重(图 2.25)。

图 2.25　2015 年 6 月 10 日冰雹灾情

2.4.2　环流背景

从大尺度分析(图 2.26)，10 日 08 时河套北部 500 hPa 高空出现闭合小低涡，且有冷槽配合，温度槽配合高度槽，槽线及槽后均为明显冷平流，系统东移发展。同时 35°～40°N 附近

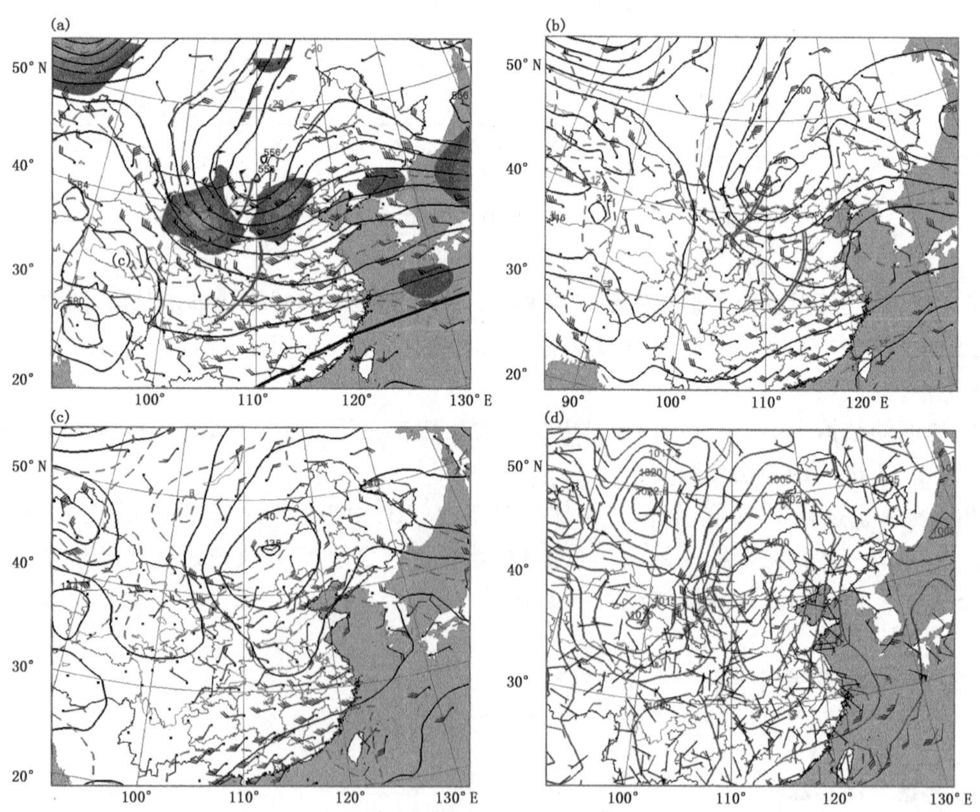

图 2.26　2015 年 6 月 10 日 08 时环流形势

(a. 500 hPa；b. 700 hPa；c. 850 hPa；d. 地面)

200 hPa有明显高空急流出现。低空700 hPa、850 hPa有低涡及槽线相配合，850 hPa风速不大，在河北至内蒙古与东北交界处有暖舌，河北附近构成上冷下暖的不稳定层结，且上下层垂直风切变较大。地面廊坊位于低压东南象限，且在渤海湾经廊坊市南部至衡水附近有一东北西南向辐合线。从高低空及地面形势配置来看，高低空槽和地面低压、较强垂直风切变和地面辐合线均有利于对流性天气发生，但低层风速较小，未产生急流，水汽输送条件一般，对降水无明显作用。短期及短时预报以雷阵雨天气为主。

2.4.3　热力和动力条件

分析6月10日14时北京站探空图（图2.27），发现14时北京上空K指数为35℃，沙氏指数为−1.57℃，对流有效位能为418.3 J/kg，地面露点温度差为2℃，1000 hPa比湿为11 g/kg，0℃层高度为3738.9 m，−20℃层高度为6966.7 m。计算得出，地面与925 hPa垂直风切变为$9.5\times10^{-3}s^{-1}$，地面与700 hPa垂直风切变为$3\times10^{-3}s^{-1}$，由此可见，北京附近有一定不稳定能量存在，低层垂直风切变较大。925 hPa和850 hPa附近存在浅薄逆温层，有利于不稳定能量的积累。低层温度露点差较小，有一定水汽条件，高层有干空气入侵，不稳定性强。从比湿和相对湿度的垂直分布看，925 hPa附近湿度较大。另外从14时、20时850 hPa和500 hPa温度差来看，都达到28℃及以上温度差，说明午后能量有一个积累的过程。

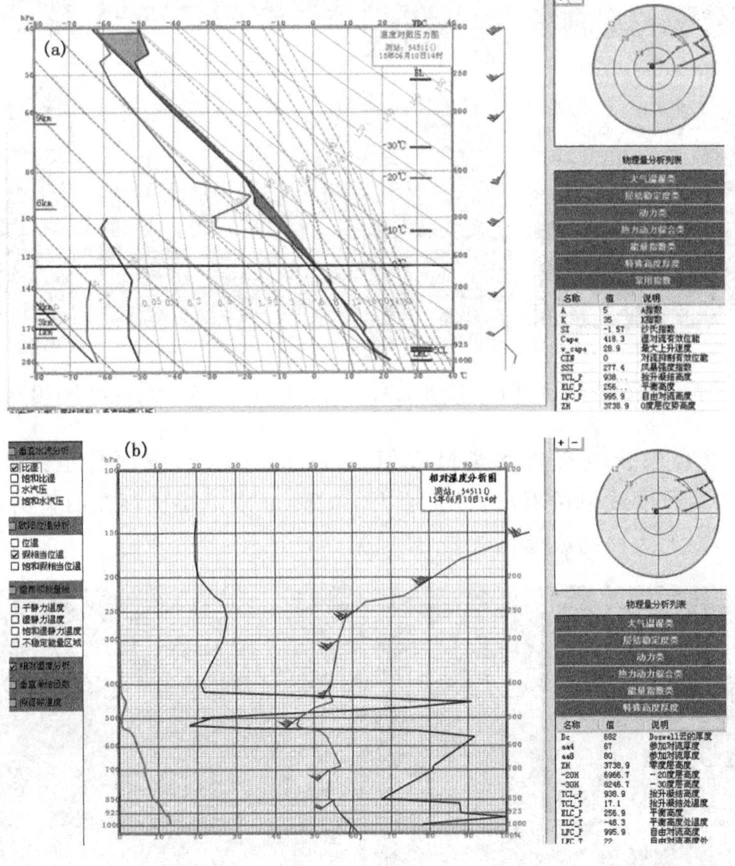

图2.27　2015年6月10日14时 $T-\ln P$ 图

2.4.4　雷达产品特征

17 时前后影响廊坊的雷达回波起源于河北西北部，13 时前后山西大同与河北交界处，由于地面位于低压前部，且存在一条弱的地面辐合线，触发了回波的生成，但强度较弱，随着偏西气流东移，越过太行山，受地形作用影响，越山后气旋性涡度增强，下山后回波明显加强。东移过程中由于进入不稳定区，回波进一步加强，产生沿线的雷暴、冰雹等强对流天气。

16:18 下山后回波加强，反射率因子强度较强，高度在 1 km 附近的最大反射率因子达 63 dBz，3 km 处的反射率因子强度超过 65 dBz。同时出现了三体散射现象，产生冰雹天气。低层出现低层钩状回波和反射率因子梯度大值区，中高层靠近低层反射率大值区附近出现了悬垂回波。径向速度场中距雷达 70 km 左右，即永清附近，出现了明显的速度场切变，虽未达到中气旋强度但切变量达 15 m/s(图 2.28)。

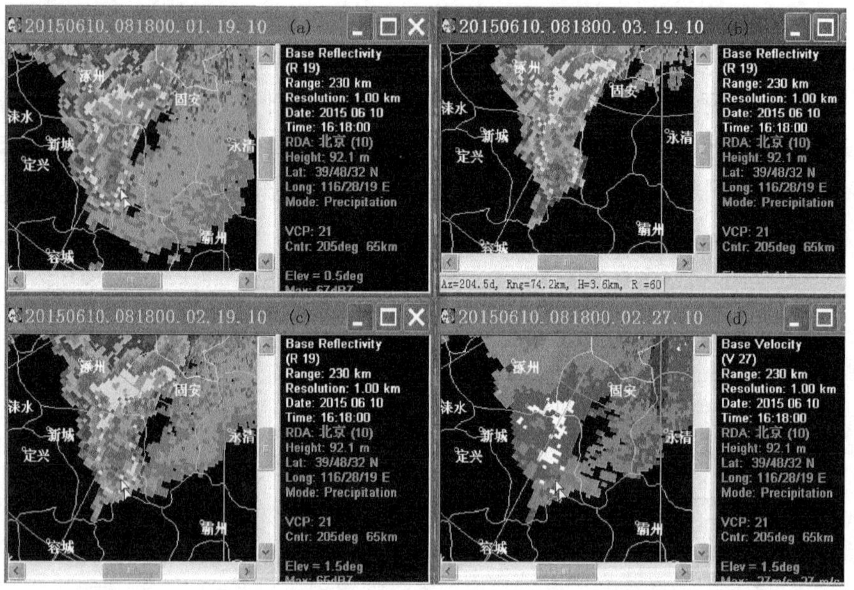

图 2.28　2015 年 6 月 10 日 16:18 北京雷达反射率因子及径向速度图(附彩图)

16:54 前后垂直积分液态含水量最大值达 43 kg/m^2，回波顶高也达 11 km 左右(图 2.29)，此外，从雷达风廓线也可看出，17 时前后，0.9 km 以下层次存在明显的风切变，0.6 km 以下为偏东气流，以上为西南或偏西气流(图略)。

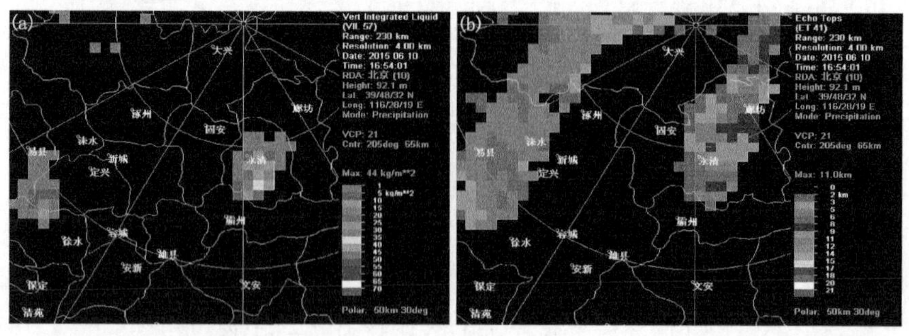

图 2.29　2015 年 6 月 10 日 16:54 北京雷达 VIL(a)和 ET(b)高度(附彩图)

2.5　雷暴的统计特征

2.5.1　雷暴的定义

雷暴是发展旺盛的强对流现象，是伴有强风骤雨、雷鸣闪电的积雨云系统的统称(陈渭民，2003)。雷暴这种强对流天气过程是一种严重灾害性天气，与其他灾害天气相比，它具有时间的瞬时性、季节性和频繁性以及空间分布的广泛性、分散性和局地性等特点(刘梅 等，2009)。

2.5.2　雷暴及雷暴大风的统计标准

依据中国气象局《地面气象观测规范》，以北京时 20:00 为日界，当廊坊市 9 个气象观测站中某日出现≥1 站雷暴，则记为一个雷暴日。参照河北省天气预报手册(宋善允 等，2017)，结合本地资料规定单个及以上气象观测站出现雷暴的当日 10 分钟平均风速的最大风速≥10.8 m/s 的大风，记为一个雷暴大风日。

2.5.3　雷暴的时空分布特征

2.5.3.1　雷暴初终日

数据统计结果表明，廊坊市雷暴最早初日为 3 月 12 日，出现在 2013 年文安和大城，最晚终日各站均为 11 月 9 日，出现年份分别为 1982 年、2004 年和 2009 年(表 2.8)。

表 2.8　廊坊市各站雷暴初、终日分布特征

站名	三河	大厂	香河	廊坊	固安	永清	霸州	文安	大城
初日	3 月 29 日	3 月 29 日	3 月 22 日	3 月 21 日	3 月 20 日	3 月 20 日	3 月 18 日	3 月 12 日	3 月 12 日
年份	2002 年	2002 年	2008 年	2009 年	2003 年	2003 年	1998 年	2013 年	2013 年
终日	11 月 9 日 (2 次)	11 月 9 日 (2 次)	11 月 9 日	11 月 9 日	11 月 9 日	11 月 9 日	11 月 9 日 (2 次)	11 月 9 日 (3 次)	11 月 9 日 (2 次)
年份	2004 年 2009 年	2004 年 2009 年	2004 年	2004 年	2004 年	2004 年	1982 年 2004 年	1982 年 2004 年 2009 年	2004 年 2009 年

2.5.3.2　雷暴月季年统计特征

资料统计结果显示：廊坊市年平均雷暴日为 30.5 天，平均雷暴日最多年份是 1967 年(43.8 天)，其次是 1990 年(42.6 天)、1986 年(40.4 天)；平均雷暴日最少年份是 1981 年(18.7 天)，其次是 2010 年(19.0 天)、1997 年(20.0 天)。平均雷暴日逐年分布见图 2.30。

廊坊市雷暴以夏季出现次数为最多，季平均雷暴日数为 22.7 天，占全年雷暴日的 74%；其次是春季，季平均雷暴日为 4.2 天，占全年雷暴日的 14%；秋季季平均雷暴日数为 3.7 天，占全年雷暴日的 12%；冬季无雷暴出现(图 2.31)。

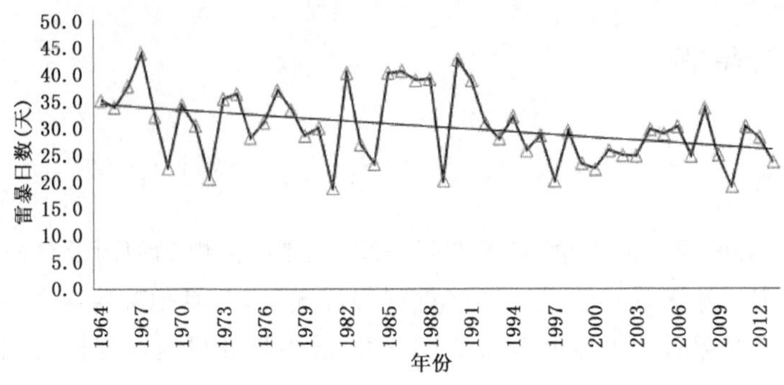

图 2.30　1964—2013 年廊坊市逐年平均雷暴日数分布特征

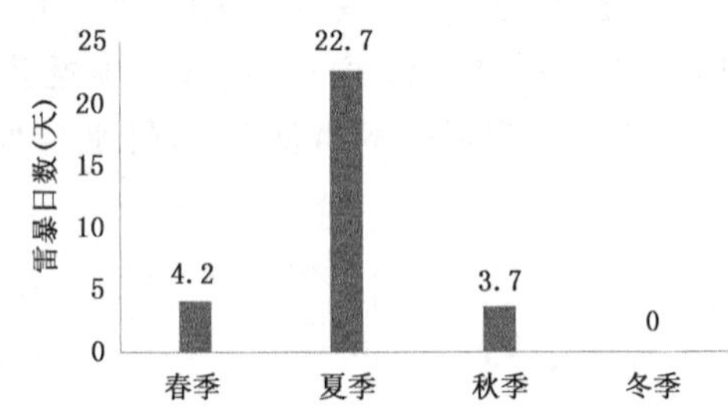

图 2.31　1964—2013 年廊坊市各季平均雷暴日数分布特征

廊坊市雷暴日以 7 月出现为最多，平均为 9.0 天，占全年雷暴日的 30%，其次是 6 月(7.1 天)，占全年雷暴日的 23%，8 月为 6.6 天，占全年雷暴日的 22%，1 月、2 月、12 月无雷暴出现，具体分布见图 2.32。

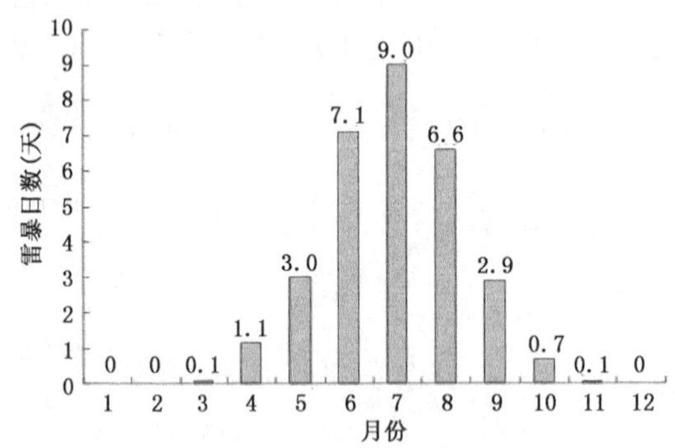

图 2.32　1964—2013 年廊坊市各月平均雷暴日数分布特征

2.5.3.3　雷暴的地理分布特征

近 50 年廊坊市各气象站年平均雷暴日基本在 26 天以上(表 2.9)，除香河、文安、大城低于 30 天外，其余站点年平均雷暴日均在 30 天以上，其中北部、中部年平均雷暴日数均在 31 天以上，南部仅为 28.4 天，这一统计特征说明廊坊市中北部的雷暴日数较南部的文安和大城稍多。50 年中各站年雷暴日数最少为 12 天(1998 年)，出现在大城站，年雷暴最多为 54 天(1967 年)，出现在固安站。

表 2.9　1964—2013 年廊坊市雷暴日地理分布特征

站名	三河	大厂	香河	廊坊	固安	永清	霸州	文安	大城
年均天数	33.1	31.7	29.7	31.9	32.2	30.8	31.3	27.9	26.0
区域平均天数		31.5			31.6			28.4	
最少天数/年	16/2010	16/1989	17/1989	17/2010	19/1981，1989	17/2010	17/1981	16/1981，1984	12/1998
最多天数/年	46/1985	44/1982、1986、1987	46/1985	47/1974	54/1967	46/1990	51/1967	46/1990	47/1967

2.5.3.4　雷暴的年代际变化特征

统计分析结果表明：廊坊市雷暴日随年代变化呈小幅波动下降的趋势，这与陈思蓉等(2009)对全国雷暴分析的年际变化特征是一致的(图 2.33)，且区域内各站雷暴日数 5 年滑动平均的峰谷规律和变化趋势基本一致(剔除永清 1996 年和 1997 年缺测因素)，表明廊坊雷暴天气具有一致的区域性变化特征。

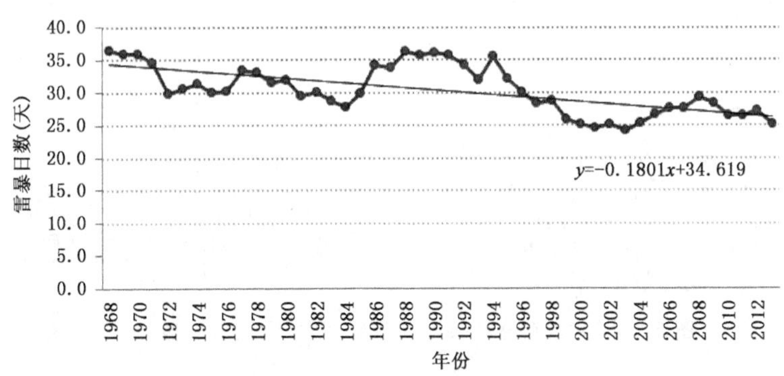

图 2.33　1968—2013 年廊坊市平均雷暴日数 5 年滑动平均变化图

2.5.4　雷暴大风的统计特征

2.5.4.1　雷暴大风的空间分布特征

1980—2013 年廊坊市共出现 222 次雷暴大风天气过程，在所有的过程中，单日单站雷暴大风个例 150 次，占比 67.6%；2 站同日雷暴大风 46 次，占比 20.7%；3 站及以上同日雷暴大风个例很少，其中 3 站、4 站、5 站和 6 站同日雷暴大风的比例分别为 8.6%、1.4%、1.4%和 0.5%，未出现过全市性雷暴大风天气，可见雷暴大风具有较强的局地性。

从多年雷暴大风总日数的分布来看(图 2.34)，大城雷暴大风总日数最多，为 75 天；文安次多，为 68 天；三河和固安较少，分别为 13 天和 15 天。总体来看，廊坊市南部地区雷暴大风发生次数要多于北部和中部。

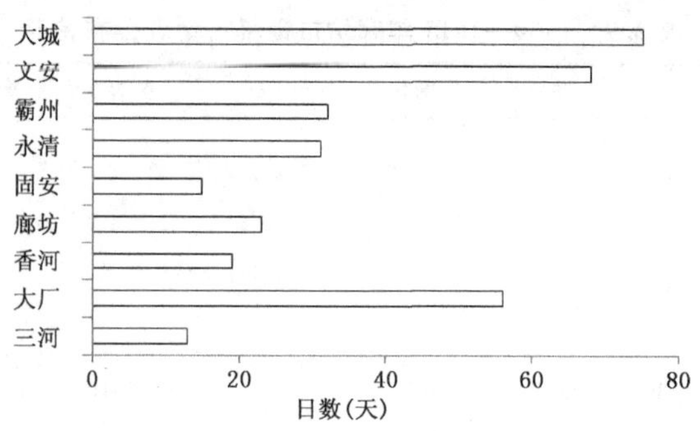

图 2.34　1980—2013 年廊坊市 9 站雷暴大风总日数

2.5.4.2　雷暴大风的时间分布特征

雷暴大风年发生总日数(图 2.35a)随年份增加呈波动递减趋势,递减速率为 0.2231 日每年,R^2 为 0.3873,在 0.05 水平上不显著。

雷暴大风主要发生在 3—11 月,最早出现在 3 月 25 日,1981 年发生在固安,最晚出现在 11 月 9 日,1982 年出现在霸州;从逐月分布看(图 2.35b),雷暴大风集中发生在 6—8 月,其中 7 月雷暴大风总日数为 65 天,占比 25.3%,6 月和 8 月分别为 56 天和 37 天,11 月和 10 月较少,分别为 1 天和 2 天。

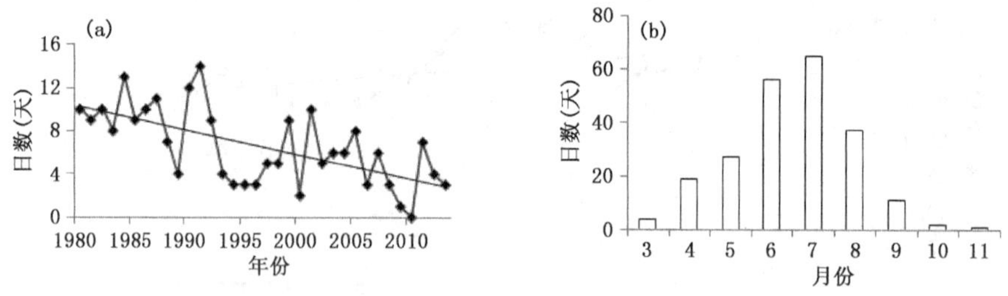

图 2.35　廊坊市逐年(a)、逐月(b)雷暴大风总日数

2.6　雷暴及雷暴大风的大气环流特征

2.6.1　雷暴的天气系统特征

利用 1999—2013 年 MICAPS 气象资料和 25 点相关系数法(见附录 C)对雷暴日 500 hPa、700 hPa、850 hPa 的高度场、温度场和海平面气压场进行客观分型,分析雷暴天气产生的天气系统特征,得到廊坊市雷暴发生日当天 08 时地面气压场资料(715 天),地面影响系统可达 8 种类型,分别是高压底部型、高压后部型、回流型、低压型、高压前部型、变性高压、倒槽、鞍型场。其中,高压底部型、高压后部型、低压型是 3 种主要的控制系统,占比分别为 24%、20% 和 15%。

同理,分析雷暴发生时 500 hPa 高空控制系统特征发现,平直西风环流型(图 2.36)、槽前西南气流型(图 2.37)、脊前西北气流型(图 2.38)发生雷暴的比例较高,分别为 41%、35%、

18%，这与卓鸿等(2016)对首都国际机场的雷暴特征分析中 500 hPa 形势分型相一致。而分析 500 hPa 温度场特征时发现，温度场为南高北低型、冷槽前部型、暖脊型三类时，当天发生雷暴的比例较高，分别为 45%、27%、22%，而冷中心型、冷槽型、冷槽后部型、暖中心型均仅占 1%。

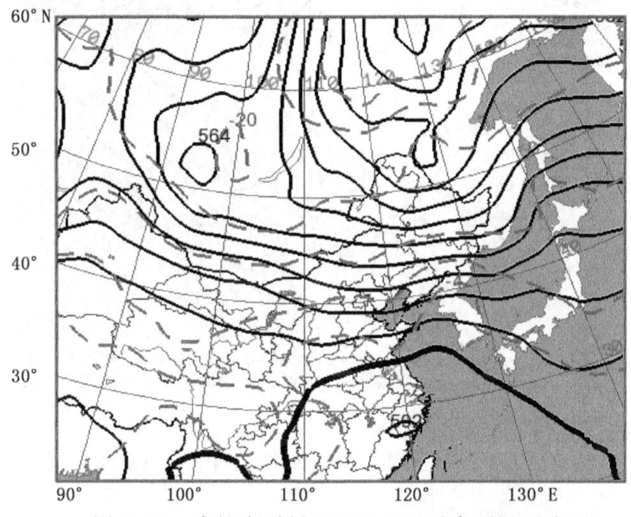

图 2.36　廊坊市雷暴日 500 hPa 平直西风环流型

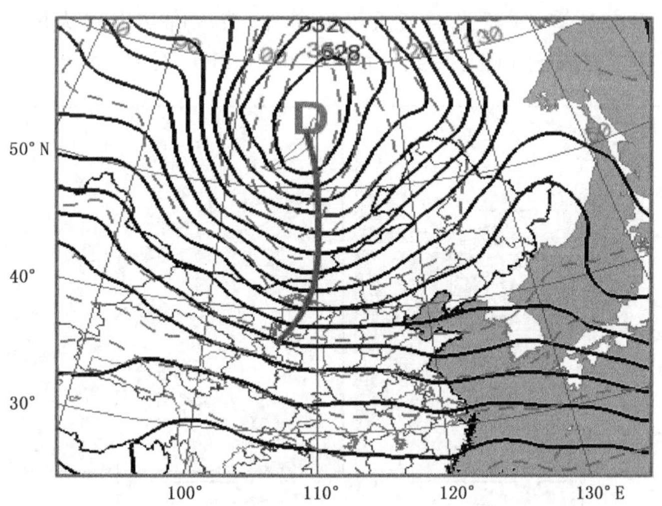

图 2.37　廊坊市雷暴日 500 hPa 槽前西南气流环流型

2.6.2　雷暴大风的天气系统特征

2.6.2.1　高空、地面天气影响系统类型

对满足雷暴大风条件的 69 个个例进行地面和 500 hPa 高空天气系统分型，可以看出雷暴大风日，500 hPa 高空以平直西风环流出现次数为最多，有 30 次，占比 43.5%，其次为槽前西南气流，有 12 次，占比 27.5%，脊前西北气流和低涡出现的个数相对较少。地面影响系统以高压底部和低压场出现次数较多，均为 15 次，占比均为 21.7%，其次为高压场前部，出现 12 次，占比 17.4%，其余各类型出现次数均较少，所占比例均≤10%。

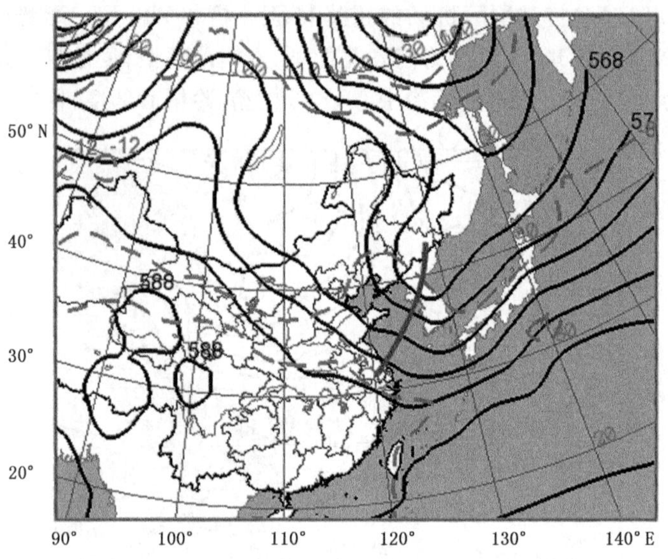

图 2.38　廊坊市雷暴日 500 hPa 脊前西北气流环流型

2.6.2.2　雷暴大风的高空环流形势

雷暴大风主要发生在夏季，属于强对流天气的一种，造成廊坊雷暴大风天气的 500 hPa 高空环流类型主要有平直西风环流（图 2.39a）、低槽（图 2.39b）、低涡（图 2.39c），从大尺度环流

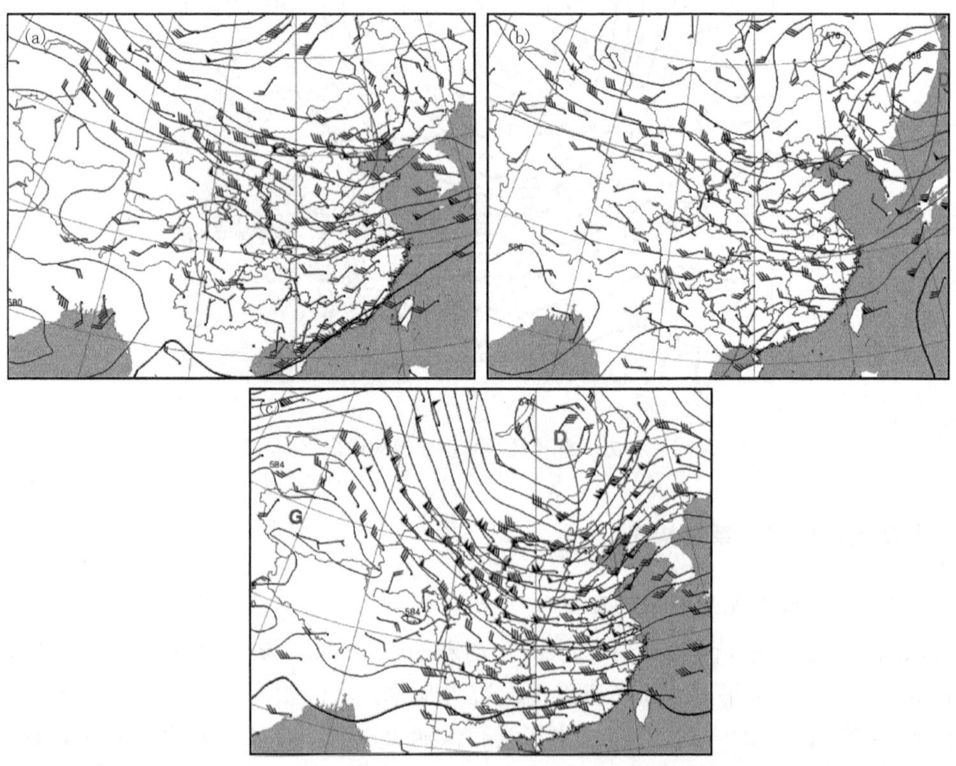

图 2.39　雷暴大风天气 500 hPa 环流形势（a. 平直西风环流；b. 低槽；c. 低涡）

形势看，当廊坊市上空处于低槽前西南气流中或低涡的东南象限时，高空水平方向大气为辐散场，有利于大气的上升运动，容易产生强对流天气，廊坊市 2 站以上的雷暴大风天气多出现在这两种高空形势控制下；当廊坊市上空处于平直西风环流控制时，500 hPa 高空槽浅薄，低空配合有明显的切变线、地面为倒槽控制时，大气的不稳定可造成雷暴大风天气。

2.6.2.3　雷暴大风的地面环流形势

雷暴大风天气产生时，廊坊市地面影响系统主要有 8 类，其中以低压场控制为主要类型，在这种系统控制下，廊坊市位于辐合低压场中，有时有冷锋相配合，可造成雷暴大风天气，图 2.40a 为 2005 年 5 月 31 日 20 时的地面天气图，此时廊坊市两站（霸州和文安）出现雷暴大风，廊坊市处于低压控制中；高压控制型因廊坊市所处位置可分为高气压场前部、底部、后部等，并以廊坊市位于高气压场底部或前部为最多，图 2.40b 为 2005 年 4 月 19 日 11 时廊坊市处于高压前部，冷锋过境时地面天气图，此时冷锋已过境，廊坊市两站（大厂和文安）雷暴大风出现在冷锋过境前后。

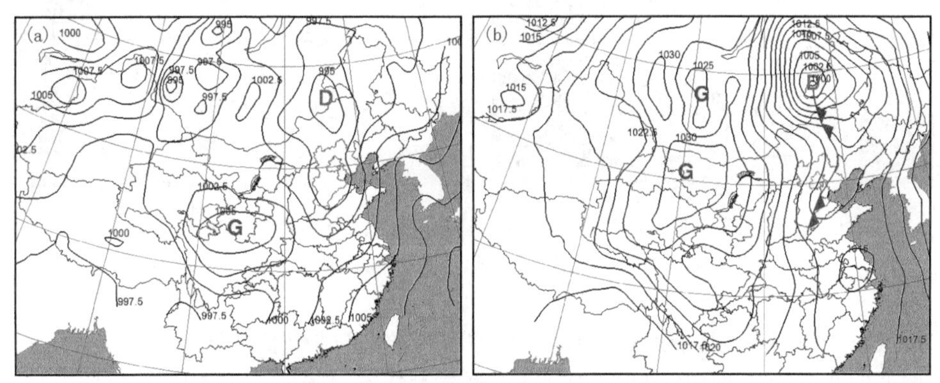

图 2.40　雷暴大风天气地面形势（a. 低压型；b. 高压前部型）

2.6.2.4　雷暴大风的高低空配置

雷暴天气发生时，其海平面气压场和 500 hPa、700 hPa、850 hPa 各层高度场、温度场的高、低空配置比较复杂，为了便于业务应用和参考，对其进行总结分析和归纳。

从雷暴大风的高、低空和地面环流形势配置看，造成廊坊市雷暴大风天气的地面影响系统可达 8 种类型，当廊坊市雷暴大风发生时 500 hPa 高空大气环流主要为槽前西南气流、脊前西北气流、平直西风环流 3 种类型；700 hPa 和 850 hPa 影响系统为平直西风环流、槽前西南气流、脊前西北气流 3 种类型，其中当地面气压场为回流形势时，发生雷暴大风的概率比较小。

2011 年 6 月 11 日雷暴大风发生前的高空和地面环流形势配置如图 2.41 所示，从图中可以看出，500 hPa 和 700 hPa 高空主要影响系统为横槽，廊坊市处于横槽偏前部，850 hPa 处于槽前西南气流中，地面为低压倒槽控制，高空冷空气配合低空切变线和地面倒槽，造成了此次雷暴大风过程。

探讨廊坊市雷暴大风发生前的北京站探空资料，参考秦丽等（2006）对北京地区雷暴大风的天气—气候学特征研究，将探空资料的层结廓线概括为 4 种：漏斗型（A）、倒 V 型（B）、干不稳定型（C）和湿条件不稳定型（D）。

A 型：低空较湿，中空有干层，层结廓线向上呈漏斗型；

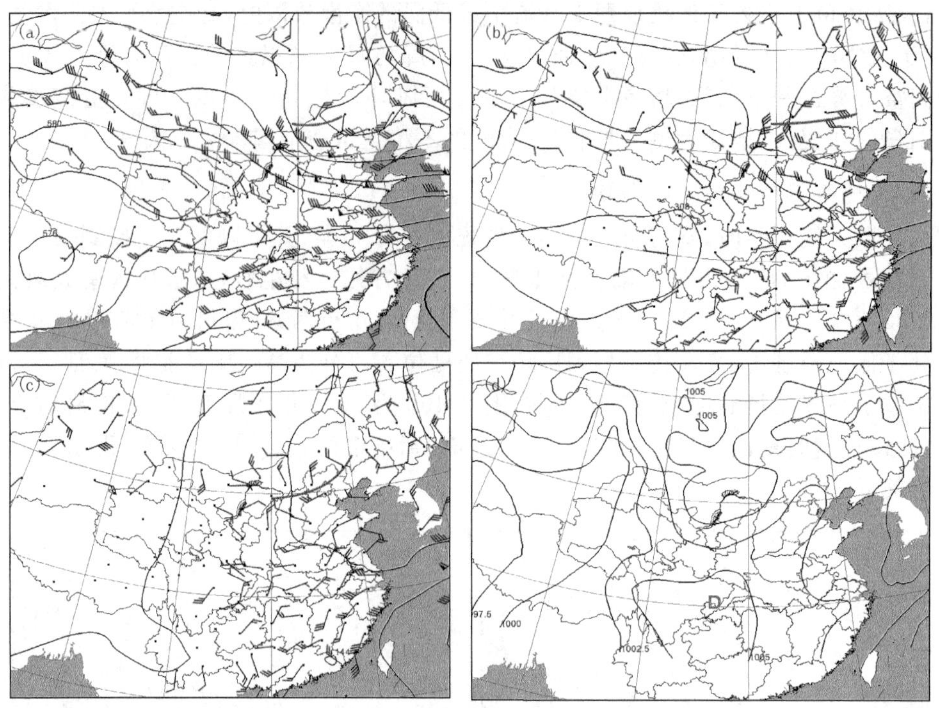

图 2.41　2011 年 6 月 11 日雷暴大风天气高低空配置

(a. 500 hPa 高度场；b. 700 hPa 高度场；c. 850 hPa 高度场；d. 海平面气压场)

B 型：低空干燥，层结呈干绝热不稳定，中空有湿层，层结廓线呈倒 V 型；

C 型：低空干绝热不稳定，整层大气很干，整层大气的 $T-T_d$(温度露点差)均 >5℃；

D 型：整层大气潮湿，$T-T_d \leqslant 5$℃，大气处于条件不稳定状态。

普查 2009—2013 年廊坊 23 次雷暴大风个例，廊坊雷暴大风的大气层结以 A 型为主，出现 12 次，占总数的 52.2%；B 型次之，出现 9 次，占 39.1%，C 型和 D 型各出现过 1 次，分别占 4.3%。

从 2011 年 6 月 11 日廊坊雷暴大风过程中北京探空站的层结特征(图 2.42a)可以看出，大气层结结构为上干下湿的“喇叭口”型，为 A 型，850 hPa 以下比湿 ≤5 g/kg，A 指数为 10℃；K 指数为 34℃、SI 指数为 −1.17℃、$CAPE$ 值为 568.4 J/kg，$DCAPE$ 值为 14.4 J/kg，层结不稳定，廊坊市三河站出现雷暴大风。

2011 年 6 月 8 日，雷暴大风过程的北京探空廓线为 B 型(图 2.42b)，630～700 hPa 存在湿层，A 指数为 −6℃；K 指数为 33℃、SI 指数为 1℃、$CAPE$ 值为 344.3 J/kg，$DCAPE$ 值为 918.4 J/kg，层结不稳定，廊坊北三县均出现雷暴大风天气。

2009 年 6 月 4 日，雷暴大风过程的北京探空廓线为 C 型(图 2.42c)，整层较干，A 指数为 −39℃；K 指数为 −11℃、SI 指数为 6.64℃、$CAPE$ 值为 0 J/kg，$DCAPE$ 值为 707.6 J/kg，廊坊市区出现干雷暴大风天气。

2009 年 6 月 16 日，雷暴大风过程的北京探空廓线为 D 型(图 2.42d)，整层大气潮湿，A 指数为 12℃；K 指数为 31℃、SI 指数为 −1.45℃、$CAPE$ 值为 2.2 J/kg，$DCAPE$ 值为 8.1 J/kg，廊坊南部大城县出现雷暴大风天气。

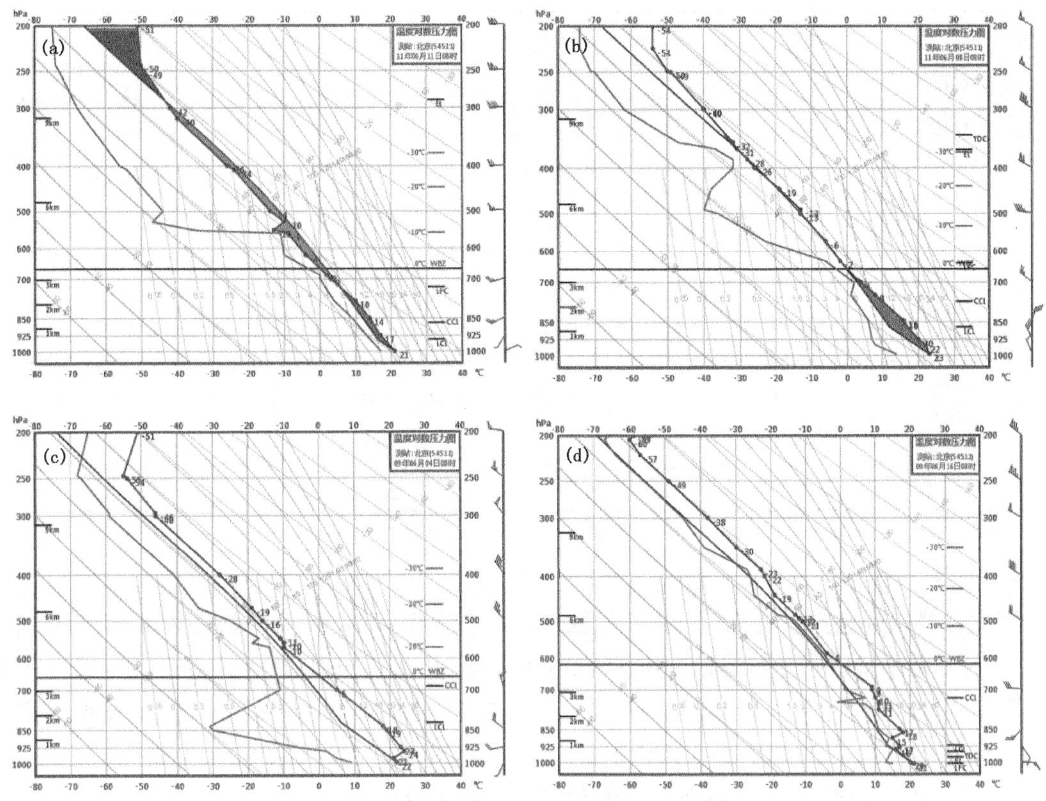

图 2.42　雷暴大风发生前北京探空图

(a. 2011 年 6 月 11 日 08 时；b. 2011 年 6 月 8 日 08 时；c. 2009 年 6 月 4 日 08 时；d. 2009 年 6 月 16 日 08 时)

2.7　雷暴及雷暴大风物理量参考指标

利用张家口站、北京站、邢台站三站的探空资料，通过分析 2004—2013 年廊坊市雷暴日三站 08 时 $T-\ln P$ 图的 A 指数、K 指数、SI 指数、$CAPE$、W_CAPE、LfC_P、LI 共 7 个描述不稳定条件因子(曾淑苓 等，2012)的特征，探索挖掘各物理量对廊坊市雷暴发生的预报参考价值。

2.7.1　雷暴的物理量参考指标

2.7.1.1　A 指数

分析整理 2004—2013 年张家口、北京、邢台三站的 A 指数各 478 个，统计汇总结果见表 2.10。从表中可见，雷暴发生日三站 A 指数最大值依次为 23℃、22℃、24℃，最小值依次为 −73℃、−77℃、−67℃。尽管 A 指数分布跨度大，但分布在 −20～20℃所占比例明显较高，占比是张家口站＞邢台站＞北京站，分别为 89.5%、84.7%、78.2%；A 指数在 −10～20℃时，三站也是张家口站＞邢台站＞北京站，分别为 80.8%、72.2%、68.0%。但比例最大值张家口站、邢台站分布在 0～10℃，北京站分布在 11～20℃，总体可见，A 指数对于雷暴预报有一定参考意义，但由于探空站观测时效和雷暴发生时刻随机性的影响，对应关系有限。

表 2.10 三站 A 指数的分级统计

分级(℃)		<−40	−40~−31	−30~−21	−20~−1	<0	≥0	0~20	>20	−20~20	−10~20
张家口	次数(次)	8	16	22	139	185	293	289	4	428	386
	百分比(%)	1.7	3.3	4.6	29.1	38.7	61.3	60.5	0.8	89.5	80.8
北京	次数(次)	25	27	50	127	229	249	247	2	374	325
	百分比(%)	5.2	5.6	10.5	26.6	47.9	52.1	51.7	0.4	78.2	68.0
邢台	次数(次)	11	20	37	174	242	236	231	5	405	345
	百分比(%)	2.3	4.2	7.7	36.4	50.6	49.4	48.3	1.1	84.7	72.2

2.7.1.2 *K* 指数

同样资料得到张家口站、邢台站 *K* 指数各 478 个数据，北京站 477 个数据，统计汇总情况见表 2.11。雷暴日中张家口、邢台、北京三站 *K* 指数最大值分别为 44℃、44℃和 42℃，也有 −25℃、−42℃和 −31℃的最低值。但雷暴日三站 $K \geqslant 0$ 的占比均超过 94%，三站 *K* 指数分布集中在11~40℃，其中比例最大值张家口、北京分布在 21~30℃，邢台分布在 31~40℃，从统计结果看，*K* 指数相比 *A* 指数对雷暴的预报指示意义较好。

表 2.11 三站 K 的分级统计

分级(℃)		≤−11	−10~−1	<0	≥0	0~20	21~30	31~40	>40	≥20
张家口	次数(次)	5	9	14	464	86	223	153	2	387
	百分比(%)	1.4	1.9	2.9	97.1	18.0	46.7	32.0	0.4	81.0
北京	次数(次)	19	7	26	451	79	190	177	5	380
	百分比(%)	4.0	1.5	5.5	94.5	16.6	39.8	37.1	1.0	79.7
邢台	次数(次)	4	9	13	465	93	176	190	6	381
	百分比(%)	0.8	1.9	2.7	97.3	19.5	36.8	39.7	1.3	79.7

2.7.1.3 *SI* 指数

通过统计得到张家口、北京、邢台三站 2004—2013 年 *SI* 指数各 478 个数据，统计汇总情况见表 2.12。从表中可以看到，−3~3℃为雷暴日最大出现比例区间，占比是张家口站>邢台站>北京站，分别为 61.3%、60.7%、55.6%。虽然 *SI* 指数负值的绝对值愈大，表示层结愈不稳定，但也有超过 10%的个例 *SI*>6℃，原因是：探空资料选取 08 时，而雷暴发生时间并不完全一致；二是探空站点稀疏，由于距离原因三个探空站点对局地雷暴的不稳定层指示意义有限；三是雷暴天气复杂，也另有一些原因待挖掘。

表 2.12　三站 *SI* 的分级统计

分级(℃)		≤−3.01	−3～−0.01	<0	≥0	0～3	3.01～6	6.01～18	>18	−3～12
张家口	次数(次)	16	128	144	334	165	91	75	3	441
	百分比(%)	3.3	26.8	30.1	69.9	34.5	19.0	15.7	0.6	92.3
北京	次数(次)	41	120	161	317	146	86	81	4	418
	百分比(%)	8.6	25.1	33.7	66.3	30.5	18.0	16.9	0.8	87.4
邢台	次数(次)	41	125	166	312	165	89	58	0	426
	百分比(%)	8.5	26.2	34.7	65.3	34.5	18.6	12.1	0.0	89.1

2.7.1.4　*CAPE*

同样得到 2004—2013 年三站 *CAPE* 数据，张家口站 266 个，北京站 374 个，邢台站 375 个，统计汇总情况见表 2.13。从表中可以看出，对于廊坊市雷暴日，张家口站 *CAPE* 值在 0～100 J/kg 出现比例最大，为 55.3%，邢台站、北京站在 100～900 J/kg 最大，占比分别为 48%、42.8%。三站 *CAPE* 最大值张家口站超过 1900 J/kg，北京站、邢台站最大值均在 3400 J/kg 以上。*CAPE* 最小值三站均在 1 J/kg 以下，可见 *CAPE* 值的变化范围比较大。总体来看：三站 *CAPE*>50 J/kg 的占比邢台站>北京站>张家口站，分别为 74.9%、66.8%、55.6%，三站 *CAPE*>900 J/kg 的占比也是邢台站>北京站>张家口站，分别为 20.3%、16.6%、4.1%。一定的 *CAPE* 值是利于雷暴天气发生的，但同样由于 *SI* 指数中分析的相似原因，需要在参考的条件下，综合分析。

表 2.13　三站 *CAPE* 的分级统计

分级(J/kg)		0～100	100.1～900	900.1～1200	1200.1～1500	>1500	>50	>900
张家口	次数(次)	147	108	4	5	2	148	11
	百分比(%)	55.3	40.6	1.5	1.9	0.8	55.6	4.1
北京	次数(次)	152	160	18	21	23	250	62
	百分比(%)	40.6	42.8	4.8	5.6	6.1	66.8	16.6
邢台	次数(次)	119	180	17	20	39	281	76
	百分比(%)	31.7	48.0	4.5	5.3	10.4	74.9	20.3

2.7.1.5　*W_CAPE*

同样分析三站 2004—2013 年 *W_CAPE* 指数(表示气块的最大上升速度，单位是 m/s，值越大，越不稳定)，得到张家口站 266 个数据，北京站 374 个数据，邢台站 375 个数据，统计汇总结果见表 2.14。从表中可以看到，雷暴日三站 *W_CAPE* 值在 0～15 m/s 出现比例最大，其中张家口站>邢台站>北京站，占比分别为 58.3%、42%、33.3%。三站中 *W_CAPE* 最大值张家口站在 60 m/s 以上，北京站、邢台站均在 80 m/s 以上。三站最小值均在 1 m/s 以下，同样存在变化区间较大的问题。但三站 *W_CAPE*>5 m/s 的比例分布是邢台站>北京站>张家口站，占比分别为 87.5%、79.4%、71.4%，*W_CAPE*>10 m/s 的比例分布也是邢台站>北京站>张家口站，占比分别为 74.9%、66.8%、55.6%。总体可见，*W_CAPE* 值对雷暴天气的发生具有一定的预报参考价值。

表 2.14　三站 *W_CAPE* 的分级统计

分级(m/s)		0～15	15.1～30	30.1～35	35.1～40	>40	>5	>10
张家口	次数(次)	155	74	15	9	13	190	148
	百分比(%)	58.3	27.8	5.6	3.4	4.9	71.4	55.6
北京	次数(次)	157	97	29	19	72	297	250
	百分比(%)	42.0	25.9	7.8	5.1	19.3	79.4	66.8
邢台	次数(次)	125	102	37	24	87	328	281
	百分比(%)	33.3	27.2	9.9	6.4	23.2	87.5	74.9

2.7.1.6　*LFC_P*

分析三站 2004—2013 年 *LFC_P* 指数，得到张家口站 267 个数据，北京站 374 个数据，邢台站 375 个数据，统计汇总情况见表 2.15。从表 2.15 中可以得出，*LFC_P* 的最大值比例区间张家口站分布在 500～800 hPa，占比 54.3%，北京站分布在 600～900 hPa，占比 49.0%，邢台站分布在 700～900 hPa，占比为 30.7%。三站 *LFC_P* 指数最大值均在 1000 hPa 左右，最小值均在 400 hPa 左右。统计得出：三站 *LFC_P*>500 hPa 的比例邢台站>北京站>张家口站(表中已按四舍五入法取值，余同)，三站 *LFC_P*>850 hPa 的比例北京站>邢台站>张家口站，占比分别为 46.8%、38.4%、37.1%，自由对流高度越低，越利于雷暴天气的发生。

表 2.15　三站 *LFC_P* 的分级统计

分级(hPa)		≤500	500.1～600	600.1～700	700.1～800	800.1～900	≥900.1	>500	>850
张家口	次数(次)	8	39	76	30	37	77	259	99
	百分比(%)	3.0	14.6	28.5	11.2	13.9	28.8	97.0	37.1
北京	次数(次)	5	34	71	71	41	152	369	175
	百分比(%)	1.3	9.1	19.0	19.0	11.0	40.6	98.7	46.8
邢台	次数(次)	5	30	95	78	37	130	370	144
	百分比(%)	1.3	8.0	25.3	20.8	9.9	34.7	98.7	38.4

2.7.1.7　*LI*

分析三站 2004—2013 年 *LI* 指数，得到各站数据 478 个，统计汇总结果见表 2.16。从表 2.16 中可以看出，雷暴日 *LI* 值张家口站在 −3～6℃ 为最大比例区间，占比 77.4%，邢台站、北京站在 −6～3℃ 为最大比例区间，占比分别为 75.3%、74.5%。三站 *LI* 指数最大值分布在 20～25℃，最小值为 −10～−5℃，变化幅度比较大。综合看：三站 *LI* 指数为 −3～12℃ 时所占比例张家口站＞北京站＞邢台站，占比分别为 92.3%、81.0%、80.5%，可见 *LI* 指数对于雷暴产生有一定预报指示意义，也需要注意不同个例间的差异性。

通过表 2.10～2.16 的统计汇总，得到了廊坊市雷暴发生日 08 时，周边张家口、北京、邢台三个探空站的 *A* 指数、*K* 指数、*SI* 指数、*CAPE*、*W_CAPE*、*LFC_P*、*LI* 共 7 个指数的指向性规律，用于雷暴预报参考：*A* 指数在 −20～20℃；*K*≥20℃ 时；*SI* 指数在 −3～3℃；*CAPE*≥50 J/kg时；*W_CAPE*＞5 m/s；*LFC_P*＞500 hPa；*LI* 指数为 −3～12℃。此外由于探空站点稀疏、资料时刻选取受限，而雷暴发生时间具有随机性、再加上三个探空站点的距离原因，一些指标对局地雷暴的预报指示意义有限，还需要今后不断研究、探索。

表 2.16　三站 *LI* 的分级统计

分级(℃)		≤−3.01	−3～−0.01	＜0	≥0	0～6	6.01～12	12.01～18	＞18	−3～12
张家口	次数(次)	17	130	147	331	240	71	16	4	441
	百分比(%)	3.6	27.2	30.8	69.2	50.2	14.9	3.3	0.8	92.3
北京	次数(次)	71	171	242	236	174	42	17	3	387
	百分比(%)	14.8	35.8	50.6	49.4	36.4	8.8	3.6	0.6	81.0
邢台	次数(次)	83	181	264	214	167	37	9	1	385
	百分比(%)	17.3	37.9	55.2	44.8	34.9	7.7	1.9	0.2	80.5

2.7.2　雷暴大风预报参考指标

2.7.2.1　物理量指标特征

利用北京站探空资料，分析 2000—2013 年 25 个雷暴大风个例中 08 时探空 *CAPE*、*CIN*、*K*、*SI* 和 *W_CAPE* 等物理量指数特征，有研究表明（梁爱民 等，2006），在雷暴大风发生前，*CAPE* 有明显增大过程，*CIN* 有减小过程，归纳廊坊市雷暴大风天气发生的能量条件和大气稳定度条件，为本地雷暴大风的预报预警提供参考依据。

从表 2.17 中可以看出，*K* 值在 20～30℃ 范围内出现个例 11 个，占比 44%，*K*＞30℃ 出现个例 8 个，占比 32%，*K*＜0℃ 出现 1 个个例，发生在 2005 年 4 月 19 日，高低空均为辐合系统控制，地面有冷锋，高低空配置较好，出现 2 站雷暴大风，*K*＞20℃ 以上个例总比例达 76%。因此可见，大气越不稳定，发生雷暴大风的可能性越大。*SI* 指数：在 −3～0℃ 和 0～3℃ 出现的个例数均为 7 个，各占 28%，*SI*＜0℃，个例数为 12 个，占比 48%，其中 *SI*＜−3℃ 的个例有 5

个，占比 20%，当 SI>0℃时，其他物理量条件较好时，也有雷暴大风发生的可能。$CAPE$ 值：在 0～100 J/kg 范围内出现的个例有 9 个，占比 36%，$CAPE$>1000 J/kg，出现 8 个个例，占比 32%。总体趋势是 $CAPE$ 值越大，越利于雷暴大风的产生。CIN 值为 0～100 J/kg，发生个例数有 12 个，占比 48%，为 100～500 J/kg，有 10 个个例，占比 40%，CIN>500 J/kg，发生个例有 3 个，占比 12%，总体趋势是 CIN<500 J/kg，利于雷暴大风天气产生。W_CAPE：有 21 个个例最大上升速度为 0～80 m/s，W_CAPE 越大越利于雷暴大风天气产生。

表 2.17　雷暴大风物理量分级特征

K(℃)	物理量分级	<0	0～10	10～20	20～30	>30
	出现次数	1	2	3	11	8
	出现百分比	4%	8%	12%	44%	32%
SI(℃)	物理量分级	<−3	−3～0	0～3	3～6	>6
	出现次数	5	7	7	3	3
	出现百分比	20%	28%	28%	12%	12%
$CAPE$(J/kg)	物理量分级	0～100	100～500	500～1000	>1000	
	出现次数	9	5	3	8	
	出现百分比	36%	20%	12%	32%	
CIN(J/kg)	物理量分级	0～100	100～500	>500		
	出现次数	12	10	3		
	出现百分比	48%	40%	12%		
W_CAPE(m/s)	物理量分级	0～20	20～50	50～80		
	出现次数	10	11	4		
	出现百分比	40%	44%	16%		

2.7.2.2　高空 500 hPa 冷中心特征

利用 MICAPS 气象资料，分析 2000—2015 年 25 个雷暴大风个例的 500 hPa 高空冷中心位置及强度特征。根据冷中心位置将其分为Ⅰ区和Ⅱ区两个区域，如图 2.43 所示，Ⅰ区冷中心位置坐标区间为(40°～48°N，106°～118°E)，出现个例数为 18 个，占比 72%；Ⅱ区冷中心位置坐标区间为(50°～53°N，112°～128°E)，出现个例数为 7 个，占比 28%。

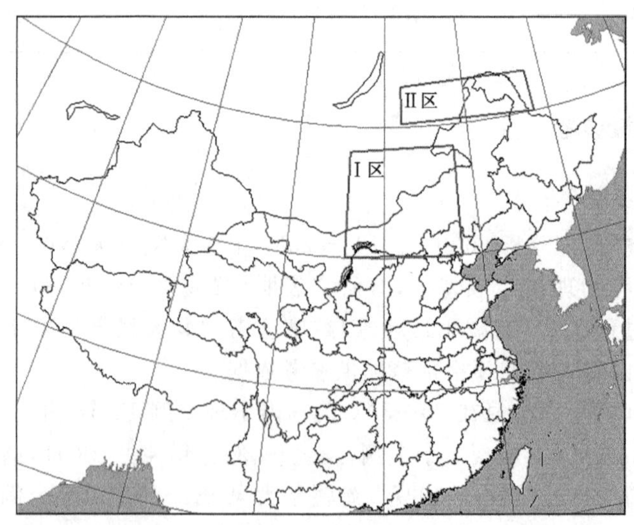

图 2.43　雷暴大风天气 500 hPa 高空冷中心位置示意图

500 hPa 冷中心位置在Ⅰ区时(表 2.18),冷中心强度为−36～−11℃,其中≤−20℃,有 5 例,主要发生在 3—5 月和 9 月,此季节雷暴大风发生的能量条件较夏季弱,但若配合有较强的上升运动等条件,则也有发生雷暴大风的可能;冷中心强度在−19～−11℃范围内发生 13 例,占比 52%,此类型主要发生在 5—9 月,不稳定能量条件较好;当 500 hPa 冷中心位置在Ⅱ区时,冷中心强度为−17～−12℃,此种类型主要发生在盛夏(6—8 月),虽然冷空气中心位置较偏北,但强度较强,通常冷空气分股南下到Ⅰ区,若与南部副热带高压外围暖湿空气相遇,冷暖空气在廊坊市附近交汇时,形成不稳定大气层结,在较好的能量和动力条件下也易产生雷暴大风。

表 2.18　雷暴大风 500 hPa 冷中心特征

指标类型	冷中心分区		
	Ⅰ区		Ⅱ区
500 hPa 冷中心位置	(40°～48°N,106°～118°E)		(50°～53°N,112°～128°E)
冷中心强度(℃)	≤−20	−19～−11	−17～−12
出现次数	5	13	7
占比(%)	20.0	52.0	28.0
发生月份	3—5 月、9 月	5—9 月	6—8 月

2.7.3　雷暴大风的雷达回波特征

分析 25 例廊坊雷暴大风的雷达回波特征,发现其主要回波特征有 3 种,分别为带状回波、块状单体回波和弓形回波。其中带状回波最多,共出现 15 例,块状单体回波 6 例,弓形回波 4 例。

2.7.3.1　带状回波

带状回波产生的雷暴大风主要有回波本身下沉气流产生的回波和下沉气流出流产生的回波,统计发现廊坊由带状回波产生的雷暴大风中,66.7%由带状回波本身下沉气流产生,20%的带状回波能够观测到明显的前沿阵风锋,13.3%的带状回波虽然有前沿阵风锋,但是未观测到其移动,表现为无回波区。2006 年 8 月 1 日,北京站雷达探测到的反射率因子及径向速度(图 2.44),廊坊固安、永清、文安均出现了雷暴大风天气。带状回波前观测到明显的前沿阵风锋,且三站大风均由下沉气流出流产生。此外,带状回波产生的雷暴大风中有 60%的个例径向速度图对应明显的速度大值区,在带状回波对应有径向速度大值的位置易产生雷暴大风天气。

2.7.3.2　块状单体回波

孤立的块状单体回波也可产生雷暴大风,孤立的块状单体前侧均未观测到阵风锋回波,也没有观测到明显的径向速度大值区,因此,块状单体回波产生的雷暴大风依据雷达资料很难及时发布临近预报预警信息(图 2.45)。

2.7.3.3　弓形回波

显著弓形回波具有以下特征:在低层反射率因子图上除了形如弓外,弓形回波前沿存在高的反射率因子梯度在较强回波带后侧有弱回波通道,或者后侧入流缺口弱回波通道,或者后侧

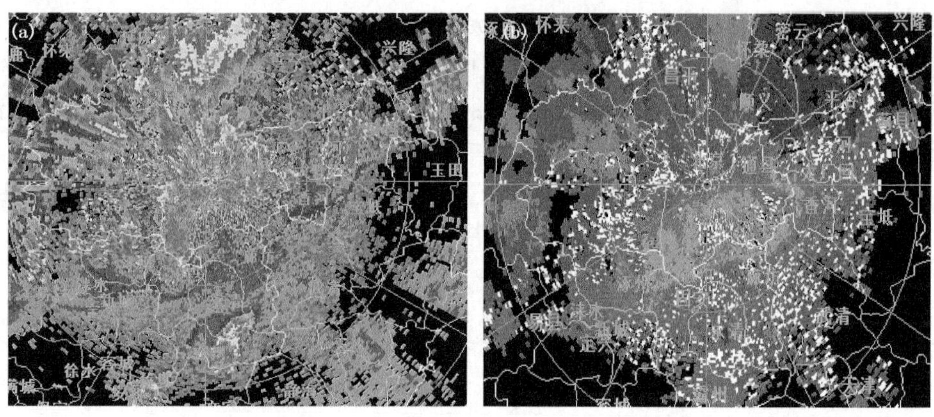

图 2.44　2006 年 8 月 1 日 18:29 北京雷达 0.5°仰角反射率因子(a)和径向速度(b)(附彩图)

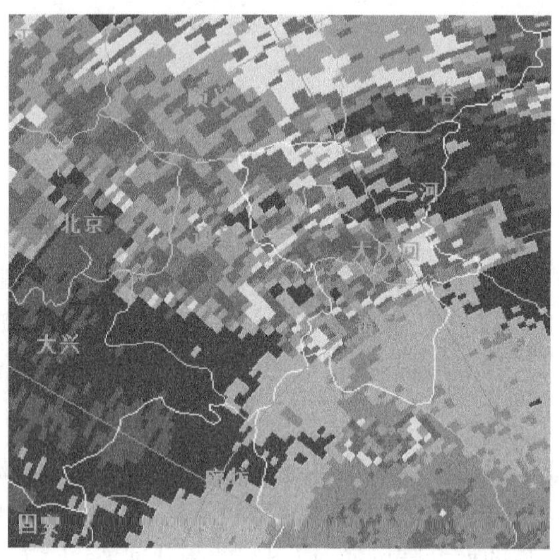

图 2.45　2008 年 8 月 14 日 13:36 天津雷达 0.5°仰角反射率因子(附彩图)

入流缺口是弓形回波后侧强烈的下沉气流到达近地面形成入流急流，因此，在径向速度图上，对应弱回波通道或者后侧入流缺口一般存在较大范围的径向速度大值区或弓形回波突起处及其后侧有较大范围的径向速度大值区对应弓形回波，前沿有时也存在一条弓形辐合线(王福侠等，2016)。出现在廊坊的 4 例弓形回波引发的雷暴大风过程中，仅 1 例出现了可观测到的前沿阵风锋，但 4 例过程均观测到对应的径向速度大值区($V>17$ m/s)，且可提前 30～90 分钟预警。2008 年 6 月 23 日 17:00—18:00，廊坊文安、大城出现雷暴大风天气(图 2.46)，17:00 观测到径向速度大值区，距文安观测到大风提前了 32 分钟，距大城观测到雷暴大风提前 42 分钟，可以达到很好的预警效果。

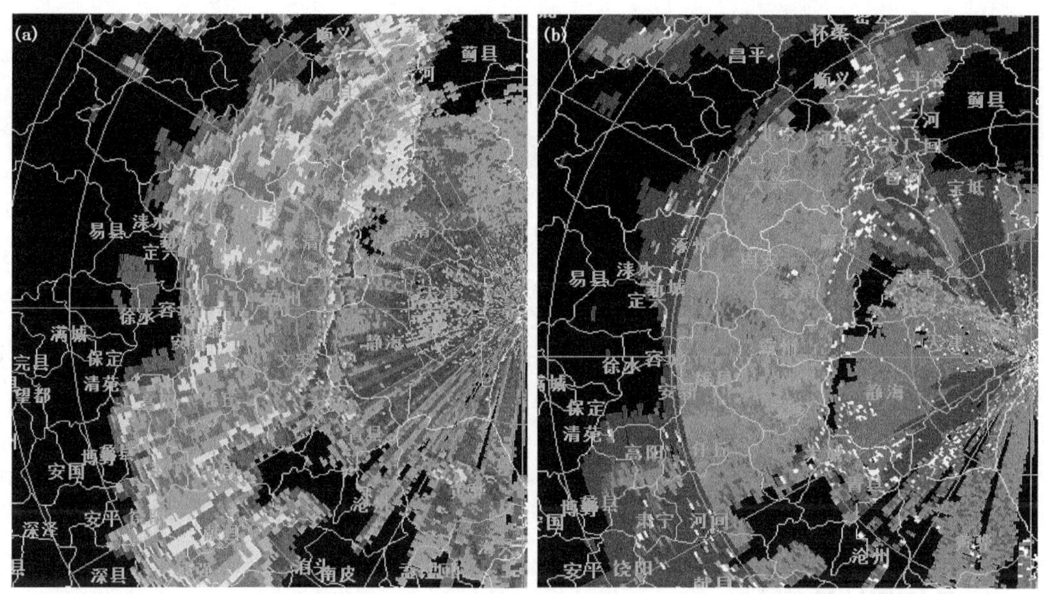

图 2.46　2008 年 6 月 23 日 17:48 北京雷达 0.5°仰角反射率因子(a)和径向速度(b)(附彩图)

2.8　小结

廊坊市雷暴主要出现在春季、夏季、秋季三个季节,夏季出现次数最多,春季次之,冬季无雷暴。地理分布上中北部明显多于南部;雷暴大风主要发生在 3—11 月,具有较强的局地性特征,南部地区雷暴大风发生次数要多于北部和中部。

廊坊市 500 hPa 高空大气环流为平直西风环流、脊前西北气流、槽前西南气流控制,温度场为南高北低、暖脊控制及位于冷槽前部时,利于雷暴天气发生;500 hPa 高空为平直西风环流及槽前西南气流控制的类型,也是廊坊市雷暴大风易产生的类型。

廊坊周边张家口、北京、邢台三个探空站的 A 指数、K 指数、SI 指数、$CAPE$、W_CAPE、LfC_P、LI 等物理量指数及雷达回波特征的分析对廊坊市雷暴及雷暴大风天气的预报预警具有一定的指示意义,但也有一些个例需要在实际工作中进一步总结及研究。

在天气概念模型判别的基础上,再进行物理量指标、预报着眼点等的诊断判别,能起到进一步消空的作用,降低空报率,提高雷暴及雷暴大风的预报准确率。

第3章　大　风

大风是廊坊市常见的灾害性天气之一，一年四季均有发生。对于交通运输、建筑施工、农业生产、森林防火、体育比赛以及人们日常的休闲活动都会带来一些不利影响，若同时伴随沙尘(李正明 等，2007)、降雪或前期有较大降雨，则危害更大。

河北省影响较大的大风主要有四个类型。一是雷雨大风，一般在4月下旬开始出现，止于10月，多出现在6—7月；二是寒潮大风(赵玲 等，2006)，多出现在秋末至冬春季节；三是偏南大风，主要发生在春季及夏初；四是偏东大风，主要发生在春秋两季。

3.1　大风的统计特征

统计两类标准的大风天气：第一类为瞬时大风，风速≥17.0 m/s；第二类为10分钟大风，统计逐日整点10分钟平均风速中最大风速≥10.8 m/s的大风(简称“最大风速大风”)。

统计日数标准：依据中国气象局《地面气象观测规范》，以北京时20:00为日界，当某次大风过程跨越20:00，按两个大风日数统计，当廊坊市9个气象观测站中某日出现≥1站大风，则记为一个大风日。

3.1.1　瞬时大风的时空变化特征

3.1.1.1　瞬时大风的空间分布

统计1964—2015年9个气象观测站的瞬时大风资料发现，廊坊地区的大风具有很强的局地性特征。52年共出现2424天瞬时大风天气过程，在所有的过程中，单站大风1007天，占42%；2个站同日出现大风449天，占总数的19%；3站同日出现大风288天，占12%；4～9站同日出现大风的天数分别为214天、155天、115天、65天、65天、66天，占比分别为9%、6%、5%、3%、3%与3%，均不足10%。说明瞬时大风具有一定的局地性分布特征。

从年平均瞬时大风日数的分布来看(图3.1)，廊坊市区瞬时大风出现最多，年平均为24天；永清次多，为20天；霸州和三河最少，均为9天；其余各县瞬时大风为13～14天。总体来看，中部地区瞬时大风多于南部和北部地区。

3.1.1.2　瞬时大风的年代际变化

从瞬时大风的逐年变化趋势来看(图3.2)，廊坊市9个气象观测站瞬时大风总站次数随年代变化呈显著递减趋势，递减速率为5.6站次/年，回归线拟合程度较好，R^2为0.74，通过了0.01水平显著性检验。

3.1.1.3　瞬时大风的月分布

分析廊坊市瞬时大风逐月多年平均站数分布发现(图3.3)，各月瞬时大风出现的频率明

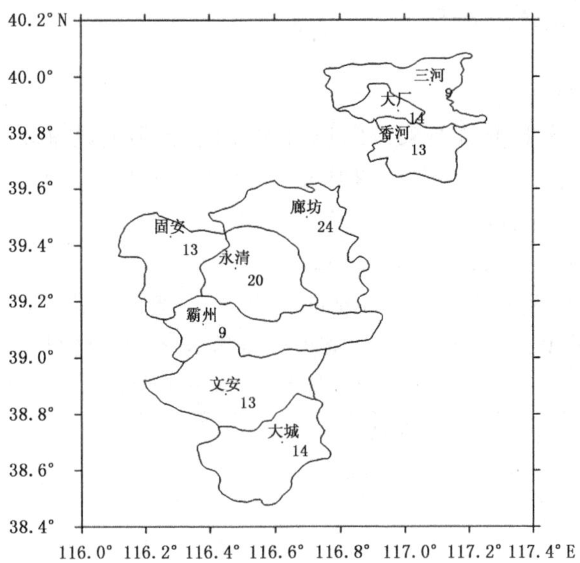

图 3.1　1964—2015 年廊坊市各站年均瞬时大风日数(单位:天)

图 3.2　1964—2015 年廊坊市 9 站瞬时大风站次

显不同,4 月、3 月和 5 月瞬时大风站数占前三位,其中 4 月年均瞬时大风出现最多,为 20 站,占比 16%,9 月和 8 月瞬时大风天数为最少(2 站)和次少(4 站),占比分别为 2%和 3%;按季节分布看,春季(3—5 月)瞬时大风最多,占比 43%,冬季(12 月—次年 2 月)瞬时大风次多,占比 26%,夏季(6—8 月)瞬时大风占比 17%,秋季(9—11 月)瞬时大风最少,占比 15%。

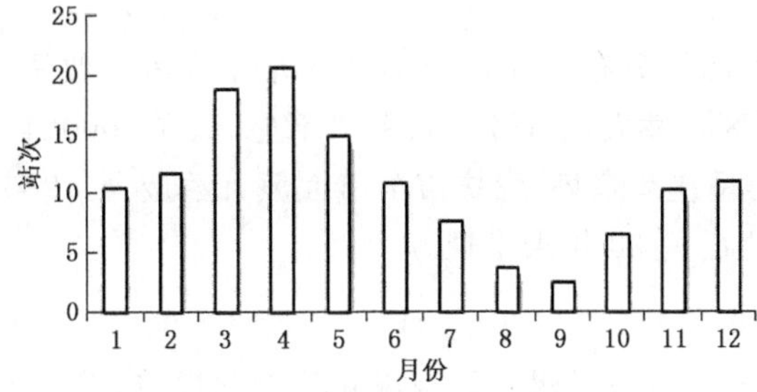

图 3.3　1964—2015 年廊坊市月均瞬时大风出现站次

3.1.2　10 分钟大风时空变化特征

3.1.2.1　空间分布特征

选取廊坊市 9 个气象观测站 1980—2015 年的 10 分钟最大风速数据(风速≥10.8 m/s)发现,36 年共出现 1083 天大风天气过程,其中单站大风 559 天,占 51.6%;区域性大风共出现 512 天,占比为 47.3%;而全市性最大风速大风只出现 12 次,占比达 1.1%,可见廊坊市 10 分钟最大风速大风仍以单站大风为主(表 3.1)。

从廊坊市 9 站 36 年大风平均日数的分布来看,大厂最大风速大风日数最多,为 13 天;大城次之,为 9 天;固安最少,为 2 天,其余各县大风日数为 3～8 天(图 3.4)。

表 3.1　10 分钟最大大风分布特征

大风类型	10 分钟最大风速大风出现日数(天)	占比(%)
单站大风	559	51.6
区域大风	512	47.3
全市大风	12	1.1

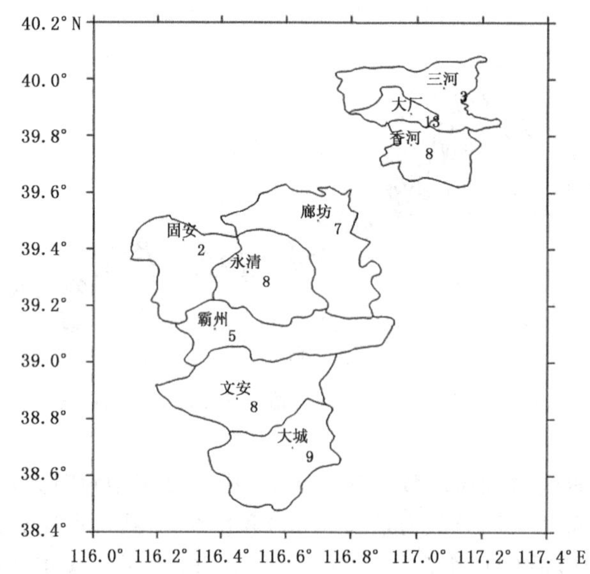

图 3.4　廊坊市 9 站 1980—2015 年 10 分钟大风年均分布(单位:天)

从最大风速大风的区域性分布看(图 3.5),逐年单站大风日数呈显著减少趋势,递减速率为 0.6656 站次/年;逐年区域性大风日数递减趋势不显著,在 2000 年之前呈明显的下降趋势,2000 年发生突增,之后再呈递减趋势;廊坊市全市大风日数最少,1980—2015 年共发生 12 次,集中在 1980—1986 年,之后近 30 年未出现。

3.1.2.2　年季月分布特征

由图 3.6a 可知,廊坊市 10 分钟最大风速随年代变化递减,递减速率为 3.2 站次/年,回归线拟合程度一般,R^2 为 0.55,其中 2000 年前后大风日数有一次跃升。从各站逐年变化曲线

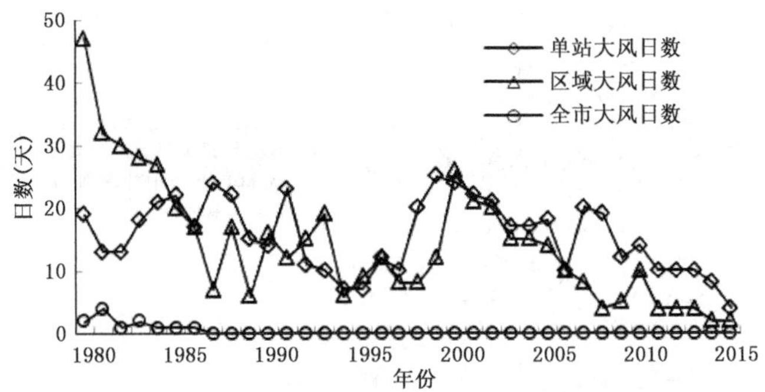

图 3.5 廊坊市 10 分钟最大风速三种类型大风逐年总日数

图(图 3.6b)可以看出，2000 年前后大厂站和永清站大风日数突增，查看各观测站迁站资料发现，大厂站和永清站迁站时间分别为 1999 年 8 月和 1997 年 6 月，由城市内迁到郊外，而 2000 年前后最大风速总日数的突增与两站迁站有一定关系。

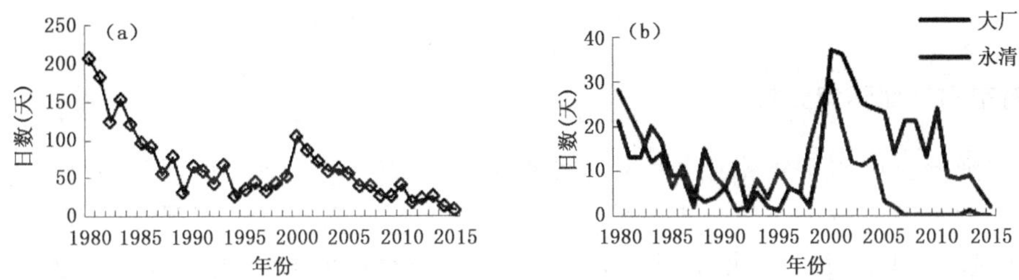

图 3.6 廊坊市(a)及两县(b)逐年 10 分钟最大风速大风日数分布

由多年平均逐月 10 分钟大风出现站数来看，4 月、3 月和 2 月大风年均出现站数占前三位，其中 4 月大风为 12 站，占 18%，9 月大风总日数最少，为 1 站，占 1%(图 3.7)；从四季分布看，春季最多，占 45%，秋季最少，占 12%。

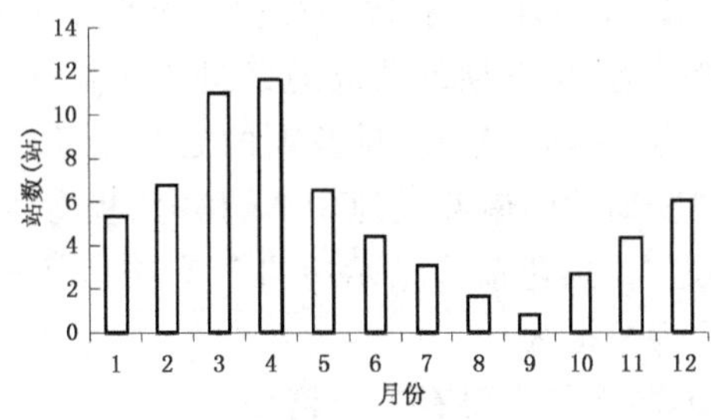

图 3.7 廊坊市年均逐月 10 分钟大风出现站数

3.1.2.3 风向分布特征

选取 1980—2015 年 10 分钟最大风速大风风向数据进行统计分析，按 16 个方位绘制风向玫瑰图，如图 3.8 所示，最大风速大风 16 个方位风向均有出现，以北北西方位发生频率最高，占比 25%，其次是西北大风，占比 20%，再次为西北西风(15%)和北风(14%)，其余各方位大风总共只占 26.5%，其中最少的风向是东南风，只占 0.2%。

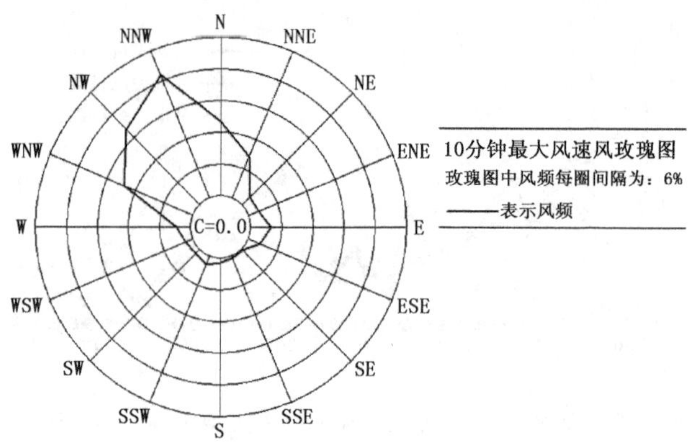

图 3.8　10 分钟最大风速大风总日数风向玫瑰图

3.2　大风天气形势特征

3.2.1　高空和地面环流分析

结合主观分析对 325 个系统性大风个例进行逐日 500 hPa、700 hPa、850 hPa 高度场和海平面气压场的主客观环流分型。从大风出现当日 500 hPa 高空环流客观分型和所占比例来看，平直西风环流共出现 157 次，占比 48.3%，其次为脊前西北气流，出现 137 次，占比 42.2%，槽前西南气流和横槽出现的次数较少，分别仅出现 20 次和 11 次，所占比例分别为 6.2%和 3.4%。地面气压场以廊坊市处于高气压场前部和高气压场底部个例较多，分别出现 153 次和 119 次，所占比例分别为 47.4%和 36.6%，其余各类型出现次数均较少，所占总比例为 16.3%。

3.2.2　大风的冷空气源地和路径

参考中央气象台的统计(图 3.9)，影响我国的冷空气源地主要有三个：第一个是在新地岛以西的洋面上，冷空气经巴伦支海、俄罗斯的欧洲地区进入关键区；第二个是在新地岛以东的洋面上，冷空气大多数经喀拉海、泰梅尔半岛、俄罗斯的远东地区直接进入我国；第三个是在冰岛以南的洋面上，冷空气经俄罗斯欧洲南部或地中海、黑海、里海进入关键区。图中空心箭头指示冷空气从源地移出后的走向，黑色箭头指示冷空气影响华北地区的路径，阴影区为 95%以上的冷空气必经的地区，称为关键区。

给廊坊市带来大风天气的冷空气主要有三条路径：

第一条为西北路(中路)冷空气，从关键区经蒙古到达我国河套附近南下，以偏北大风和降温为主(吴海英 等，2007)。

第二条为东路冷空气，从关键区经蒙古到我国华北北部，在冷空气主力继续东移的同时，低空的冷空气折向西南，经渤海侵入华北，通常会带来东北大风。当有另一股冷空气从河套地区东移时，常常在华北地区形成回流形势，出现雨雪天气。

第三条为偏北路经，冷空气大多来自泰梅尔半岛或俄罗斯东北部地区直接南下影响东北和华北地区。虽然次数较少，但是往往造成比较强烈的大风降温天气。

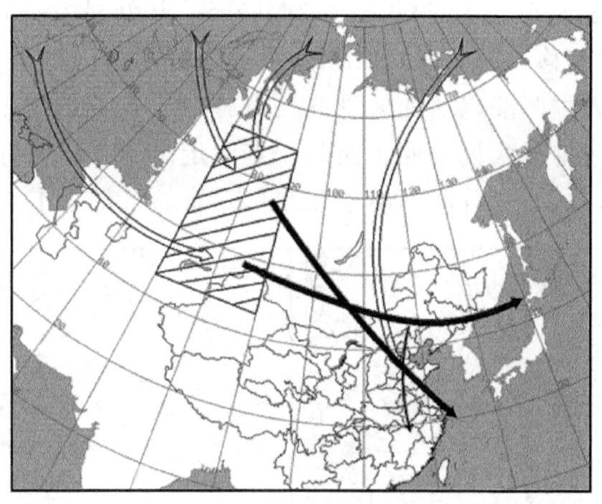

图 3.9 冷空气源地和路径

3.2.2.1 偏北大风

给廊坊市带来偏北大风天气的冷空气主要来自西北路径。从环流形势上看，在大风发生时，蒙古中西部都会有较强的高压脊存在，正是由于脊前西北气流的推动，使得冷空气快速南下。由高压脊所处地理位置的不同和高压脊径向度的大小以及高压脊前后冷暖平流配合的不同，决定着大风的开始时间和强度。2012 年 3 月 29 日的大风天气过程就是比较典型的一次过程。从 3 月 29 日 08 时 500 hPa 高空图上可以看到，在巴尔喀什湖及以北地区有高压脊发展，并有暖脊相配合，内蒙古东部有一低压槽，槽后有明显冷平流（图 3.10a）。地面图上东北地区西部有气旋活动，蒙古西部在冷高压控制下，气旋中心与冷高压中心约 15 个纬距的范围内气压差达到 25 hPa 以上（图 3.10b）。

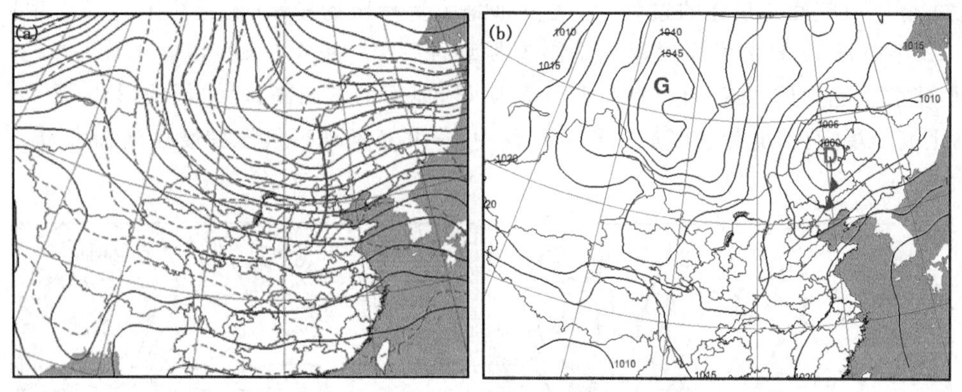

图 3.10 2012 年 3 月 29 日 08 时 500 hPa(a)和地面(b)环流形势

3.2.2.2 偏东大风

廊坊市的偏东大风主要是冷空气从蒙古东部南下，经渤海海面向华北东部平原扩散南下时造成，少数过程是台风低压北上带来的。

2014 年 4 月 2 日的偏东大风过程是一次比较典型的偏东路径冷空气造成的大风过程。

4 月 2 日 08 时在东北北部地区上空(500 hPa)有一冷涡，从低涡中心向外存在两条槽线，一条为南北走向的竖槽，已经东移入海(图 3.11a)。另一条为横槽，位于贝加尔湖东部地区，两槽之间有明显冷平流区。蒙古西部以西地区受高压脊控制。地面图上，在东北地区东部有气旋存在，冷锋呈东西走向，蒙古至西伯利亚为西北—东南走向的冷高压(图 3.11b)。在脊前西北气流的推动下，冷空气从蒙古东部南下，给华北东部及廊坊市带来了一次偏东大风天气过程。

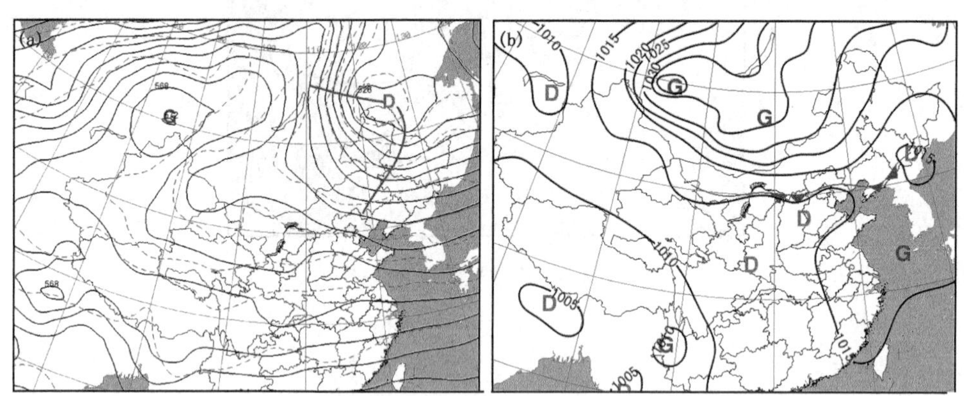

图 3.11　2014 年 4 月 2 日 08 时 500 hPa(a)和地面(b)环流形势

3.2.2.3　偏南大风

造成廊坊市偏南大风的环流形势场主要有两种：华北地形槽和蒙古低压前部。

1976 年 4 月 23 日的偏南大风过程是华北地形槽影响的结果，从高空形势看，廊坊市上空(500 hPa)处在高压脊前西北气流控制下(图 3.12a)。地面图上，河套至江淮地区为高压区，东北为低压区，河北平原至东北平原一线为地形槽(图 3.12b)。

蒙古低压或气旋在东移的过程中，当黄海海面受高压场控制时，廊坊市容易出现西南大风。2015 年 5 月 17 日的大风过程就是比较典型的一次。从 500 hPa 高空图(图 3.13a)上可以看到，华北上空为偏西或西南气流，暖平流明显，地面为东南高、西北低的形势(图 3.13b)。由于海上高压稳定少动，致使气旋东移的过程中，华北东部地区气压梯度逐渐加大，风力也随之加大。

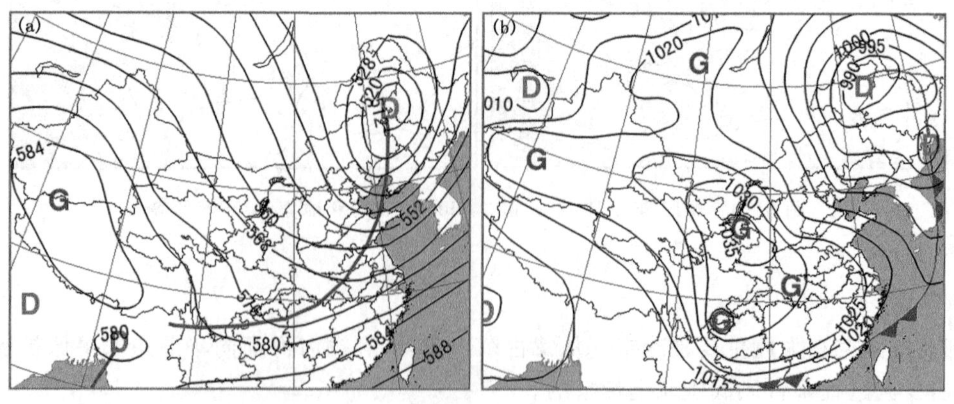

图 3.12　1976 年 4 月 23 日 08 时 500 hPa(a)和地面(b)环流形势

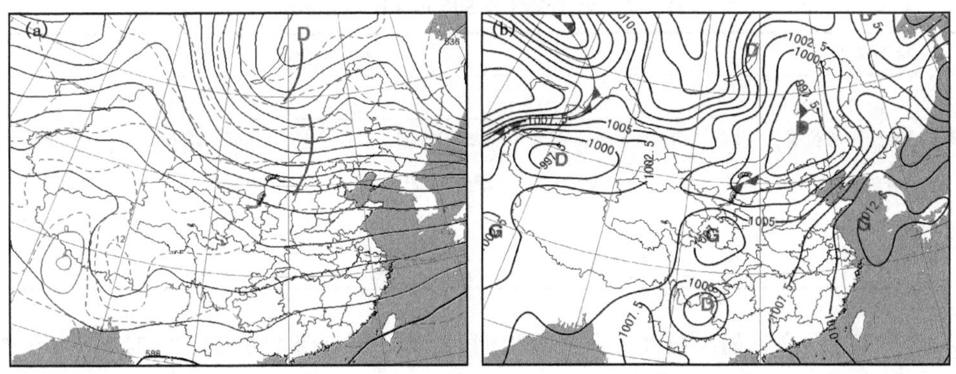

图 3.13　2015 年 5 月 17 日 08 时 500 hPa(a)和地面(b)环流形势

3.3　大风天气的特征指标

利用 MICAPS 气象资料，对 2000—2015 年一日内有 3 站及以上站出现大风(10 分钟最大风速大风)且地面处于高气压场前部和底部的 51 个典型个例进行指标特征分析。

3.3.1　高空 500 hPa 冷中心特征

根据大风发生日 08 时 500 hPa 冷中心位置将其分为Ⅰ区和Ⅱ区两个区域，如图 3.14 所示，Ⅰ区冷中心位置坐标区间为(40°～55°N，99°～129°E)，出现大风个例数为 41 个，占比 80.4%，冷中心气温为－48～－20℃，其中冷中心≤－30℃，有 34 例(表 3.2)，占比 66.7%，－30～－20℃范围 7 例；Ⅱ区冷中心位置坐标区间为(56°～65°N，108°～120°E)，出现大风个例数为 10 个，占比 19.6%，此种类型，冷中心位置较偏北，但强度较强，为－52～－36℃，其中－52～－45℃个例有 5 个，占比 9.8%，当冷空气南下时，容易造成廊坊市大风天气。

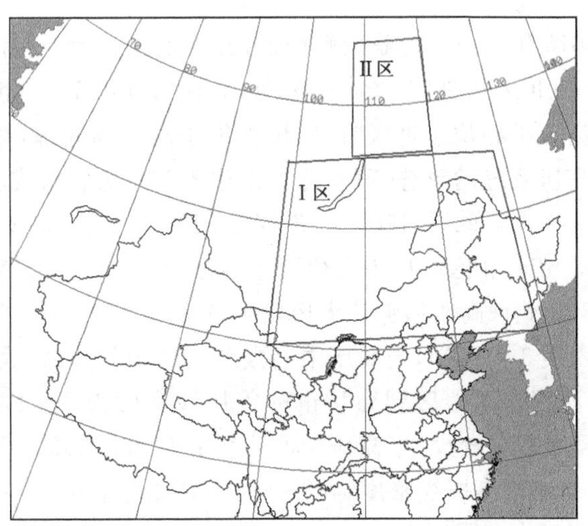

图 3.14　大风天气 500 hPa 冷中心位置示意图

表 3.2　大风天气的 500 hPa 冷中心特征

指标类型	冷中心分区			
	Ⅰ区		Ⅱ区	
500 hPa 冷中心位置	(40°～55°N,99°～129°E)		(56°～65°N,108°～120°E)	
冷中心强度(℃)	−48～−30	−30～−20	−52～−45	−45～−36
出现次数	34	7	5	5
占比(%)	66.7	13.7	9.8	9.8

以 2013 年 4 月 8 日的区域性大风过程为例，大风开始前期 4 月 7 日 20 时 500 hPa 冷中心位于蒙古地区(45°N,105°E)(图 3.15a)，中心强度为−40℃，位于上述冷中心分区的Ⅰ区，8 日白天廊坊市风速增大，大厂、大城两站出现大风，夜间风速减小，冷中心缓慢东移，至 9 日 08 时高空低涡东移(图 3.15b)，冷中心强度减小，变为−36℃。

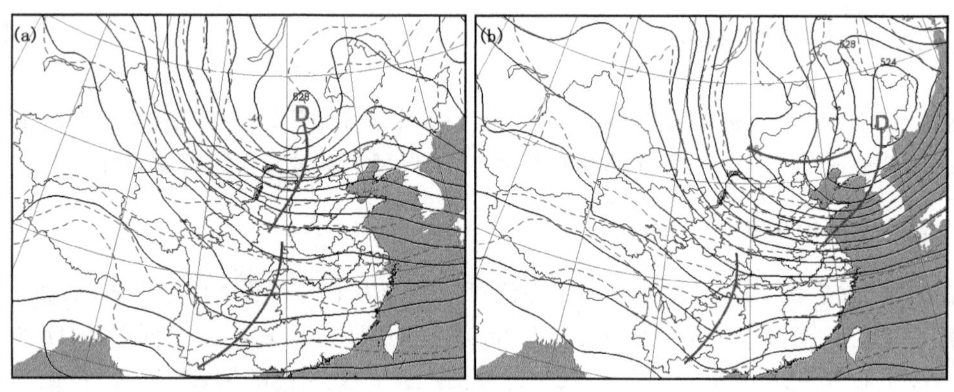

图 3.15　2013 年 4 月 7 日 20 时(a)和 4 月 9 日 08 时(b)高空图

3.3.2　地面高压中心特征

同样分析 2000—2015 年 51 个大风个例地面高压中心的位置及强度特征。根据地面高压中心位置，将其分为Ⅰ区、Ⅱ区和Ⅲ区三个区域(图 3.16)，其中Ⅰ区、Ⅱ区廊坊市分别位于高压正前部和底前部，而高压中心位于Ⅲ区时，廊坊市位于高压场底部，高压中心位于Ⅱ区和Ⅲ区的交叉区域时，由于高压系统的形势不同，廊坊市位于高压场底部或者底前部。Ⅰ区高压中心位置坐标区间为(33°～40°N,94°～110°E)，出现个例数为 8 个(表 3.3)，占比 15.7%，高压中心强度为 1025～1045 hPa；Ⅱ区高压中心位置坐标区间为(42°～51°N,95°～110°E)，出现个例数为 35 个，占比 68.8%，此种高压形势是大风发生较为常见的类型，高压中心强度为 1018～1060 hPa，跨度较大。由表 3.4 可知，当高压中心强度≤1020 hPa 时，大风个例出现 4 次，占此类型的 11.4%，一般从河套东部地区到廊坊市的等压线密度为 3～4 条，主要发生在 4 月下旬—5 月中旬，出现大风的站次较少；当高压中心强度在(1020,1030]区间时，出现 7 次，占比为 20.0%，廊坊市至河套地区等压线密度为 3～5 条，主要发生在 3—6 月和 10—11 月，出现大风的站次也较少；当高压中心强度在(1030,1040]区间时，出现 5 次，占比 14.3%，廊坊市至河套地区等压线密度为 4～8 条，廊坊市可出现 3～4 站大风；当高压中心强度大于 1040 hPa

时，出现 19 次，占比 54.3%，等压线密度为 4～7 条，主要发生在 1—4 月和 10—12 月，此种地面高压系统影响时出现的大风最为常见。

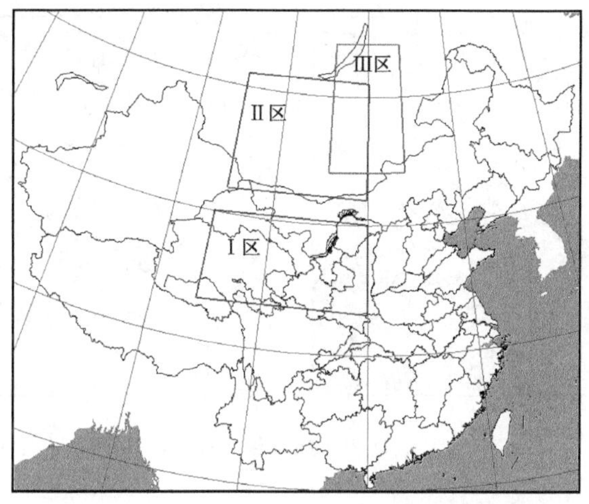

图 3.16　系统性大风地面高压中心位置示意图

Ⅲ区高压中心位置坐标区间为（44°～54°N，105°～114°E），出现个例数为 8 个，占比 15.7%，高压中心强度为 1012～1050 hPa（表 3.4），其中中心强度≥1035 hPa 的个例有 4 个，此种类型高压中心位于廊坊市北部地区，高压南部一般配合有低气压中心，北高南低，气压梯度较大，冷高压快速南下时导致大风发生。

表 3.3　系统性大风地面高压中心特征

指标类型	冷中心分区		
地面类型	高压前部（Ⅰ、Ⅱ区）		高压底部（Ⅲ区）
	Ⅰ区	Ⅱ区	Ⅲ区
地面高压中心位置	（33°～40°N，94°～110°E）	（42°～51°N，95°～110°E）	（44°～54°N，105°～114°E）
高压中心强度（hPa）	1025～1045	1018～1060	1012～1050
出现次数（次）	8	35	8
占比（%）	15.7	68.6	15.7

表 3.4　地面高压中心Ⅱ区高压强度特征

地面高压中心强度（hPa）	≤1020	（1020，1030]	（1030，1040]	＞1040
出现次数（次）	4	7	5	19
占比（%）	11.4	20.0	14.3	54.3
等压线密度（条）	3～4	3～5	4～8	4～7
发生月份	4 月下旬—5 月中旬	3—6 月和 10—11 月	1 月、3 月、11 月、12 月	1—4 月和 10—12 月

2013 年 4 月 8 日的区域性大风地面系统演变过程中，7 日 20 时地面高压中心位于贝加尔湖西侧（50°N，95°E）（图 3.17a），高压中心强度为 1030 hPa，位于上述冷高压分区的Ⅱ区，廊坊市位于高压前部低压控制中（1005 hPa），随着冷空气向东扩散，冷高压向东南方向前进，影响

廊坊市，8 日白天大厂、大城两站出现 6 级大风，9 日（图 3.17b）大风过程结束后，廊坊市地面气压减弱为 1025 hPa。

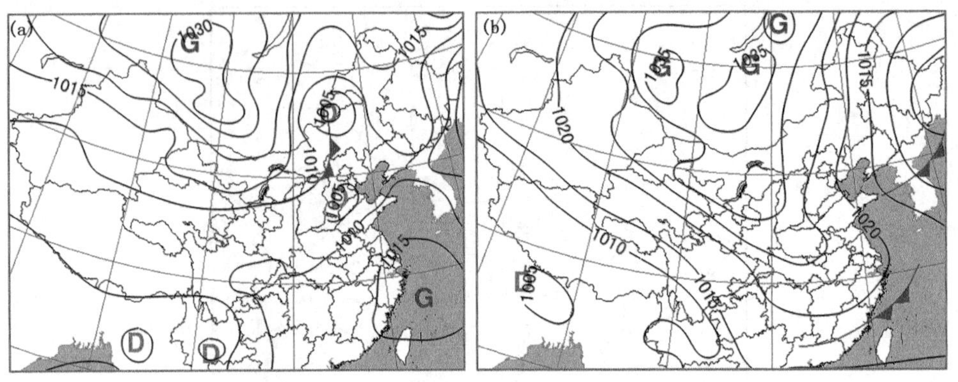

图 3.17　2013 年 4 月 7 日 20 时(a)和 9 日 08 时(b)海平面气压场

综合上述分析，给出大风预报参考指标，当廊坊市北部或西北部距离 10～15 个纬距的范围内有温度差达 8℃以上的冷平流；地面图上，呼和浩特站气压高于北京站气压达 10 hPa 以上，或乌兰巴托站气压高于北京站气压达 20 hPa 以上；数值预报的地面气压场，廊坊市本站气压的 24 小时预报值较起报日气压高出 10 hPa 以上，可以考虑预报有大风天气。

3.4　典型大风个例

3.4.1　实况分析

2013 年 3 月 9 日廊坊市经历了一次大风扬沙天气过程。其中 9 日全市除香河站外，其余 8 站日极大风速都达到了 17.0 m/s 以上（表 3.5），均达到灾害性大风级别。其中霸州市极大风速最大为 28.1 m/s，达到 10 级大风标准，其次是固安站极大风速最大为 23.4 m/s；此外，全市 10 分钟最大风速除香河站外均达到 5 级以上大风，最大风速出现在霸州，为 16.3 m/s。

表 3.5　2013 年 3 月 9 日廊坊市风速实况（单位：m/s）

	三河	大厂	香河	廊坊	固安	永清	霸州	文安	大城
9 日极大风速值	19.4	21.4	15.4	18.8	23.4	20.8	28.1	18.1	19.2
9 日 10 分钟最大风速值	11.1	15.1	8.5	10.9	15.3	12.0	16.3	10.8	13.3

3.4.2　环流形势分析

3.4.2.1　冷空气源地及路径

本次过程的冷空气（图 3.18a）主要来自于新地岛以西的洋面，经欧洲东部到达西伯利亚中部的关键区，来自北冰洋的超强冷空气源源不断地往南输送，并在关键区积累加强，之后再经蒙古到达我国，沿西北路径侵袭我国，使西北地区东部、华北大部、华中地区北部一带出现大风扬沙天气。

从冷锋以及地面移动路径来看(图 3.18b),在本次过程中,冷空气的侵袭路径是典型的西北路径,冷空气从关键区经蒙古到达我国河套地区附近南下,直达长江中下游以及江南地区。

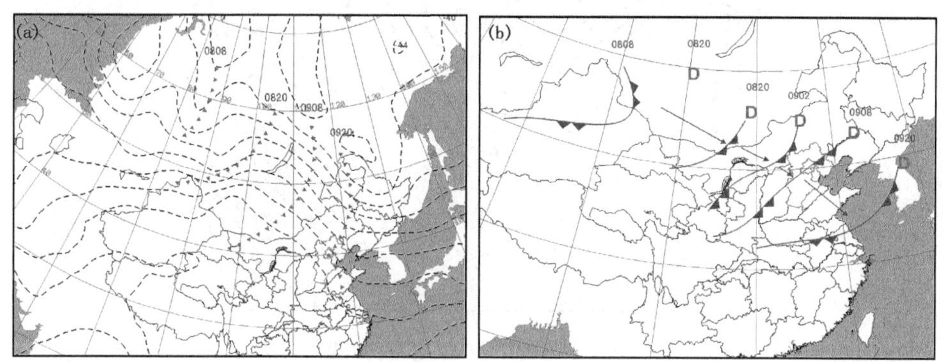

图 3.18　8 日 08 时至 9 日 20 时 500 hPa 冷槽(a)和地面冷锋(b)移动路径

3.4.2.2　环流形势演变分析

从高空环流场来看,08 日 20 时 500 hPa 上(图 3.19a)中高纬地区为两槽一脊的环流形势,高压脊主体位于巴尔喀什湖至贝加尔湖西部附近,脊的径向度较大,贝加尔湖以东一直到华北地区环流相对平直,冷空气移动较快,9 日 08 时(图 3.19b)槽线位于华北地区,槽后有显著的冷平流,冷中心位于贝加尔湖北侧(65°N,112°E),中心强度为－46℃,根据上述的指标分析,冷中心位于Ⅱ区,廊坊市北部距离 10 个纬距的范围内冷平流温度差达 20℃,冷平流强盛,冷空气开始影响河北省,中午前后廊坊市开始出现大风天气。

从地面气压场上来看(图 3.20),9 日 08 时冷高压中心位于贝加尔湖西南部(48.5°N,97°E),中心强度为 1042.5 hPa,根据上述的指标分析,此过程高压中心位于Ⅱ区,廊坊市位于冷高压前部的梯度场中,气压梯度很大,廊坊至河套地区的等压线有 8 条,呼和浩特站气压高于北京站气压达 24 hPa,强冷空气扩散南下,造成廊坊市 8 个站点出现大风天气。

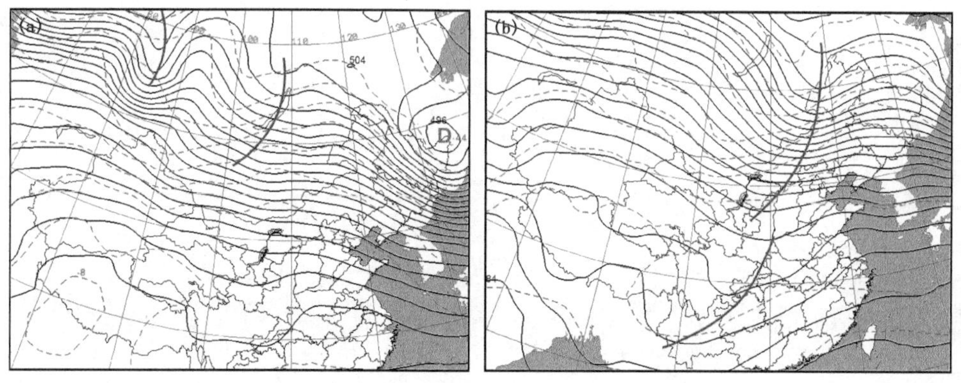

图 3.19　08 日 20 时(a)和 9 日 08 时(b)500 hPa 高空天气图

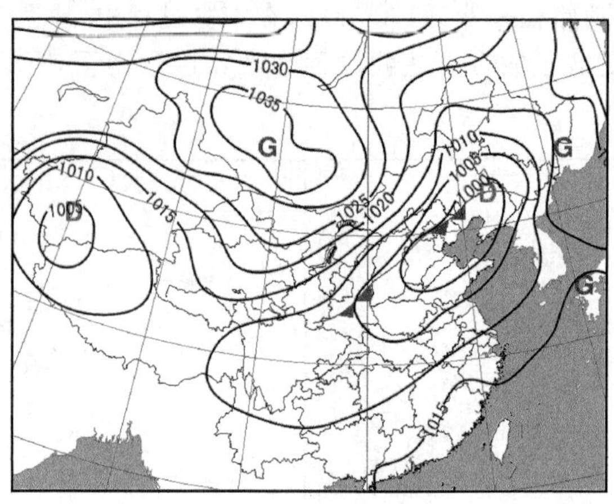

图 3.20　9 日 08 时地面天气图

3.4.2.3　小结

从上述分析可以看出，此次大风天气是发生在 3 月的一场区域性偏北大风过程，强冷空气经关键区沿西北路径南下影响廊坊市。高空 500 hPa 冷中心位于Ⅱ区，中心强度达－46℃；地面冷高压中心位于Ⅱ区，中心强度为 1042.5 hPa；大风来临前，廊坊市处于高气压场偏前部的梯度场中，廊坊至河套地区等压线密集，达到 8 条等压线，呼和浩特站与北京站气压差达 24 hPa，符合上述总结的各项指标特征，且特征显著，是一次典型的大风天气过程。

第4章 雾

雾是廊坊市主要的灾害性天气之一，发生概率高，秋、冬季雾发生范围广，对交通出行有较大影响。雾与天气系统、地形、大气成分等多种因素密切相关，研究其发生发展规律、形成条件等，可为雾的预报预测以及灾害防御等提供科学依据。

4.1 雾的统计特征

4.1.1 雾的定义及统计标准

根据《地面气象观测规范》(中国气象局，2003)定义，雾是指大量微小水滴浮游空中，常呈乳白色，使水平能见度小于 1.0 km 的天气现象。雾日：一个观测日内只要有观测站点出现了雾天气现象，则记为一个雾日，只要有一个及以上测站出现雾，则记为一次雾天气过程。

4.1.2 雾的气候特征

4.1.2.1 雾的地理分布

数据统计结果表明，1964—2015 年廊坊市共出现 3005 次雾天气过程，其中单站雾过程 1028 次，占比 34.2%；2 站同日雾 511 次，占比 17.0%；3 站同日雾 352 次，占比 11.7%；4 站及以上同日雾很少，4 站、5 站、6 站、7 站、8 站与 9 站同日雾占比分别为 9.8%、7.3%、6.6%、4.5%、4.0%与 5.0%，均不足 10%。说明廊坊地区的雾具有局地性分布特征。

以各站雾日为基础，计算廊坊多年平均雾日分布。从年平均雾日数的地域分布来看(图 4.1)，霸州站最多，为 27.5 天，中部永清站次多，为 26.0 天，北部三河最少，为 13.8 天，北三县雾日均低于 20 天，中南部除文安(19.7 天)低于 20 天外，其余各县(市)均高于 20 天。总体来看，北部雾日明显少于中南部，中西部雾日为最多，这与廊坊地势北高南低有关，北部地势较高，有丘陵及燕山余脉，雾日偏少，中、南部地区全部为冲积平原区，雾日较多，说明雾日分布受地形影响很大(安月改，2004)，河北省高原、山区、丘陵的年雾日数明显少于平原(周贺玲 等，2011)。

4.1.2.2 雾日年代际变化特征

从雾日的逐年变化趋势来看(图 4.2)，三河与大厂随年代变化呈增加趋势(大厂 2014 年与 2015 年雾日异常偏多，与大厂这两年启用能见度自动观测仪有很大关系)，其余站呈现减少趋势，但只有廊坊市区、霸州站通过了 0.05 的显著性检验，即雾日减少的趋势显著，廊坊市区雾日减少幅度为每 10 年 2.24 天，霸州为每 10 年 2.79 天。从雾日最多年份来看，除了大厂、文安与大城分别出现在 2014 年、1976 年、1964 年外，其余站雾日最多年都出现在 1990 年。

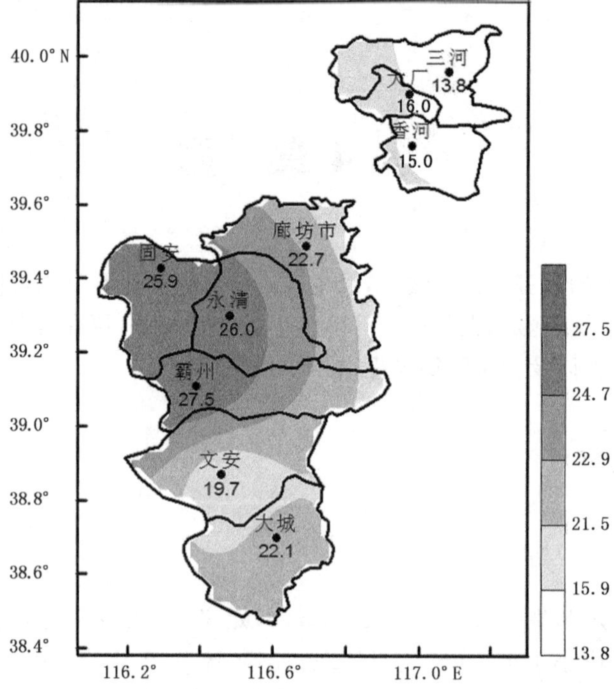

图 4.1　1964—2015 年廊坊地区年平均雾日数分布(单位:天)

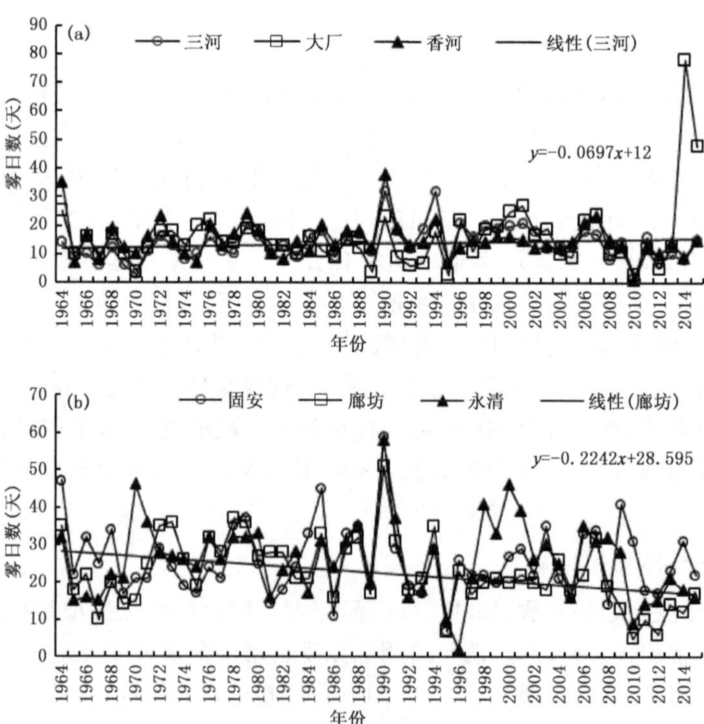

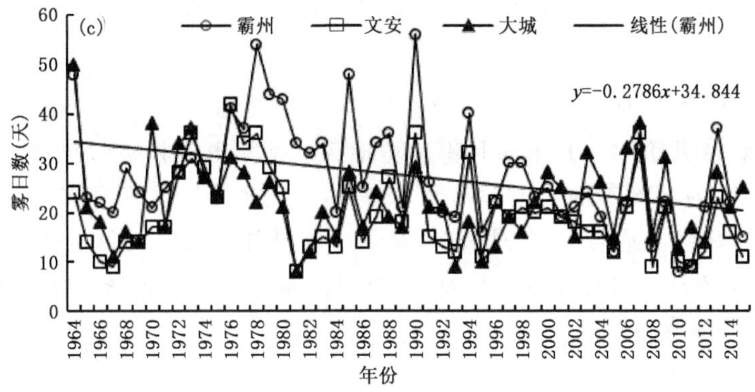

图 4.2　1964—2015 年廊坊地区代表站逐年雾日数变化趋势(a. 北部;b. 中部;c. 南部)

三河、香河站年平均雾日在 20 世纪 90 年代为最多,固安 20 世纪 60 年代最多,其余站年平均雾日均是 20 世纪 70 年代最多(表 4.1)。

表 4.1　1964—2015 年廊坊地区不同年代年均雾日数分布(单位:天)

年	1964—1969	1970—1979	1980—1989	1990—1999	2000—2015
三河	9.5	11.9	13.6	19.6	13.3
大厂	14.7	15.4	12.1	13.8	20.8
香河	16.3	15.4	14.2	17.0	13.4
固安	29.5	24.8	25.7	25.0	25.9
廊坊市	19.8	28.9	25.2	24.4	17.1
永清	20.2	30.9	25.8	26.5	25.1
霸州	27.7	33.1	32.7	28.2	20.1
文安	14.2	29.1	17.7	20.1	16.9
大城	21.7	28.3	18.1	17.8	23.5

对廊坊地区 9 个气象站 1964—2015 年年雾日数距平进行分析(图 4.3),发现年均雾日数呈现减少的趋势(未通过 0.05 显著性水平检验),并有明显的年代际转折特征,雾日数在 1972 年前是偏少期,1972—1980 年是偏多期。1981—1984 年为偏少期,1985—1991 年为偏多期。而 1991 年以后雾日的偏多年与偏少年交替出现,但有一定下降趋势,1992—2015 年 24 年之

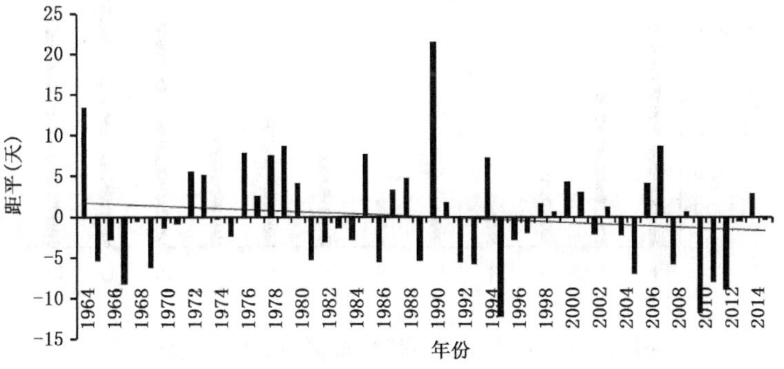

图 4.3　1964—2015 年廊坊地区雾日距平变化

间只有 10 年雾日偏多,这与大厂能见度自动观测也有一定关系。雾日最多的年份是 1990 年,其余大部年份均偏少。

4.1.2.3　雾日的月、季变化

数据统计结果表明(图 4.4),不同月份廊坊地区各站雾出现频率(月出现次数/总次数)明显不同。11 月或 12 月各站雾的出现频率最大,其中固安 11 月与 12 月雾的出现频率一样多,北三县 11 月最多,其余 5 站均是 12 月最多,雾最少的月各站均出现在 3—6 月,属于各站少雾时间段,7 月—次年 2 月是廊坊雾多发时段,从季节分布来看,秋、冬季是雾高发季节,春、夏季雾明显偏少,其中春季雾最少。

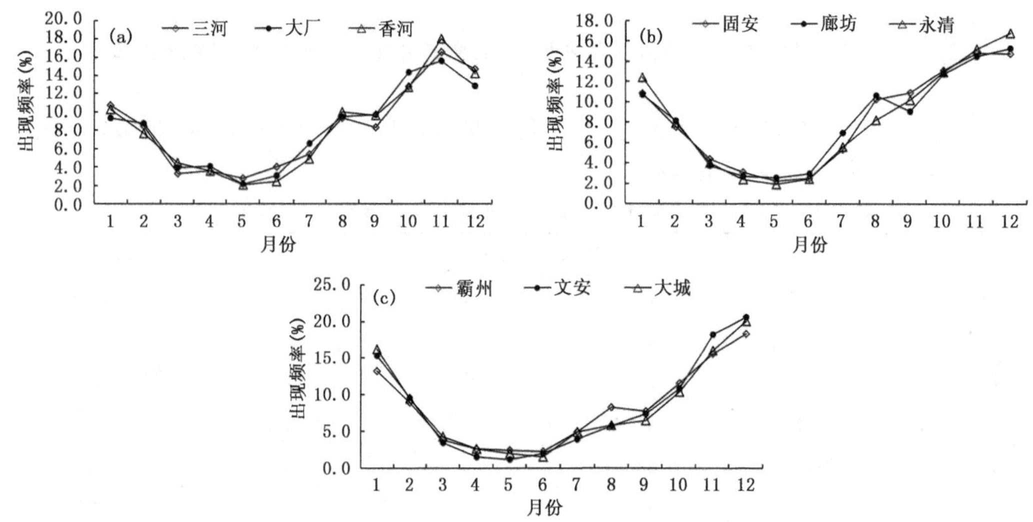

图 4.4　1964—2015 年廊坊市雾月出现频率

分析廊坊市平均雾日的月出现频率可见(图 4.5),12 月最高,为 16.6%;11 月次高,为 15.9%;10 月与 1 月第三,为 12.3%;5 月最低,只有 2.1%;3—6 月出现频率均较低,在 4.0% 以下。秋冬季总的出现频率占 74.5%。

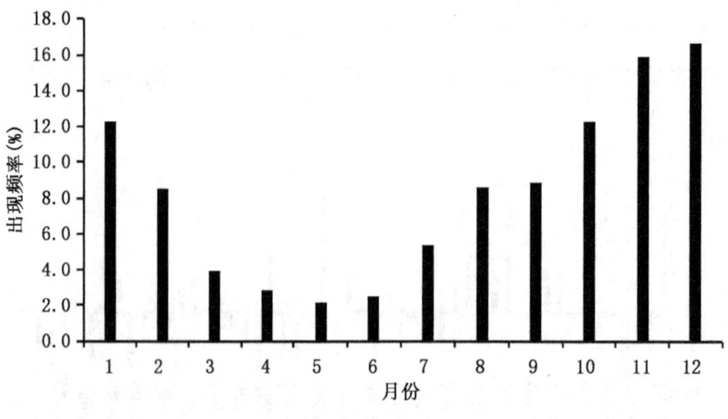

图 4.5　1964—2015 年廊坊市雾平均月出现频率

4.1.2.4 雾的日变化特征

采用霸州站(国家基本站,2012年以前属于24小时值班站,资料比较完整)1964—2011年历次雾日生消时间来分析雾的日变化特征,雾开始、结束时间取整点时间。

(1)雾形成时间

根据统计标准,将在一日内发生的雾,无论发生次数及时间间隔,都记为一次雾日,连续出现的雾天气(前一天结束时间与第二天开始时间相同),定义为一次雾日。雾日数按照雾发生时间进行分类,将累年逐时的雾日数进行平均,得到累年逐时平均雾日数。逐时平均雾日数分别除以24个时刻累加平均的总雾日数,即为雾发生在24个不同时刻的频率分布。统计结果表明(图4.6),雾发生的峰值时间段为20时至次日08时,在24个时刻内,05时发生雾的频率最高,达20.8%,06时次高,为15.9%,09—19时频率很低。这与气温在一天内的变化有很大关系,最低气温往往出现在04—05时,由于气温的迅速下降,有利于近地面层水汽凝结形成雾。

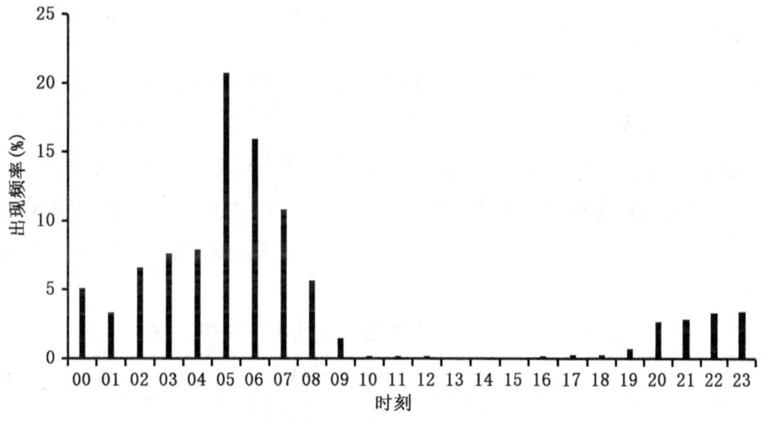

图4.6 霸州1964—2011年雾形成时间在不同时刻的出现频率

(2)雾消散时间

同理得到雾在24个不同时刻消散的频率分布(图4.7)。雾消散的主要时间段是在05—12时,08时雾消散的频率最高,达17.3%,07时次之,雾消散出现在其他时刻的频率非常低。这与08时前后太阳升起,气温在短时间内迅速升高,利于水汽蒸发有一定关系。

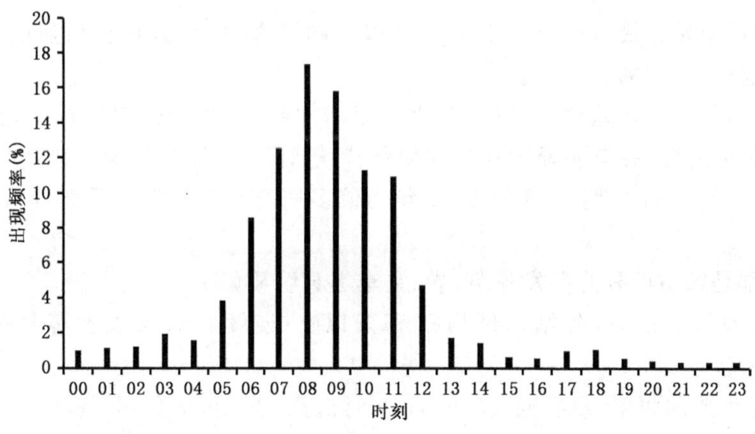

图4.7 霸州1964—2011年雾结束时间在不同时刻出现的频率

(3) 雾持续时间的变化

雾持续时间越长,造成的灾害及影响越大,因此对每次雾过程的持续时间进行详细分析也有必要。参照刘小宁等(2005)对雾持续时间的分级,计算各站出现各级雾持续时间频率。约定在一天内出现的雾,无论出现的次数及时间间隔,均记为一次雾过程,连续两日出现的雾当时间间隔在4小时以内时,定义为一次雾,雾持续时间等级定义为0~3小时、3~6小时、6~12小时、>12小时,得到霸州站各级雾持续时间所占百分比,其中3小时以内的雾最多,占42.6%,3~6小时次高,占29.0%,6~12小时为18.3%,>12小时的雾最少,只占10.2%。

此外,分析发现,各站均是单日雾最多,所占比例均在71%以上;连续2天的雾次多,比例在14.8%~18.3%;连续5天及以上的雾很少,比例均在2%以下,其中廊坊市区占0.9%;连续8天及以上的雾很少,9站平均为0.1%;最长的雾天气过程达到连续9天,出现在固安,时间为1978年12月20—28日。廊坊市区最长雾天气过程持续7天,出现在1994年2月14—20日。

4.1.2.5 雾日极值及时间

统计结果表明(表4.2),52年中,廊坊地区年雾日最少与最多相差77天,由于启用能见度自动观测仪,大厂年雾日最多为78天(2014年),香河年雾日最少为1天(2010年);雾日最少年份一般为10天以下,最多年均在30天以上;雾日最少年,文安、大城出现在1981年,永清出现在1996年,大厂、固安出现在1995年,其余4站均出现在2010年;雾日最多年,文安出现在1976年,大城出现在1964年,大厂出现在2014年,三河在1990年与1994年同样多,其余5站均出现在1990年。

表4.2 1964—2015年廊坊9站雾日极值分布

站名	三河	大厂	香河	固安	廊坊	永清	霸州	文安	大城
年最少雾日(天)	2	3	1	7	5	2	8	8	8
最少雾日出现年份	2010	1995	2010	1995	2010	1996	2010	1981	1981
年最多雾日(天)	32	78	38	59	51	58	56	42	50
最多雾日出现年份	1990/1994	2014	1990	1990	1990	1990	1990	1976	1964

4.1.3 小结

(1)廊坊地区单站雾最多,占34.2%,4站以上同日雾很少,雾具有明显的局地性分布特征,北三县明显少于中南部。

(2)从雾日的年际变化趋势看,三河与大厂呈增加趋势,其余站均呈减少趋势。9站年均雾日数呈现减少的趋势,并有明显的年代际变化特征,1972年前是偏少期,1972—1980年是偏多期,1981—1984年为偏少期,1985—1991年为偏多期,而1991年以后雾日的偏多年与偏少年交替出现。

(3)秋、冬季是廊坊市雾的多发季节,春、夏季雾日明显偏少。

(4)廊坊市单日雾最多,各站比例均在71%以上;连续5天及以上雾日很少,均在2%以下。

(5)05时雾生成的频率最高,达20.8%;06时次高,为15.9%;09—19时,雾生成的频率很低,不足2%。雾消散的时间段主要在05—12时。

4.2 雾日气象要素参考指标

4.2.1 雾日地面风向风速

风是雾形成的重要影响因素之一。统计雾日地面日平均风速的变化特征发现(表 4.3)，各站雾日风速均在 1.0～2.0 m/s 所占比例为最高，均达 40%以上，各站风速在 0.0～3.0 m/s 的雾日比例均达到了 84%以上，其中固安所占比例最高达 89.6%；当风速≥4 m/s 时，各站雾日比例均不足 10%，风速增大有利于大气的水平输送和扩散、湍流加强，不利于雾的形成，因而出现雾的概率减小。

表 4.3　1964—2015 年廊坊地区雾日对应不同风速等级时分布比例(单位:%)

风速(m/s)	0.0～1.0	1.0～2.0	2.0～3.0	3.0～4.0	4.0～5.0	5.0～6.0	≥6.0
三河	29.0	44.0	15.3	6.4	1.9	0.8	2.5
大厂	24.5	43.5	17.3	7.4	3.0	1.7	2.6
香河	30.7	42.5	14.9	4.9	3.2	0.1	3.7
固安	31.7	41.3	16.6	4.1	1.5	0.3	4.5
廊坊	25.3	40.0	18.9	7.6	2.3	0.7	5.2
永清	27.4	41.2	16.3	5.3	2.6	1.0	6.2
霸州	20.1	46.3	23.0	6.9	1.9	0.8	1.1
文安	18.7	48.5	21.8	6.4	2.3	0.3	2.0
大城	13.0	42.7	26.3	9.8	3.0	1.0	4.2

分析出现雾天气时 08、14、20 时各时次的地面风向特征(图略)发现，08 时，各站均是静风时所占比例为最高，均在 23%以上，香河最高，为 47.2%，大城最低，为 23.4%；三河东东南风时所占比例次高，为 9.9%，大厂东风次高，为 9.4%，香河西北风次高，为 6.3%，廊坊市西西南风次高，为 5.1%，其余站均是东北风或东风时雾所占比例次高。14 时，雾日占比最高的风向，三河东东南风，大厂东南风，香河、廊坊市区、永清为静风，而其余 4 站为西南风。20 时，各站均是静风时所占比例最高。图 4.8 为廊坊市区雾日 08 时地面风向频率分布。由图可见，静风、偏东风、偏南至西南风比较利于廊坊雾的形成。

4.2.2 雾日相对湿度

统计雾日前一天 14 时相对湿度分布特征(表 4.4)可见，相对湿度低于 40%时所占比例较低，除了三河、大厂和固安占比低于 10%外，其余站占比为 10%～12%。相对湿度≥40%时，各站比例均在 88%以上。从不同区间的相对湿度所占比例来看，相对湿度在 40%以下时，各站不足 8%；相对湿度<10%和在 10%～20%时，低于 2%；相对湿度为 20%～30%时，在 3%左右；相对湿度为 30%～40%时为 6%左右；相对湿度在 40%以上时，各站不同区间相对湿度占比几乎均在 10%以上。表明当日 14 时相对湿度大于 40%时第二天一般更有利于近地面层水汽的聚集，利于雾的形成与发展。

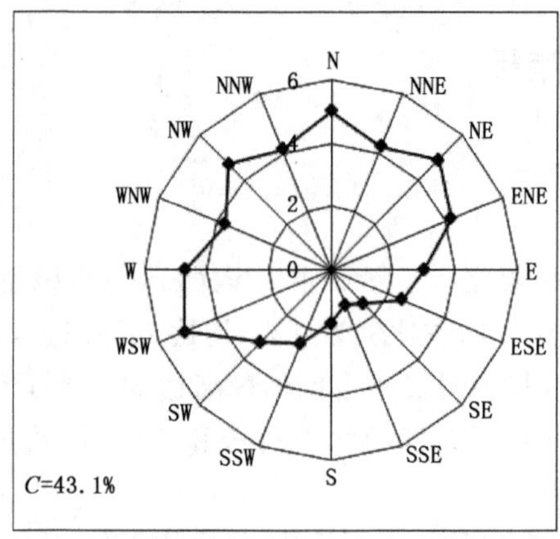

图 4.8 廊坊市区雾日 08 时风向玫瑰图（单位：%；C 代表静风频率）

表 4.4 1964—2015 年廊坊地区雾日对应不同相对湿度时分布比例(单位:%)

相对湿度(%)	<10	10~20	20~30	30~40	40~50	50~60	60~70	70~80	80~90	≥90
三河	0.1	0.4	3.5	4.6	10.6	15.0	18.3	16.9	16.0	14.6
大厂	0.1	1.0	2.2	5.9	10.3	16.5	19.4	16.3	11.2	17.1
香河	0.0	0.5	3.3	6.4	10.0	16.7	17.2	15.4	12.1	18.4
固安	0.0	1.0	3.0	5.3	11.9	17.3	18.4	15.5	12.5	15.2
廊坊	0.0	0.8	3.5	7.0	11.3	18.6	20.2	13.8	12.1	12.8
永清	0.1	1.7	3.3	6.7	10.8	17.7	17.4	13.7	11.1	17.4
霸州	0.1	0.6	3.7	6.5	9.5	14.5	18.5	15.8	13.7	17.1
文安	0.0	0.8	3.4	7.0	10.4	15.0	17.6	14.8	12.4	18.6
大城	0.0	0.9	3.3	6.2	10.7	14.2	16.6	14.3	11.4	22.4

4.2.3 雾天气逆温

稳定的大气环流背景下，低层逆温层的建立和加强会使大气垂直对流运动受阻，利于雾的形成。利用北京 2011—2015 年 08 时 1500 m 以下探空资料代表廊坊市附近上空大气的层结特征分析雾天气过程的逆温层分布情况。从 08 时逆温层的底高、顶高、厚度及强度分布看(表 4.5)，1—3 月和 10—12 月相比其他月份逆温层厚度更厚、强度更强。雾天气过程出现的逆温频率均在 70%以上，6 月达到 100%，可见近低层出现逆温，更利于雾的形成。

表 4.5 北京探空 2011—2015 年 08 时逆温分析

月份	底高(m)	顶高(m)	厚度(m)	强度(℃/m)	雾日出现逆温频率(%)
1 月	267.4	515.8	248.5	2.6	86.2
2 月	211.9	509.4	297.4	1.4	70.4
3 月	303.3	635.5	332.3	1.4	80.0

续表

月份	底高(m)	顶高(m)	厚度(m)	强度(℃/m)	雾日出现逆温频率(%)
4 月	205.8	428.9	223.1	0.7	88.9
5 月	147.0	230.7	83.7	1.2	42.9
6 月	308.5	475.4	129.1	0.5	100.0
7 月	281.7	347.0	65.3	0.2	71.4
8 月	270.1	411.7	141.7	0.8	73.1
9 月	168.4	314.9	146.5	0.8	75.7
10 月	105.0	395.9	291.0	1.1	95.6
11 月	91.3	305.7	214.4	2.4	88.9
12 月	178.5	390.0	211.5	1.8	96.9

4.2.4 小结

(1)当廊坊地面风速为 0～2.0 m/s 时,雾发生的频率最高,当风速大于 4 m/s 时,雾发生的频率不足 10%;雾日前一天 14 时与 20 时一般会出现静风和 S、SSW、SW、WSW 等风向。

(2)雾日前一天 14 时空气相对湿度一般在 40%以上。

(3)雾天气时出现逆温层的概率均在 70%以上,1—3 月和 10—12 月相比其他月份逆温层厚度更厚、强度更强。

4.3 雾日高低空环流形势

利用 1999—2015 年 MICAPS 气象资料,同时结合 25 点相关系数法进行客观分类和对比主观分型。主要分析雾发生当天 08 时的地面、高空大气环流形势,并进行统计分类,从而得出廊坊市雾天气发生的高、低空大气环流特征,为今后雾的预报、预警及服务提供参考。

高压场(前部、后部、底部)、变性高压(均压场)、回流形势及低压场是廊坊市雾产生的主要地面天气形势。当廊坊市地面处于高压场控制时发生雾的概率最大,占比 55.5%,处于变性高压场控制时次多,占比 17.0%,地面为回流时所占比例为 15.6%,地面为低压时雾发生的概率最低(11.9%)。

结合考虑雾生成的高度,分析廊坊市雾日 700 hPa 高空环流形势,主要有四种类型。

(1)廊坊市处于弱脊或弱脊前西北气流控制中,这是廊坊市雾的最主要天气形势,38.9%的全区雾在此形势下出现,如果弱脊连续控制,廊坊市可连续几天有雾;

(2)廊坊市处于中纬度平直西风气流中,这是廊坊市雾日的第二大形势,33.3%的全区雾在此形势下出现,这种形势可造成廊坊市连续 3 天全市范围的雾;

(3)廊坊市处于河套槽前的西南气流中(或受低涡控制),这也是廊坊市雾的主要形势之一,26.3%的全区雾在此形势下出现。这种形势由于西南气流的影响,空气湿度较大,地面若有锋面,雾通常出现在雨雪天气前或后;

(4)廊坊市处于强脊前的偏北气流中,这种形势占总雾日数的 1.5%,是在雨雪天气后,强脊前较强偏北气流尚未完全影响廊坊市之前而出现的短时雾，多是单站雾。

分析廊坊市雾发生当天 08 时的地面天气形势与 700 hPa 高空天气形势，得出廊坊市雾天气发生的高、低空配置典型天气概念模型，主要有四种配置类型，见图 4.9。第 1 类：地面为变性高气压场(均压场)，高空为平直西风环流，此配置类型发生雾的最大概率可达 42.2%(图 4.9a)；第 2 类：地面为低压控制，高空为槽前西南气流，发生雾的最大概率达 57.3%(图 4.9b)；第 3 类：地面为高压控制，高空为弱脊或弱脊前西北气流，发生雾的最大概率为 45.8%(图 4.9c)；第 4 类：地面为回流型控制，高空为弱脊或弱脊前西北气流，发生雾的最大概率达 40.7%(图 4.9d)。

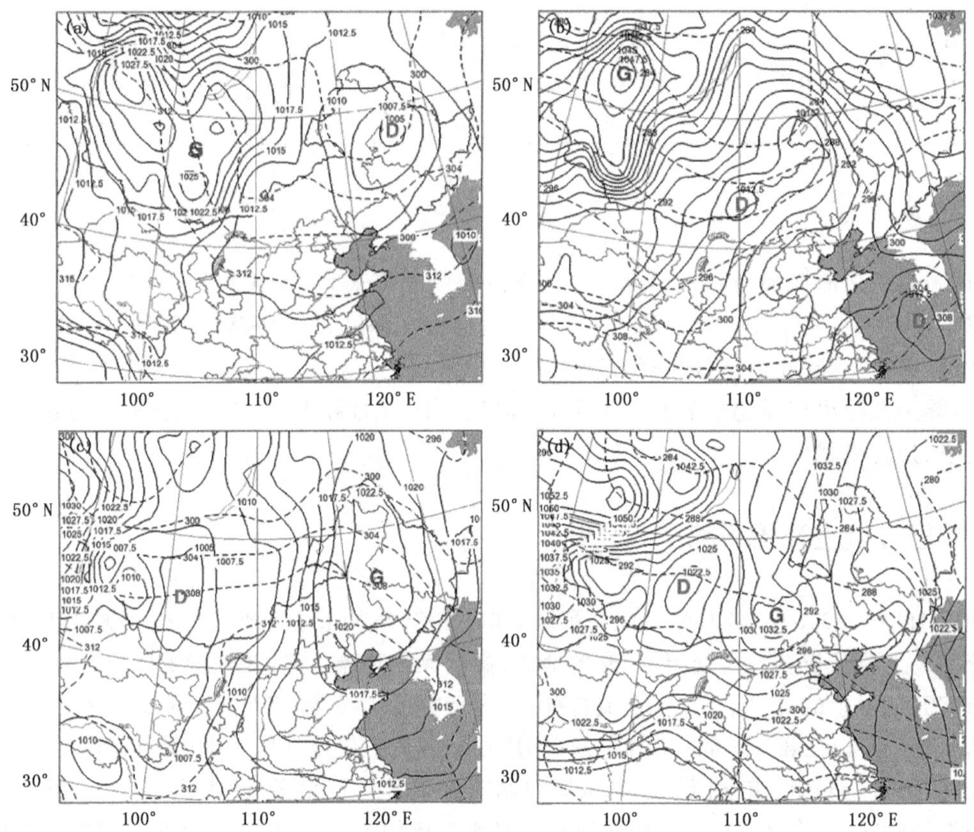

图 4.9　雾日典型地面(实线)、高空(虚线)配置天气形势

(a. 第 1 类；b. 第 2 类；c. 第 3 类；d. 第 4 类)

4.4　雾的主要类型

雾的分类比较复杂，目前没有统一和通用的方法，孙奕敏(1994)和吴兑等(2011)采用如下分类方法(表 4.6)。

对廊坊而言(宋善允 等，2017)，常见的雾有：辐射雾、平流雾、平流辐射雾。下面从雾的主要特征、形成条件、雾日发生环流形势等条件对雾进行分类分析。

表 4.6　雾的种类及划分依据

划分依据	名称
形成雾的天气系统	气团雾、锋面雾
雾形成的物理过程	冷却雾(辐射雾、平流雾、上坡雾)、蒸发雾(海雾、湖雾、河谷雾)
雾的强度	重雾、浓雾、中雾、轻雾
雾的厚度	地面雾、浅雾、中雾、深雾(高雾)
雾的温度	冷雾、暖雾
雾的相态结构	冰雾、水雾、混合雾

4.4.1　辐射雾

4.4.1.1　定义及特征

辐射雾指由于地表辐射冷却作用使地面气层水汽凝结而形成的雾。辐射雾在北方冬季、初春和秋末等季节比较常见。主要出现在晴朗、微风、近地面水汽比较充沛的夜间或早晨。随着太阳的升高，地面温度上升，辐射雾也会立即蒸发消散。辐射雾出现频率在廊坊市最高，高度一般在几十米到几百米，一般不超过 400 m，绝大部分在 200 m 以下，即 1000 hPa 以下。其特征：

(1)有明显的季节性和日变化：秋、冬季居多，多发生在下半夜到清晨，日出前后最浓，白天辐射升温后开始逐渐消散。

(2)与地理环境关系密切：在潮湿的山谷、洼地、盆地、水面等更容易形成辐射雾。

(3)冬半年气温日变化小：当大片浓雾出现时，白天雾不一定迅速消散。

4.4.1.2　形成条件

一般需要以下几个条件：晴天无云或少云，地面有效辐射强；空气相对湿度大，特别雨、雪过后或高空槽前半夜快速过境近地层增湿更加有利；地面风速微弱；大气层结稳定，近地层有逆温或等温存在；近地层空气温度下降到与露点温度比较接近。

4.4.1.3　典型天气形势

(1)雨(雪)后辐射雾

雨(雪)后辐射雾一般发生在高空低槽和地面弱冷锋共同作用产生的降水之后，一年四季均可发生。其特征：造成降水的高空槽东移速度较快，一般前半夜过境，降水后天气迅速转晴；500 hPa 上的高空槽后风速一般≥16 m/s，对应卫星云图上的高空槽云系后边界比较清晰，850 hPa 以下风速较小，不超过 8 m/s；地面为西高东低的气压场，廊坊受弱的华北地形槽控制；一般逆温层较低，在 1000 hPa 以下；湿度场垂直结构为“下湿上干”，相对湿度大于 90%的湿层多集中在逆温层以下。

2009 年 2 月 9 日廊坊出现的雾天气是典型的雪后辐射雾。500 hPa 高空槽 8 日 20 时移到河北省西部，移速较快，24 小时达 20 个经距，给廊坊部分地区带来了弱降雪，到 9 日 08 时(图 4.10a)移到日本海，廊坊市处于脊前弱西北气流控制，地面位于高压前部低压后部的弱气压场中(图 4.10b)，近地面层 1000 hPa 为偏南风，风速小于 2 m/s，廊坊附近北京站探空图(图 4.10c)上 1000～925 hPa 有明显逆温出现，近地面层湿度较大，9 日早晨天气转晴，辐射降温导致廊坊中南部地区出现了雾天气。

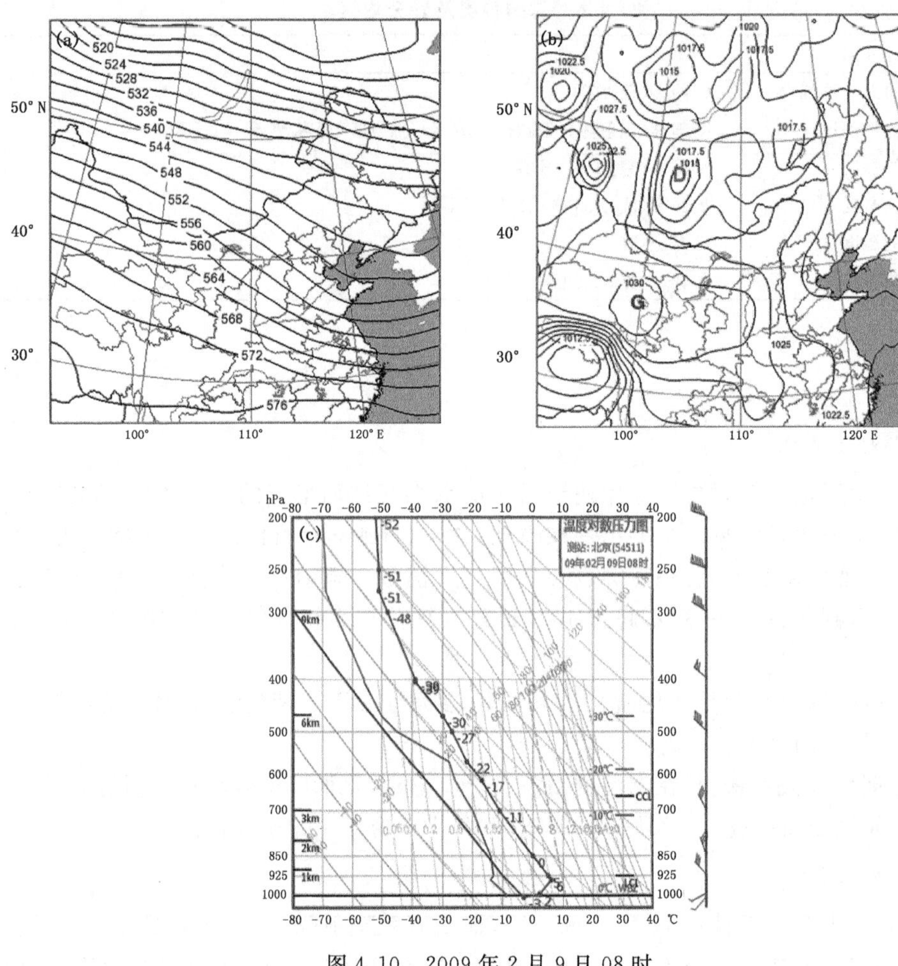

图 4.10　2009 年 2 月 9 日 08 时
(a. 500 hPa 高度场; b. 海平面气压场; c. 北京探空图)

(2)高压控制下辐射雾

此类雾在冬季经常发生,华北高空受弱高压脊控制,地面冷高压中心在蒙古国境内,冷空气扩散南下,等压线在廊坊地区比较稀疏,850 hPa 以下有弱温度脊控制,天空一般晴朗无云或少云,有效辐射降温导致雾天气出现。

2008 年 3 月 29 日夜间至 30 日上午廊坊全市范围出现了雾天气。廊坊市高空 500 hPa 处于弱脊前西北气流控制(图 4.11a),廊坊市上空无明显冷空气活动,地面处于高气压场后部的弱气压场中(图 4.11b),以偏南风为主,风速小于 2 m/s,且在廊坊附近有风速辐合,北京站探空图(图 4.11c)上,925～850 hPa 有明显逆温出现,近地面层湿度很大,辐射降温导致廊坊出现了全区性雾天气。

4.4.2　平流雾

4.4.2.1　定义及特征

平流雾是当暖湿空气移动到较冷的下垫面上,下部冷却而形成的雾。平流雾可在一天的

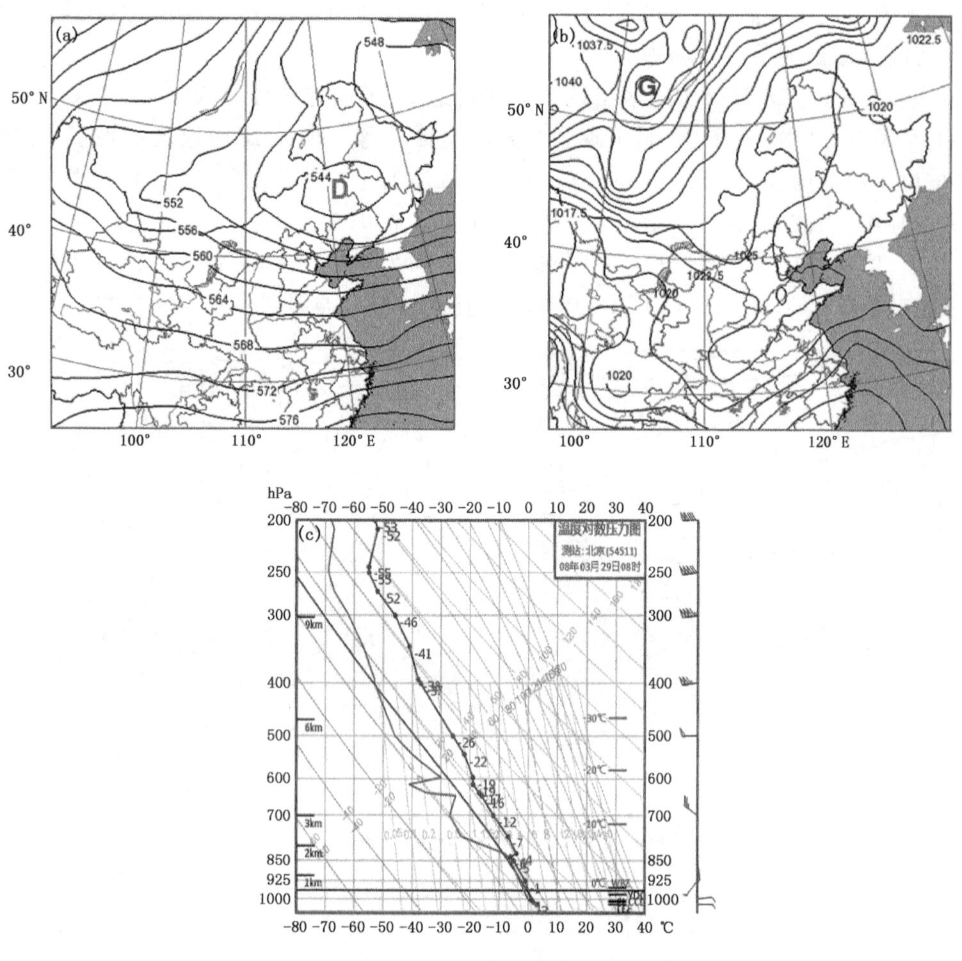

图 4.11　2008 年 3 月 29 日 20 时

(a. 500 hPa 高度场；b. 海平面气压场；c. 北京探空图)

任何时间出现，可和低云相伴，陆地上出现平流雾时常伴有层云、碎雨云和毛毛雨等天气现象，且持续时间较长，日变化不如辐射雾明显，通常高度可达 600～700 m，有的甚至可达 900 m，比辐射雾高。平流雾多出现在沿海地区，在廊坊地区，单纯的平流雾比较少见。

4.4.2.2　形成条件

风速条件：近地面层风速适中，一般为 2～7 m/s。

冷却条件：平流过来的暖湿空气与冷地表之间的温差越大，低层冷却越大，平流逆温也越强，越利于平流雾形成。

湿度条件：平流的暖空气湿度大，水汽含量充沛。

层结条件：稳定层结，平流雾的逆温层一般较高，逆温层形成的主要原因是平流逆温。

4.4.2.3　典型天气形势

平流雾发生时的主要天气形势：从低层到高层（925～500 hPa）有明显的高空槽，廊坊处于槽前西南气流控制；槽前有弱的暖平流，暖平流自 700 hPa 越向下越明显，槽后冷平流较弱；平流逆温强，逆温层高度较高；湿度呈现“上干下湿”结构，但垂直递减率明显小于辐射雾；地面一般处于入海高压后部的弱气压场中。

2002 年 12 月 9—18 日廊坊地区出现了一次长达 10 天的连续性雾天气过程，每天出现雾站点 2～9 个不等，其中 13 日、16 日出现了 9 站的全区性雾。14 日廊坊地区出现了一次平流雾，高空槽位于河套南部，从 925～500 hPa 高度看廊坊处于槽前西南气流控制，较强的西南气流将南方的暖湿空气输送到廊坊地区，造成了平流雾。在 700 hPa 上西南风风速达 6 m/s(图 4.12a)；地面，廊坊处于入海高压后部的均压场中，地面为弱的西南风(图 4.12b)；从北京站的探空曲线看(图 4.12c)，925～850 hPa 为深厚的逆温层，湿层伸展到 880 hPa 左右。

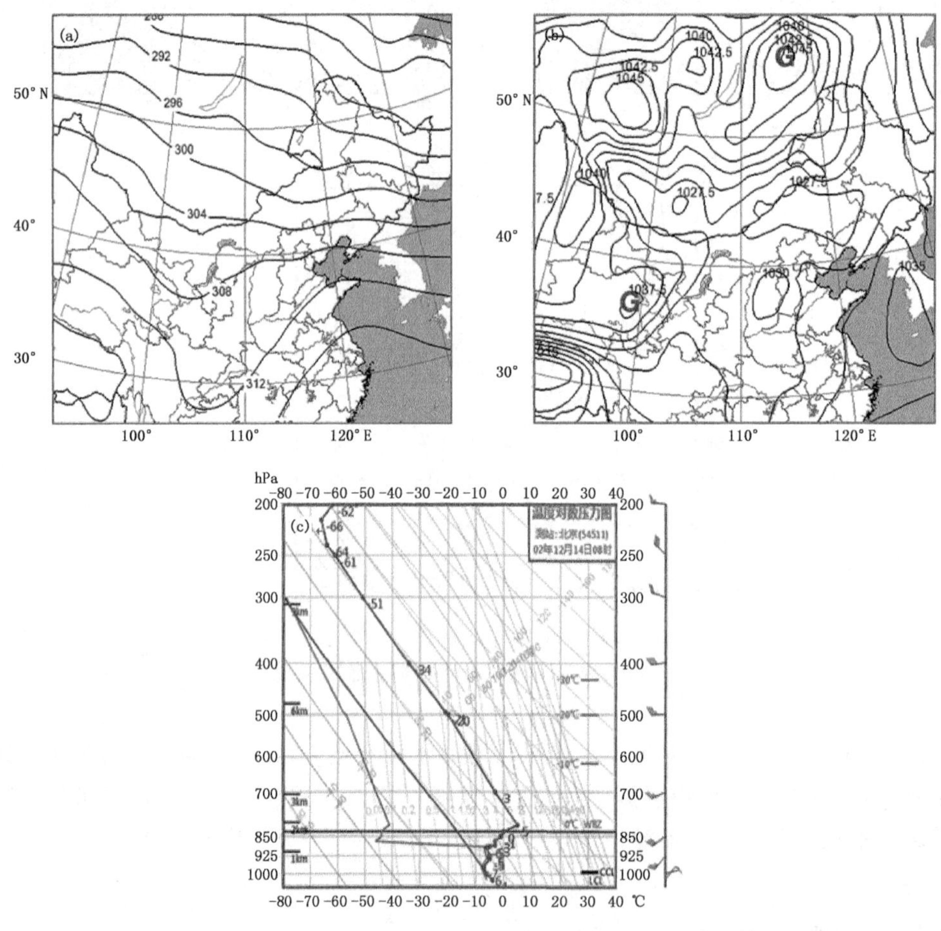

图 4.12 2002 年 12 月 14 日 08 时天气形势

(a. 700 hPa 高度场；b. 海平面气压场；c. 北京探空图)

4.4.3 平流辐射雾

4.4.3.1 定义及特征

平流辐射雾形成的物理过程是一个比较复杂的问题，仅有暖湿空气的平流条件，不容易形成雾，往往是暖湿平流再配合地面的辐射冷却，在这两种因子综合作用下更易形成雾，称平流辐射雾。这种雾出现频率也比较高。由于有暖湿平流的存在,逆温层常比较高,雾的高度也通常较高。廊坊上空,中高层(700 hPa 及以上)受西北气流控制,低层(850 hPa 及以下)受西南气流控制所形成的雾多为平流辐射雾,湿度场的垂直结构为“上干下湿”。

4.4.3.2　典型天气形势

平流辐射雾的天气模型:700 hPa 以上廊坊受西北偏西气流控制,850 hPa 以下逐渐转受西南气流控制;逆温层高度比一般的辐射雾要高,但一般比平流雾低;湿度场的垂直结构为“上干下湿”,雾顶部以上湿度迅速减小;地面处于弱气压场中。

2012 年 12 月 13 日发生在廊坊地区的雾为平流辐射雾,受平流降温和辐射的共同作用,廊坊出现了全区性雾天气。500 hPa 上河套以东的大部分地区受西北气流控制(图 4.13a),850 hPa 廊坊处于槽前的弱西南气流控制,同时有一暖脊配合(图 4.13b),地面处于高压后部的弱气压场中(图 4.13c),风速很小,从北京的探空图上看(图 4.13d),湿层的垂直结构为“上干下湿”,逆温层在 850 hPa 以下。

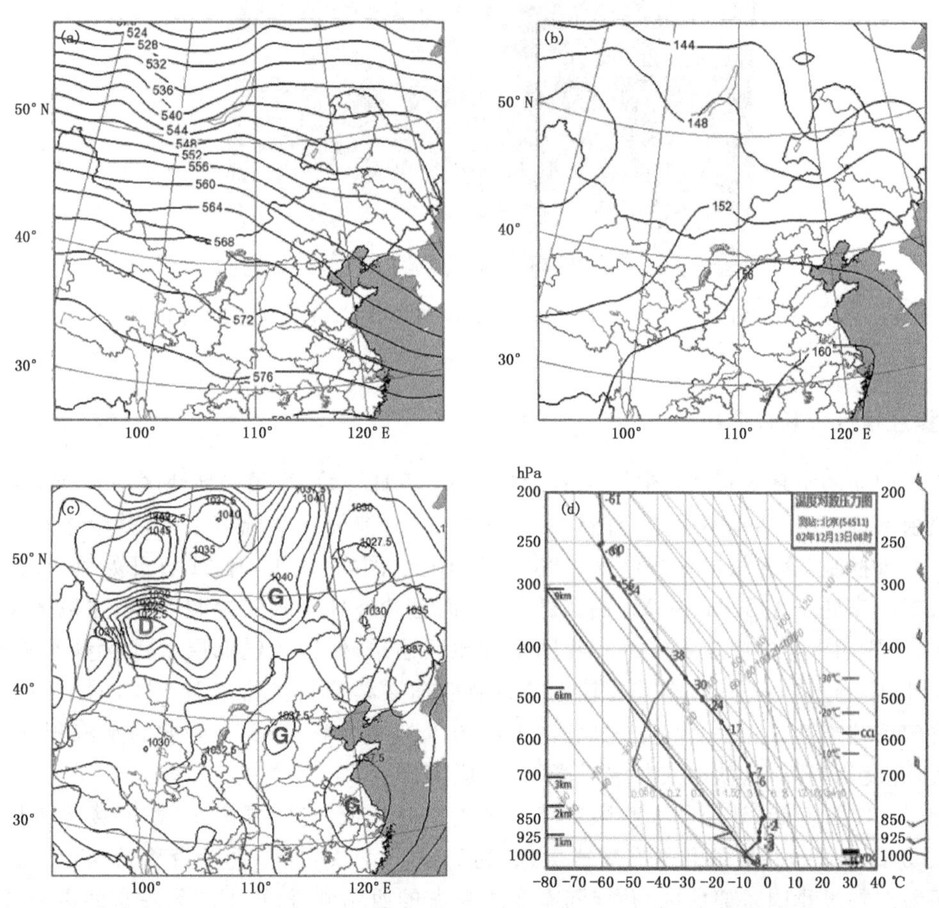

图 4.13　2002 年 12 月 13 日 08 时天气形势

(a. 500 hPa 高度场;b. 850 hPa 高度场;c. 海平面气压场;d. 北京探空图)

4.5　典型个例

2005 年 11 月 3—5 日，我国中东部地区出现了较大范围的浓雾，导致能见度急剧下降，交通和海洋运输受到很大影响。11 月 4 日 08:29 过境的 FY-1D 气象卫星监测到(图 4.14)，我国山西中部、河北大部、天津、辽宁大部以及陕西中部局地、甘肃东部等地出现了雾天气。11 月 5 日早晨，东北平原、华北平原、山东半岛、淮河流域、江南北部、华南东部等地出现了大范围的雾天气。

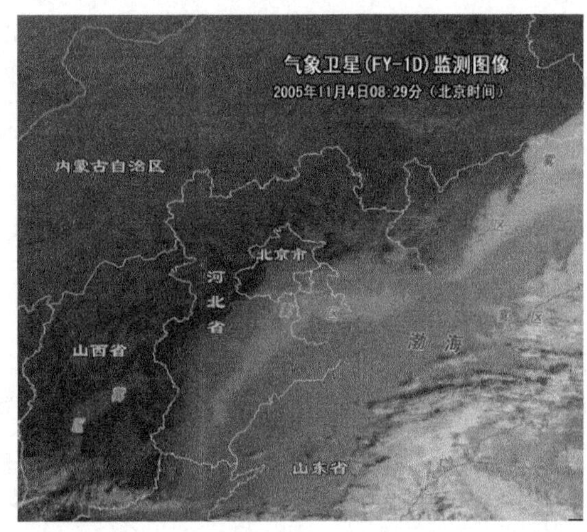

图 4.14　2005 年 11 月 4 日 08:29(北京时间)FY-1D 气象卫星雾监测图像

4.5.1　雾过程气象条件分析

从 500 hPa 高空环流形势(图略)上看，自 10 月 31 日开始，我国东部地区一直处于弱脊及浅槽的控制下，冷空气活动不明显，直到 11 月 5 日 20 时夜间高空低槽东移，整个中东部地区转入西北气流控制，雾才依次宣告结束。850 hPa 图上(图略)从 10 月 31 日开始到 11 月 2 日我国中东部一直处于 152(dagpm)线高压的外围，而且始终处于暖区控制下，华北地区又有高空槽存在，这样西南暖湿气流不断地向我国东部地区输送，使得大气低层水汽含量不断增多。到 3 日 08 时暖脊东移入海，一个范围较大的冷温度槽逐渐控制我国东部地区，同时一个比较强的高空槽系统连续 3 天控制在上述地区，丰沛的水汽继续输送，加上前期的水汽积累，空气湿度很大，温度稍有降低，就造成了水汽凝结，形成雾。

自 10 月 31 日开始，地面图上我国东部地区始终处于低压区、弱高压、鞍形场等气压场控制。11 月 3 日 02 时，在新疆北部有冷锋生成，到 11 月 5 日 20 时冷锋携带着新疆地区较强冷空气自西向东扫过我国东部地区，并伴随有 5 级左右的西北风，持续了 3 天左右的雾天气终于结束。

11 月 3—5 日，地面温度总体变化比较平稳，说明无明显的冷空气入侵。5 日 20 时，新疆冷空气东移，依次影响我国东部地区，大部分地区气温开始下降，5 日夜间气温持续下降，到 6 日 20 时北京、天津、石家庄、沈阳几个城市的气温比前一天 20 时下降了 5～11℃。

雾过程中，风速很小。由几个主要城市(北京、天津、石家庄、沈阳)地面观测资料分析，3日20时到5日08时雾较大的时段内，上述几个测站的四次定时观测(02时、08时、14时、20时)平均风速均不足2 m/s，最大风速也没有超过2 m/s。利用每日四次的NCEP再分析格点资料，对11月3日20时到5日08时1000 hPa的风场进行合成(图4.15)，发现我国中东部地区的风速很小，风速大多不足2 m/s，近地面层风速小，大气层结稳定，空气中的凝结核不宜扩散，从而加重了雾。

自10月31日开始我国中东部地区一直处于东面海上高湿度中心外围。同理，对11月3日20时到5日08时1000 hPa的相对湿度进行合成分析发现(图4.16)，3—5日，我国东部大部地区湿度维持在50%～90%，有些地区甚至达到了90%以上。925 hPa的相对湿度也在40%以上(图略)。这样高湿的大气环境，有利于雾天气的持续。

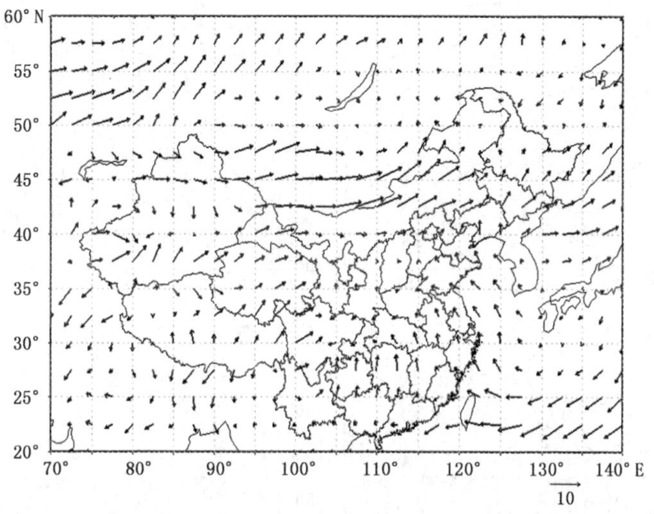

图4.15 2005年11月3—5日1000 hPa风场合成图(单位:m/s)

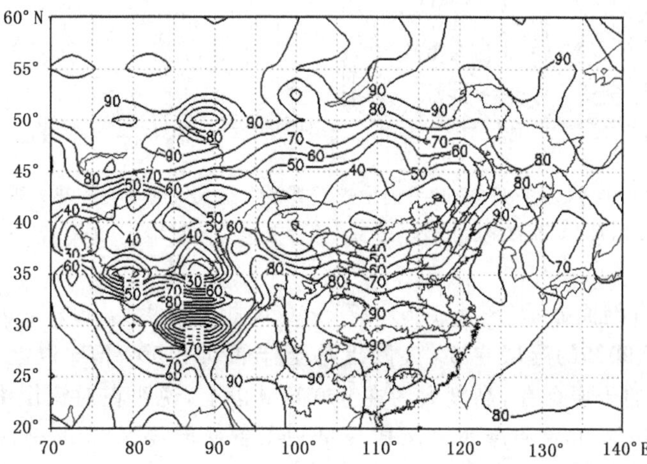

图4.16 2005年11月3日20时—5日08时1000 hPa相对湿度合成图(单位:%)

4.5.2　大气动力、热力的垂直特征

选取 2005 年 11 月 4 日 08 时雾发生较强时段，分析雾上空的大气动力和热力特征随高度的分布。沿 116.5°E(基本从河北省中部穿过)作垂直剖面图(图 4.17)，从温度剖面看到，32°～42°N 的温度层结在地面附近及 850 hPa 以下低层有逆温出现，河北北部没有逆温层出现，而中南部有逆温层，说明近地面大气层结较稳定，实况表明雾天气也主要出现在河北省中南部地区(图 4.17a)。

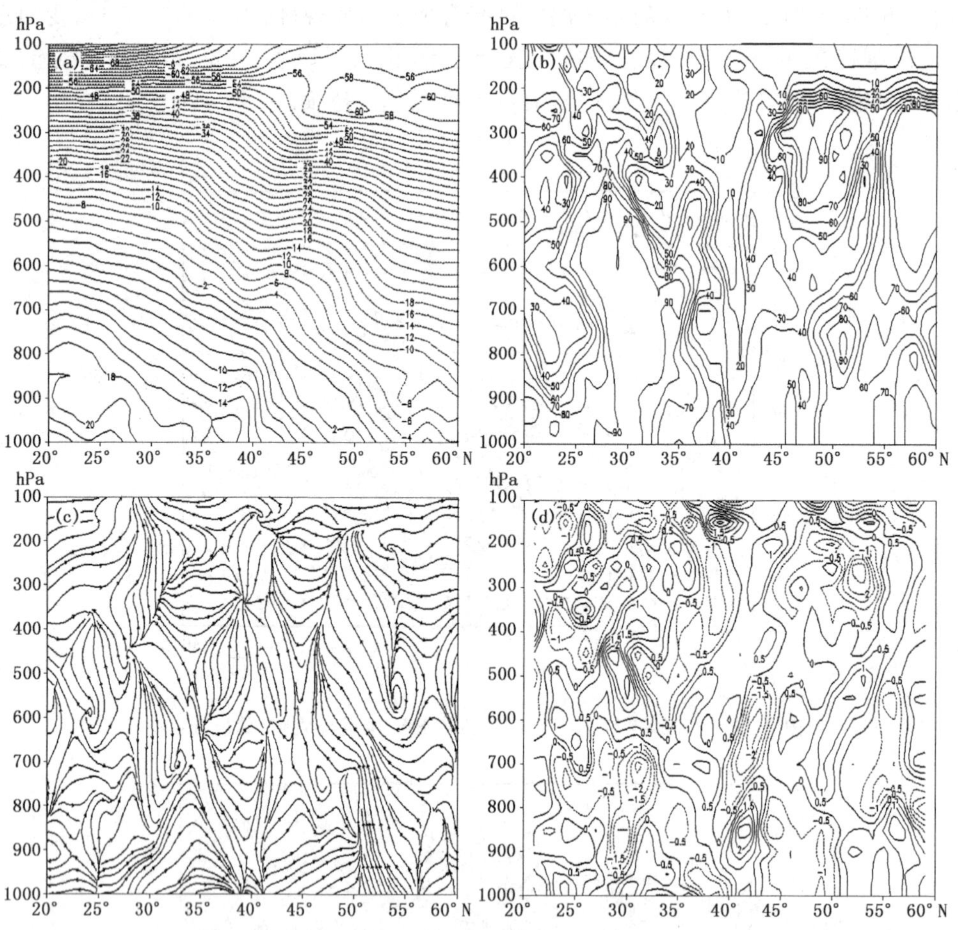

图 4.17　2005 年 11 月 4 日 08 时我国中东部雾区上空大气的动力和热力垂直结构特征

(a. 温度(℃)；b. 相对湿度(%)；c. 垂直环流(v 与 $w\times25$ 合成)；d. 散度($10^{-5}\,s^{-1}$))

相对湿度的垂直剖面显示(图 4.17b)，27°～40°N 相对湿度为 50%～90%，而且湿层非常深厚，相对湿度大于 90%的湿层在 30°N 附近甚至伸展到了 500 hPa 以上。而在雾区上空有相对湿度低于 50%的干层存在，高度大约在 600 hPa 以上，说明在对流层中低层有下沉气流。垂直环流(何立富 等，2006)(速度的 v 风速分量与垂直速度 $w\times25$ 的合成)的空间剖面显示(图 4.17c)，28°～38°N 的雾区上空存在一支接近垂直的下沉气流区，高度为 1000～750 hPa，下沉气流有利于稳定性层结的建立和维持。散度的垂直分布显示(图 4.17d)，在 800 hPa 以

下高度，28°～40°N 雾区上空大气呈辐合、辐散相间分布，散度最大值为 $2.5\times10^{-5}s^{-1}$，表明大气边界层存在一定的湍流扩散效应，从而有利于雾向上发展；在 800～650 hPa 高度，雾区上空有明显的辐合分布，表明对流层中低层存在下沉气流，下沉气流的高度在小于 35°N 的低纬度地区更高，从而有利于低空逆温层结的建立，与此对应整个雾区也主要分布在河北省南部及以南地区。

4.5.3 小结

（1）雾发生过程中高空、地面的大气环流形势场均具有较弱的特征，地面一般维持较长时间段的低风速、高湿度以及较平稳的气温波动，无明显冷空气活动，大气层结稳定。冷锋带来的偏北大风是雾消散的动力因子。

（2）中低空存在的下沉气流有助于低层逆温层结的建立和维持；近地层逆温的出现有利于弱风条件的维持和水汽的积聚。

第5章 高 温

高温是廊坊市常见的灾害性天气之一。它的出现对工农业生产、供水、电力、交通等各行业及人民群众的日常生活均有明显的影响，极端高温甚至可造成人、畜中暑死亡。近年来，全球变暖导致极端气温事件频繁发生，使气温预报，尤其是高温预报越来越受到全社会的普遍关注，因而准确的高温预报对防御高温灾害具有非常重要的意义。

5.1 高温的统计特征

5.1.1 高温的定义

高温是指日最高气温≥35℃的天气，连续5天以上的高温过程称为持续高温或“热浪”天气；高温天气日数指日最高气温≥35℃出现的日数。

5.1.2 高温的气候特征

5.1.2.1 高温的空间分布特征

数据统计结果表明(表5.1)，1964—2015年的52年，廊坊市≥37℃、≥38℃的高温日数均以文安出现最多，分别达到212天、109天，年平均日数分别为4.08天、2.10天；其次为大城，分别达到206天、107天，年平均日数分别为3.96天、2.06天；大厂最少，分别为90天、39天，年平均日数分别为1.73天、0.75天；≥40℃的高温日数以文安、大城为最多，均为13天，年平均日数为0.25天，大厂最少，仅有5天，年平均日数仅为0.10天。

此外，还可以看到，三种标准的高温日数变化趋势基本一致：自北向南递增，高温级别越低，递增日数越多，这与廊坊市南北狭长地形造成的地理纬度差异以及观测站点的城市化程度有一定关系。

表5.1 廊坊市各站多年平均高温日数(单位:天)

站点名称	$T\geqslant37$℃	$T\geqslant38$℃	$T\geqslant40$℃
三河	1.83	0.94	0.13
大厂	1.73	0.75	0.10
香河	2.06	0.85	0.12
廊坊	2.62	1.21	0.11
固安	2.04	0.94	0.13
永清	2.75	1.08	0.13
霸州	3.19	1.52	0.19
文安	4.08	2.10	0.25
大城	3.96	2.06	0.25

5.1.2.2　高温的时间分布特征

(1)高温的年代际变化

统计结果表明(表 5.2),对于≥37℃的高温天气,20 世纪 60—70 年代为高发时段,80 年代有所减少,90 年代再次呈现上升趋势,进入 21 世纪初期再次进入高发时段,各站高温日数均在 30 天以上,文安和大城更是达到了 53 天;对于≥38℃和≥40℃的高温天气也有着相似的规律;而 T_3(连续 3 天及以上日最高气温≥35℃)≥35℃的高温天气通过分析各年代平均发现,除 20 世纪 60 年代和 21 世纪前十年平均值≥1.5 天以外,其他年代均维持在 1.1 天以下。

从图 5.1 可以看出,对于≥37℃的高温天气:相比 1964—2015 年廊坊市多年平均值(2.7 天)偏多的年份有 16 个,分别为 1965 年、1968 年、1972 年、1981 年、1983 年、1988 年、1992 年、1997 年、1999 年、2000—2002 年、2005 年、2009 年、2010 年、2014 年,其余年份均属于偏少年份。对于≥38℃的高温天气:相比其多年平均值(1.3 天)偏多的年份也有 16 个,分别为 1964—1965 年、1968 年、1972 年、1975 年、1981 年、1983 年、1997—1999 年、2000—2002 年、2005 年、2009—2010 年,其余年份均属于偏少年份。对于≥40℃的高温天气:相比其多年平均值(0.2 天)偏多的年份有 9 个,分别为 1964 年、1968 年、1972 年、1999—2000 年、2002 年、2005 年、2010 年、2014 年,其余年份均属于偏少年份。对于连续 3 天≥35℃的高温天气:相比其多年平均值(1.1 天)偏多的年份有 19 个,分别为 1964—1965 年、1968 年、1972 年、1974 年、1981 年、1983 年、1992 年、1997 年、1999—2002 年、2005 年、2009—2010 年、2012 年、2014—2015 年。廊坊市四种标准的高温天气在 20 世纪 60 年代和 21 世纪前十年均为高发时段。值得注意的是,20 世纪 70 年代以及 21 世纪前十五年廊坊市出现≥40℃的高温天气频率多于其他年代。

表 5.2　廊坊市各站逐年代高温日数(单位:天)

年代	高温类型	三河	大厂	香河	廊坊	固安	永清	霸州	文安	大城	平均	年代平均
60 年代(1964—1969)	$T≥37℃$	11	12	13	18	19	18	28	39	43	22.3	3.7
	$T≥38℃$	4	3	4	7	6	8	12	20	22	9.6	1.6
	$T≥40℃$	0	0	0	0	1	0	1	2	3	0.8	0.1
	$T_3≥35℃$	4	5	5	8	9	9	11	13	15	8.8	1.5
70 年代(1970—1979)	$T≥37℃$	16	16	20	27	21	26	30	29	28	23.7	2.4
	$T≥38℃$	11	9	10	12	9	9	17	17	15	12.1	1.2
	$T≥40℃$	1	0	1	2	3	2	4	3	3	2.1	0.2
	$T_3≥35℃$	4	6	7	9	8	8	10	9	14	8.3	0.8
80 年代(1980—1989)	$T≥37℃$	10	10	10	16	12	14	17	34	22	16.1	1.6
	$T≥38℃$	2	2	1	9	3	4	6	14	11	5.8	0.6
	$T≥40℃$	0	0	0	0	0	0	0	1	0	0.1	0.0
	$T_3≥35℃$	5	3	2	9	6	7	11	16	12	7.9	0.8
90 年代(1990—1999)	$T≥37℃$	18	14	20	22	12	30	31	45	44	26.2	2.6
	$T≥38℃$	8	5	7	8	3	12	17	23	23	11.8	1.2
	$T≥40℃$	1	1	1	0	0	1	1	1	1	0.8	0.1
	$T_3≥35℃$	5	7	7	8	8	11	12	15	15	9.8	1.0

续表

年代	高温类型	三河	大厂	香河	廊坊	固安	永清	霸州	文安	大城	平均	年代平均
21 世纪(2000—2009)	$T\geqslant37℃$	30	31	31	42	34	43	46	53	53	40.3	4.0
	$T\geqslant38℃$	19	15	17	12	21	19	12	29	25	18.8	1.9
	$T\geqslant40℃$	3	2	2	2	1	3	3	5	4	2.8	0.3
	$T_3\geqslant35℃$	12	13	14	14	12	14	21	17	20	15.2	1.5
21 世纪(2010—2015)	$T\geqslant37℃$	10	7	13	11	8	12	14	12	16	11.4	1.9
	$T\geqslant38℃$	5	5	5	6	7	4	5	6	11	6.0	1.0
	$T\geqslant40℃$	2	2	2	2	2	1	1	1	2	1.7	0.3
	$T_3\geqslant35℃$	5	3	8	7	8	8	6	7	9	6.8	1.1

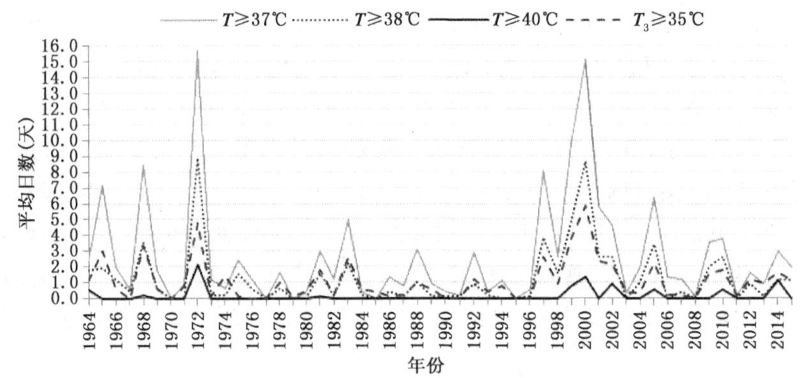

图 5.1　1964—2015 年廊坊市四种高温天气标准的逐年平均日数分布

(2)高温的月变化

数据统计结果表明(图 5.2),廊坊市高温天气主要出现在 5—8 月,四种标准的高温天气均以 7 月为最多,全市平均日数分别为 1.27 天、0.63 天、0.08 天、0.50 天;占比分别为 47.0%、49.3%、52.7%、45.6%;其次是 6 月,全市平均日数分别为 1.2 天、0.6 天、0.1 天、0.5 天,占比分别为 46.1%、45.1%、33.8%、45.0%;第三是 5 月,全市平均日数分别为 0.2 天、0.1 天、0.0 天、0.1 天;8 月廊坊市未出现≥40℃高温天气,其余三种标准高温天气平均日数均在 0.03 天以下。

(3)各站高温极值分布

数据分析结果表明(表 5.3),≥37℃的高温日数最多年,达 21 天,出现在大城(1968 年);≥38℃的高温日数最多年,达 13 天,出现在霸州(1972 年);≥40℃的高温日数最多年,达 4 天,出现在霸州(1972 年);连续 3 天≥35℃的高温日数,除大城高温日数极值出现在 1968 年(7 天)以外,其余 8 个站均在 2000 年出现了高温日数极值,其中,霸州 7 天,廊坊最少(5 天),其余各站 6 天。连续高温日数极值(表 5.4):最长首日发生在 1999 年 6 月 24 日(霸州和大城),持续时间长达 11 天;其次是 1997 年 7 月 20 日和 1999 年 6 月 24 日(文安),持续时间为 10 天;其余站点均小于 10 天。表 5.5 列出了 1964—2015 年廊坊市各站最高气温极值及出现日期。

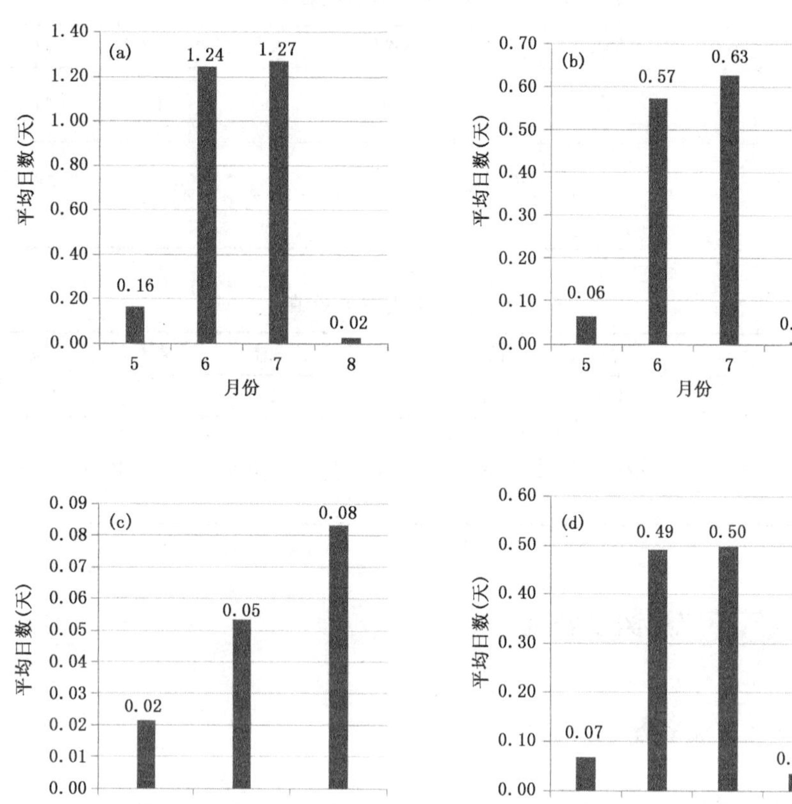

图 5.2　1964—2015 年廊坊市四种高温天气标准平均日数月分布
（a. $T \geqslant 37$℃；b. $T \geqslant 38$℃；c. $T \geqslant 40$℃；d. $T_3 \geqslant 35$℃）

表 5.3　各站四种高温天气标准年最多出现日数(天)和出现年份

高温类型		三河	大厂	香河	廊坊	固安	永清	霸州	文安	大城
$T \geqslant 37$℃	日数	15	17	16	17	14	15	19	19	21
	年份	2000	2000	1972、2000	1972、2000	1972	1972、2000	1972	1972	1968
$T \geqslant 38$℃	日数	10	9	9	10	9	8	13	11	10
	年份	2000	2000	1972	2000	2000	2000	1972	1972、2000	1968、1997、1997
$T \geqslant 40$℃	日数	2	1	1	2	3	2	4	3	3
	年份	2000	1999、2000 2002、2010 2014	1972、1999 2000、2002 2010、2014	1972	1972	1972、2000	1972	1972	1972
$T_3 \geqslant 35$℃	日数	6	6	6	5	6	6	7	6	7
	年份	2000	2000	2000	1972、2000	2000	2000	2000	1968、1983、2000	1968

表 5.4　各站 $T_3 \geq 35$℃年持续日数极值

站名	三河	大厂	香河	廊坊	固安	永清	霸州	文安	大城
最多持续日数(天)	8	9	8	8	8	9	11	10	11
出现首日	1999－06－24 1999－07－23	1972－07－10	1997－07－08 1999－06－25 1999－07－23	1997－07－08 1999－07－23	1997－07－08	1999－06－24	1999－06－24	1997－07－20 1999－06－24	1999－06－24

表 5.5　各站最高气温极值

站名	三河	大厂	香河	廊坊	固安	永清	霸州	文安	大城
极值(℃)	41.2	40.6	41.4	40.3	40.4	40.9	41.3	41.9	41.6
日期	1997－07－24	2002－07－14	2014－05－29	2000－07－01 2010－07－05 2014－05－29	2014－05－29	2000－07－01	1972－06－10	2000－07－01	2014－05－29

5.2　高温的大气环流形势及特征

5.2.1　高温的大气环流形势

5.2.1.1　高空环流形势

(1)大陆高压脊或副热带高压脊形势

统计 1999—2015 年廊坊市 90 例高温天气发现，廊坊上空为高压脊控制时出现高温天气最为常见(图 5.3)，有 62 例。根据高压脊位置的不同(若大陆高压脊与副热带高压脊相通，则以副高外围线的位置来确定本市是受大陆高压脊控制还是副热带高压脊控制)，廊坊市表现为处于高压脊前或高压脊内，其中受脊前西北气流控制为最多，占比达 62.2%，脊中占比达 6.7%。当廊坊市受副热带高压脊控制时，地面湿度往往较大。

(2)河套槽前西南或偏西气流形势

此种环流类型(图 5.4)有 22 例，其中廊坊上空处于高空槽前西南气流控制的比例达 16.7%、平直西风环流控制比例达 7.8%。这两类环流形势下，廊坊市常容易出现降水天气，高温天气出现在雨后，由于天气快速转晴，水汽蒸发而出现高温天气，是容易漏报高温的类型。

(3)高空低涡控制

此种类型(图 5.5)有 6 例，占比达 6.7%，这种类型与高压脊前西北气流形势的区别是，从蒙古东部至东北及华北地区为低压环流区，廊坊市先受高空低涡控制，随后低涡东移逐渐转受涡后偏北气流控制，当低涡后部风速较小时可产生高温天气，但这种形势多由于低槽移过，低涡后部高空风速较大不易产生高温天气，因此也是容易漏报的类型。

5.2.1.2　地面环流形势

(1)均压或鞍形场控制

此种类型(图 5.6)出现 50 例，占廊坊市高温天气地面环流形势的 55.6%。这种地面环流形势下，无明显冷空气活动，气压场均匀，在日照条件充足的季节，则易产生高温天气，若气压场稳定少动，也可以连续几天出现高温天气，这种形势下的高温天气容易识别和预报。

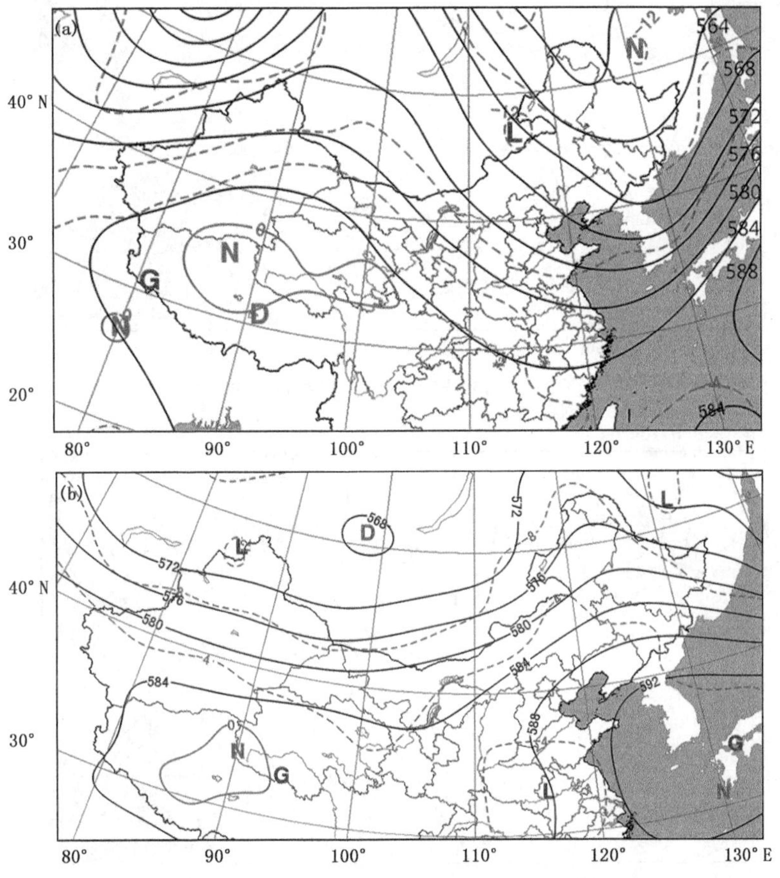

图 5.3 500 hPa 大陆高压(a)和副热带高压(b)脊形势

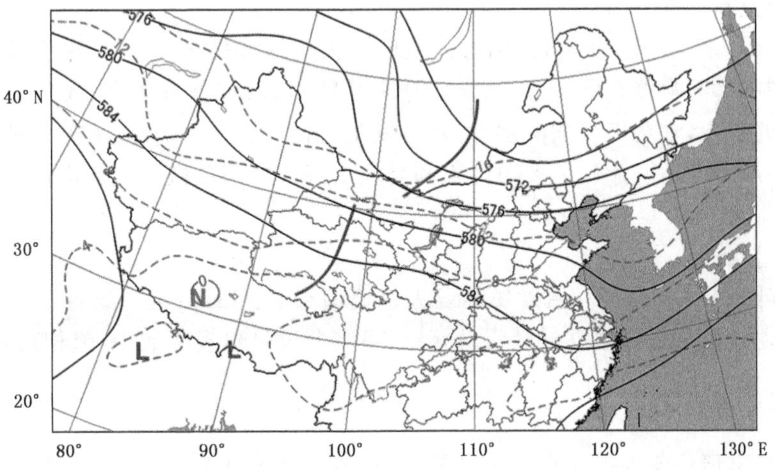

图 5.4 500 hPa 河套槽前西南或偏西气流控制形势

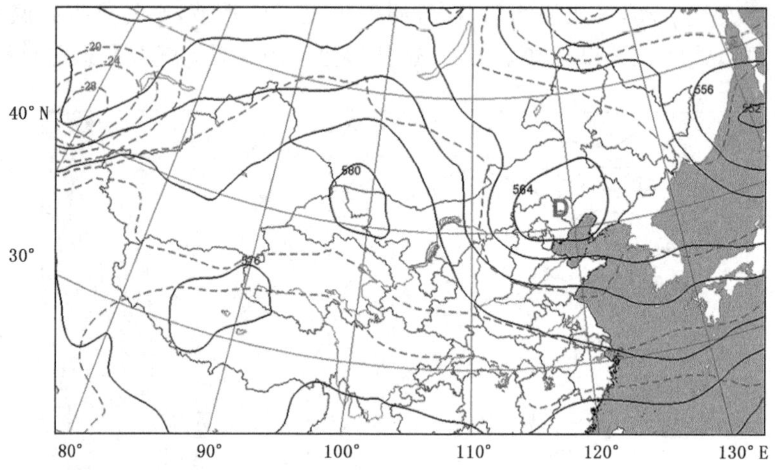

图 5.5　500 hPa 高空低涡控制形势

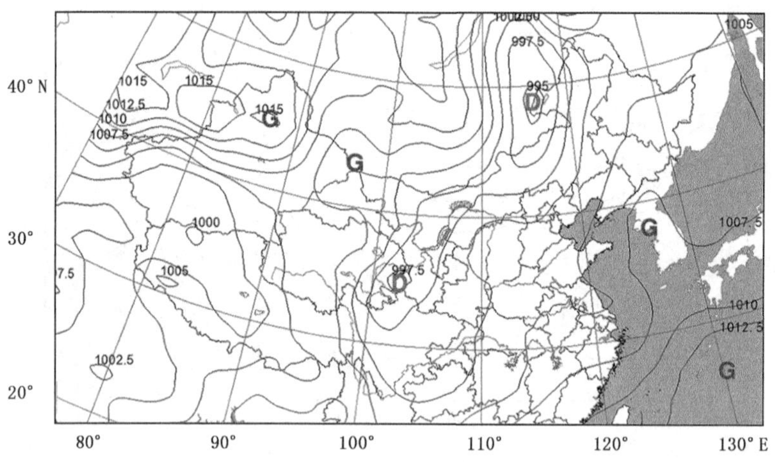

图 5.6　鞍型场控制形势

(2)低压带控制

此种类型(图 5.7)出现 29 例,占廊坊高温地面天气形势的 32.2%。这种形势下,廊坊市处于低压带控制中,通常伴有弱冷锋面,位于呼和浩特附近,或临近北京,或位于河套西部,由于有弱冷空气的影响,常会出现弱降水,降水可发生在高温前一日或出现在高温日的下午,因此,这种形势下产生的高温天气需要对降水和高温出现的时间段做出比较准确的判断,才可能防止高温漏报。

(3)高压场控制

此种类型(图 5.8)有 11 例,占廊坊高温天气地面形势的 12.2%。这种形势下,廊坊市处于高气压场中,强度不强,通常移动缓慢较稳定,虽高温天气出现次数少,但相对容易预报。

5.2.2　高空温度场特征

为了能给高温预报业务提供有力参考依据,本节在上述分型的基础上,进一步统计分析高空的温度场配置特征(表 5.6)。可以看出,当廊坊上空 500 hPa、700 hPa、850 hPa 三层均为暖

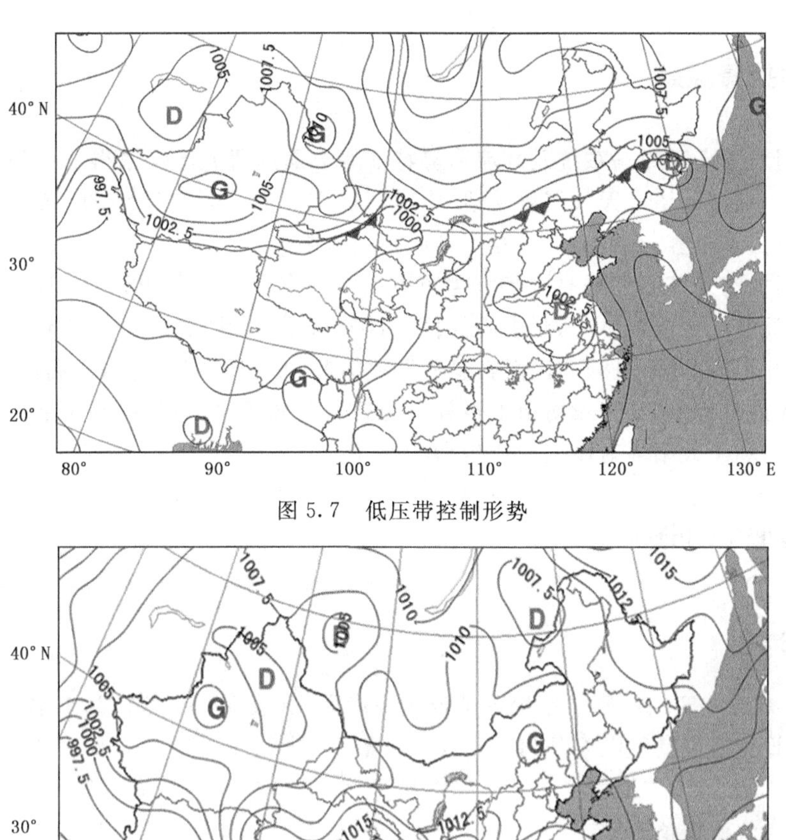

图 5.7 低压带控制形势

图 5.8 高压场控制形势

高压脊控制时，高温发生的比例为最高，虽然高空受冷槽控制有冷空气影响时，也有出现高温天气的个例，但出现次数较少，高温通常出现在冷空气影响来临前或冷空气影响过后。

表 5.6 三层温度场的配置特征

500 hPa—700 hPa—850 hPa 类型	日数(天)	占比(%)
暖脊—暖脊—暖脊	42	46.7
暖脊—冷槽(中心)—暖脊	15	16.7
暖脊—冷槽(中心)—冷槽(中心)	11	12.2
暖脊—暖脊—冷槽(中心)	10	11.1
冷槽(中心)—暖脊—暖脊	7	7.8
冷槽(中心)—冷槽(中心)—暖脊	2	2.2
冷槽(中心)—冷槽(中心)—冷槽(中心)	2	2.2
冷槽(中心)—暖脊—冷槽(中心)	1	1.1

5.3 高温预报着眼点

目前,我国对于高温影响系统及环流形势特征等方面的研究已经取得了一些成果,参考郭立平等在2004年版《廊坊市天气气候手册》中对廊坊市高温的影响系统和环流形势的研究分析,结合本章第二节内容,归纳出以下几点高温预报着眼点。

(1)暖气团控制及其强度是高温预报需重点关注的点。一般在30°~45°N,新疆—渤海湾存在较清楚的暖温度脊或暖中心,暖中心的值≥20℃或更高;北京站850 hPa温度≥15℃,特别当北京站850 hPa温度≥18℃时(占高温总日数的84.6%)可以考虑预报高温天气。

(2)天气环流形势方面,当廊坊市上空处于暖高压脊或西北、西北偏西气流控制时,天空晴朗、日照条件好,利于太阳辐射增温而产生高温天气。

5.4 高温典型个例分析

5.4.1 实况分析

2014年5月28—30日,廊坊市出现了连续高温天气(表5.7),其中28日各站最高气温均超过36℃;29日全市最高气温均超过40℃,大城最高,达到41.6℃;30日永清及以南地区仍维持37℃以上高温天气。通过对比历史资料发现,29日最高气温各站均超过当地5月有气象记录以来日最高气温极值。

表5.7 2014年5月28—30日廊坊各站最高气温(单位:℃)

观测站	三河	大厂	香河	固安	廊坊	永清	霸州	文安	大城
5月28日	37.1	36.0	37.4	36.6	37.6	37.2	37.2	37.0	37.7
5月29日	40.5	40.0	41.4	40.4	40.3	40.2	41.1	41.1	41.6
5月30日	33.7	33.6	33.8	36.6	33.9	37.1	37.2	39.5	40.2

5.4.2 天气形势

5.4.2.1 500 hPa形势

从5月28日20时500 hPa高空环流形势来看(图5.9a),我国新疆至华北地区为一明显的高压脊,东亚大槽位于130°E附近,廊坊市位于高压脊前西北气流控制中,此型属于大陆高压脊控制类型。到29日20时(图5.9b),巴尔喀什湖地区高空槽有所加深,高压脊缓慢东移,径向度减小,南方暖气流北抬,廊坊市逐渐转为受暖高压脊控制,到30日20时(图5.9c),廊坊市仍稳定处于暖高压脊控制下,直到31日以后逐渐东移出廊坊市,高温天气结束。

5.4.2.2 850 hPa形势

从28日20时850 hPa高空环流形势看(图5.10a),30°~45°N,新疆—渤海湾地区存在较清楚的暖温度脊,850 hPa北京站温度超过20℃,廊坊上空基本为西北偏西气流控制,≥24℃区域位于河北省西部及以西地区;到29日,随西南气流加强北上,河北省逐渐转受暖高压脊控

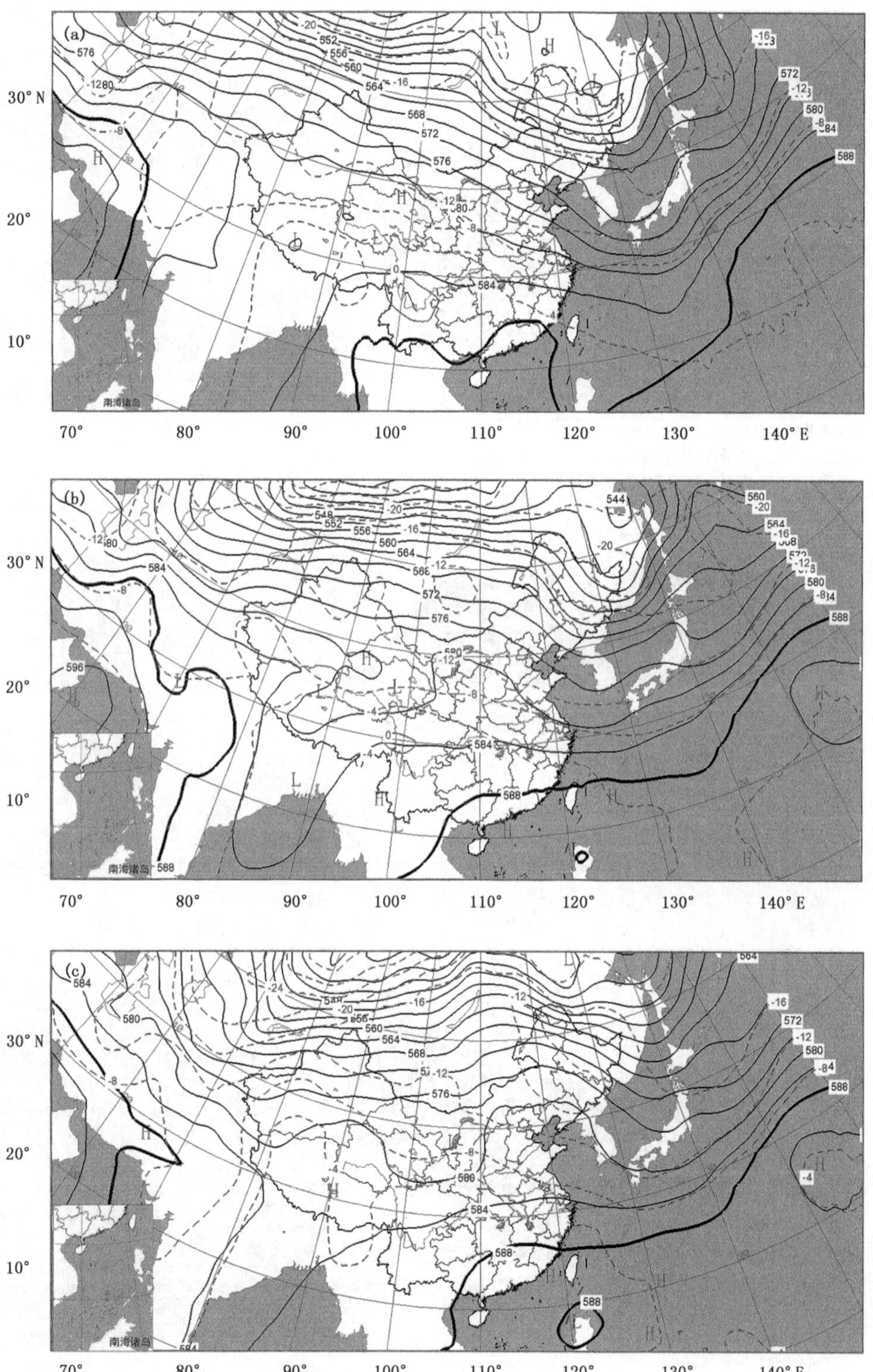

图5.9 2014年5月28日(a)、29日(b)、30日(c)500 hPa 20时高度场

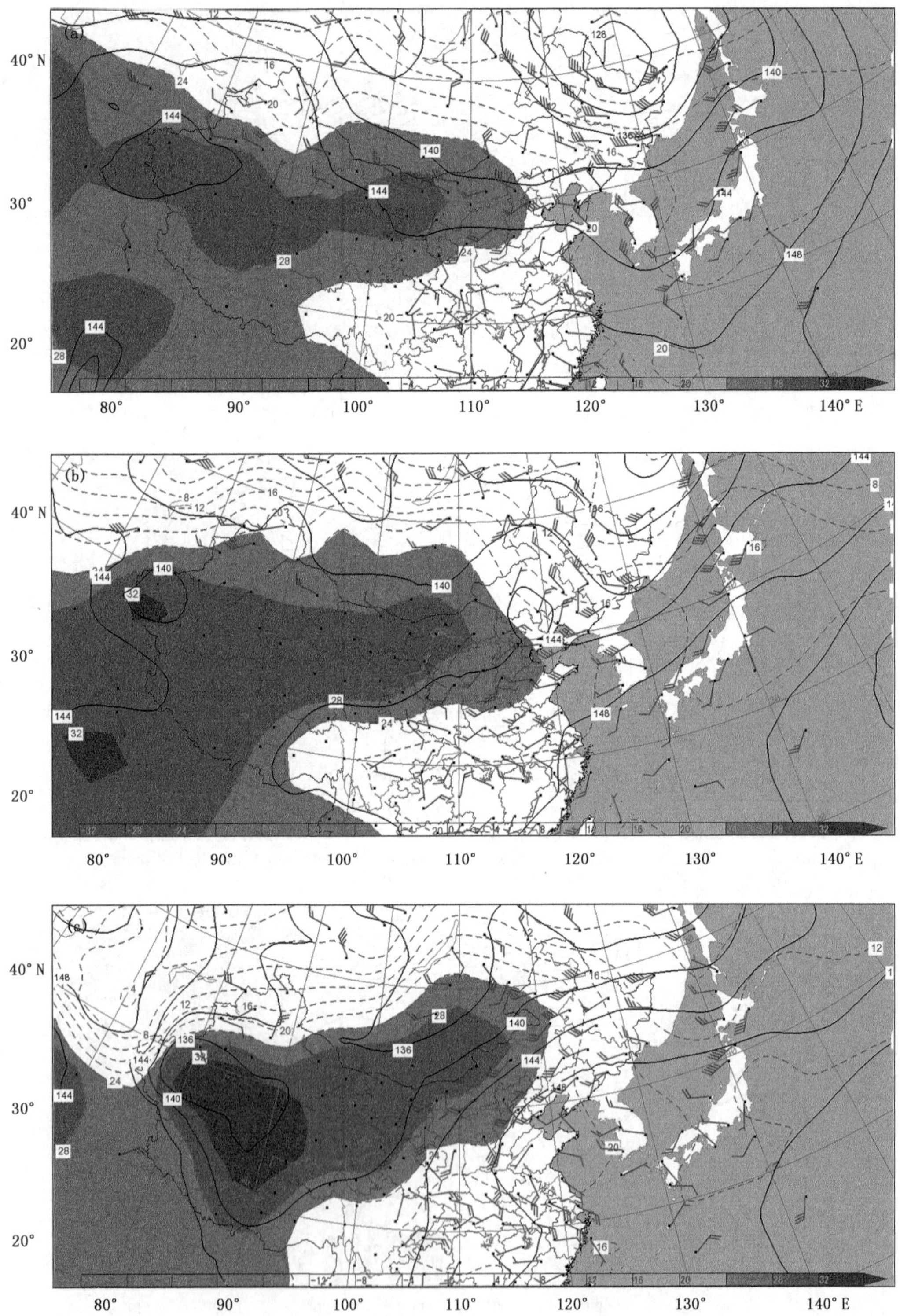

图 5.10　2014 年 5 月 28 日(a)、29 日(b)和 30 日(c)850 hPa 20 时高度场、风场、温度场叠加（黑线为高度场，虚线为温度场，阴影为≥24℃区域）

制(图 5.10b),≥24℃控制区域扩展到廊坊市,在强的暖气团控制下,造成廊坊市全市范围40℃以上高温天气;到 30 日,随副热带高压北上西伸(图 5.10c),海上偏南暖湿气流加强,≥24℃控制区域有所北抬,廊坊市受副热带高压脊后偏南气流的影响,空气湿度增加,高温逐步缓解,在此次高温天气过程中,廊坊市上空 850 hPa 高度始终处于≥20℃的暖区之中。

5.4.2.3 地面形势

此次高温天气过程的地面影响系统主要为暖低压,属于低压带控制类型。从 28 日 17 时地面图上看出(图 5.11a):35°~50°N 为低压带控制,配合有 36℃暖中心,廊坊市位于低压场偏底部;到 29 日 17 时(图 5.11b),低压带分裂,廊坊市处于其中一个小辐合低压中心控制,地面主导风向为偏南风,升温很快,地面 36℃暖温度中心范围扩大到河北省中南部地区;到 30 日 14 时(图 5.11c),36℃暖中心继续维持,随着海上高压西伸北抬,廊坊市逐渐转为入海高压后部控制,廊坊市中北部地区地面转为以东北风为主,空气相对湿度增大,高温趋于减弱。

5.4.3 物理量场分析

5.4.3.1 涡度场

从 28 日 08 时—30 日 08 时涡度的时间剖面图(廊坊附近,115°E,39°N)来看(图 5.12):高温出现时段 400 hPa 以上为正涡度,400 hPa 以下为负涡度,其垂直配置说明在廊坊市附近高空辐合、低空辐散,有明显的下沉运动,有利于下沉增温;到 30 日 20 时,整层都转为负涡度,没有下沉增温的作用,使得高温天气逐渐结束。

5.4.3.2 相对湿度

从 28 日 08 时—30 日 08 时相对湿度的时间剖面图来看(图 5.13),廊坊市从 28 日 08 时到 29 日 20 时,整层相对湿度(RH)<50%,天空少云、日照条件好,太阳辐射有利于地面迅速增温。廊坊市最高气温出现在 29 日 16 时 11 分,此时 700 hPa 以下相对湿度<20%;29 日 20 时以后高空 500 hPa 附近相对湿度明显增加,廊坊市上空开始出现中高云,对太阳辐射有阻挡作用,30 日白天廊坊市中北部最高气温明显下降。

5.4.4 小结

此次高温过程是出现在 5 月的一次连续 3 天的较强高温天气过程,高温持续期间高空为暖高压脊连续控制,稳定少动,随副热带高压的北抬西伸,廊坊转受偏南暖湿气流控制,空气湿度增加,高温减弱;在高温出现期间大气湿层浅薄,700 hPa 以下空气相对湿度低于 40%,天空晴朗、日照条件好,有利于太阳辐射增温产生高温天气;此外,28—30 日廊坊市上空 850 hPa 高度受≥20℃的暖中心控制,有利于地面持续增温;地面热低压的辐合作用对地面增温也有一定的贡献。

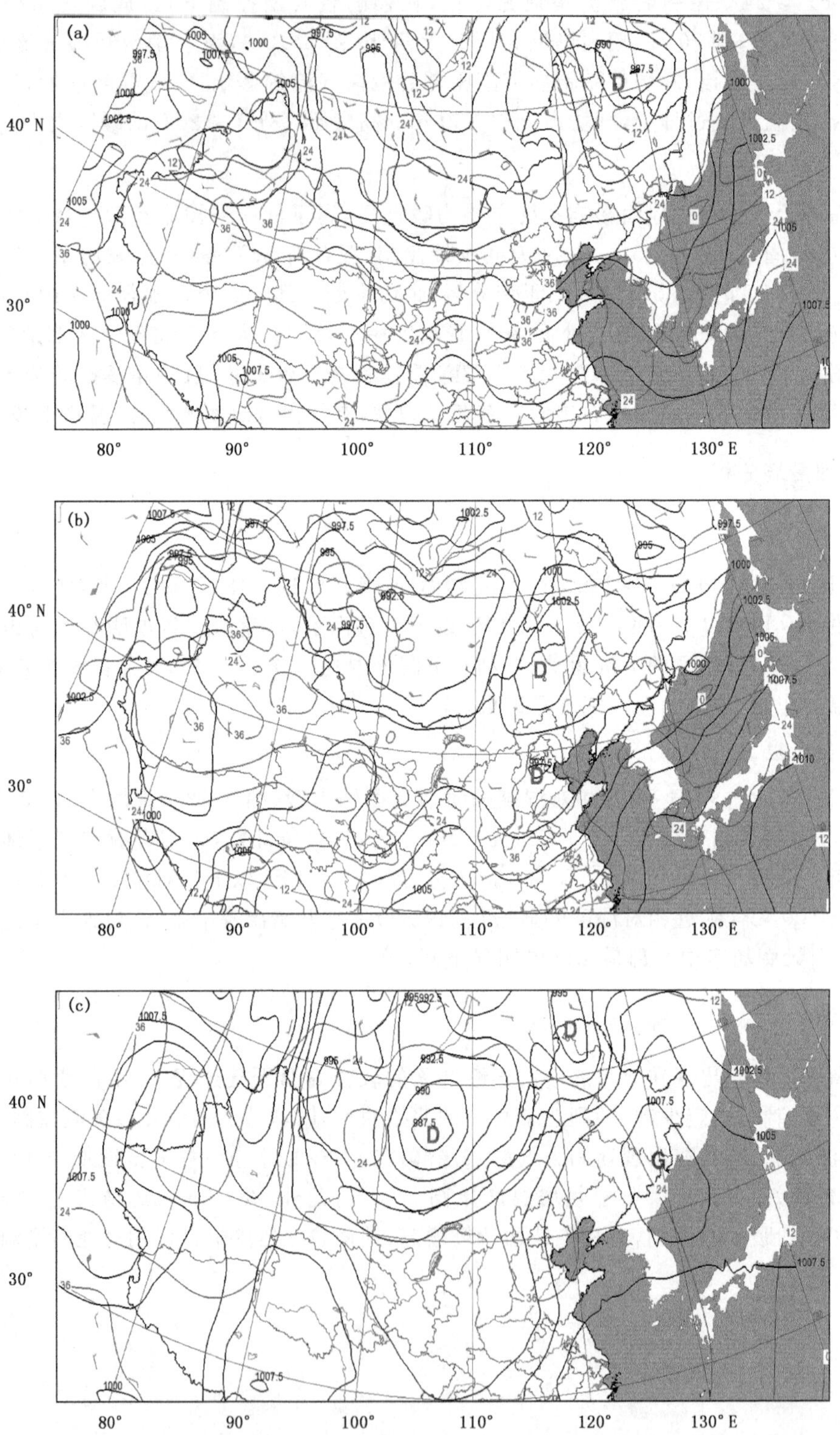

图 5.11 2014 年 5 月 28 日 17 时(a)、29 日 17 时(b)和 30 日 14 时(c)地面图

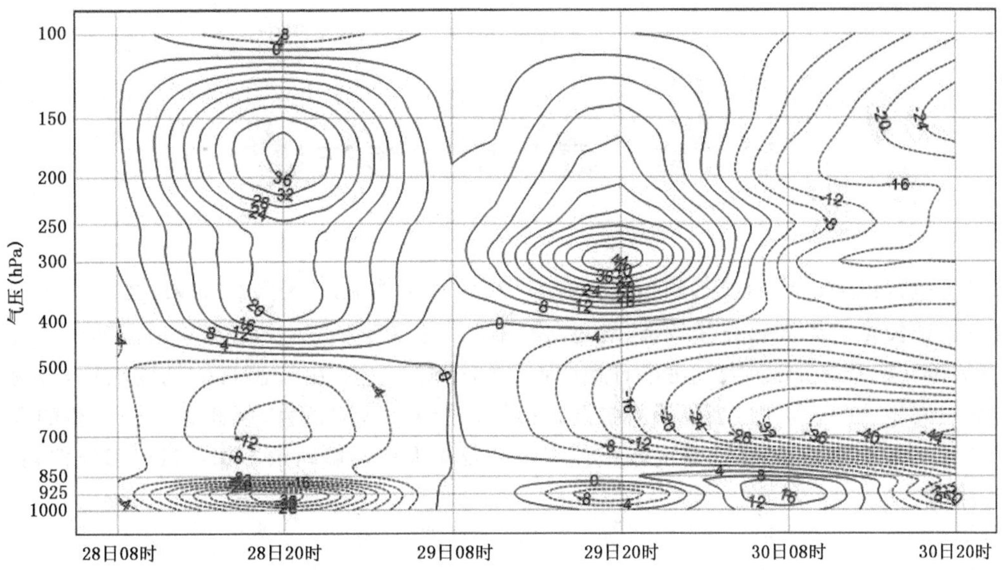

图5.12 2014年5月28日08时—30日20时涡度(115°E,39°N)

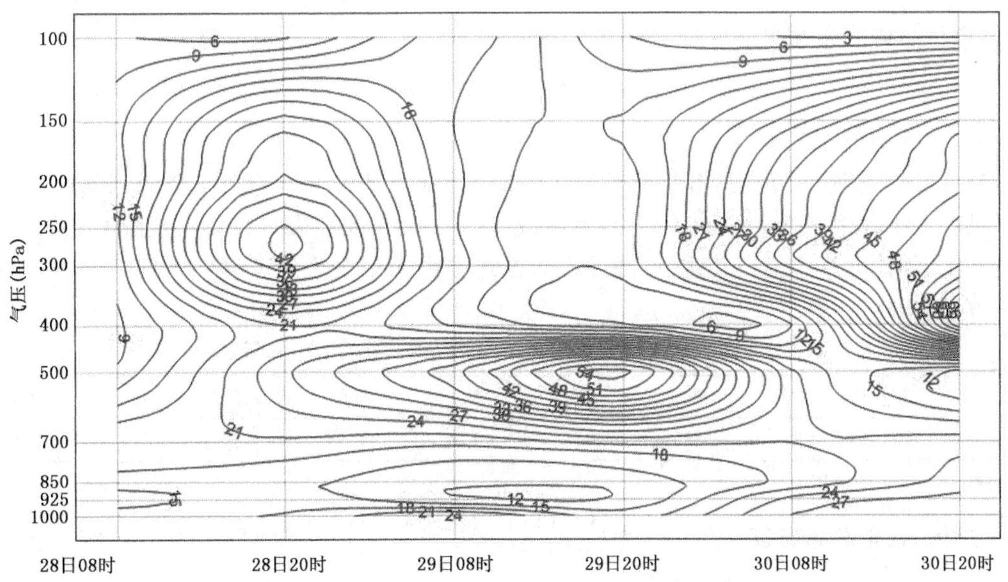

图5.13 2014年5月28日08时—30日20时相对湿度(115°E,39°N)

第6章　霾与空气重污染

霾是大量极细微的干尘粒等均匀浮游在空中，使水平能见度小于10.0 km的空气普遍混浊的现象。霾使远处光亮物体微带黄、红色，使黑暗物体微带蓝色（中国气象局，2003）。近年来，随着城市化进程的加速，大气污染日趋严重，霾日频繁发生，由于霾日能见度较低，容易导致交通事故发生，而且空气污染物不易扩散，可对人体健康造成危害，因此研究分析霾的天气气候特征及其变化规律，对提高霾的预报预测水平及为大气污染防治工作提供可靠依据，具有十分重要的意义。

6.1　霾的统计特征

6.1.1　霾日总体分布情况

按河北省气象局目前霾的观测标准：水平能见度＜10.0 km，相对湿度以65%为界，小于此值记霾，大于则记为轻雾。

1964—2015年廊坊市9县市共出现霾日2920天，平均为6.2天/（站・年）。具体各站分布情况见表6.1，大厂霾日最多（996天），大城最少（147天），大厂霾日数为大城的6.8倍。大厂站自2014年能见度改为自动观测，霾的观测方式也由人工改为业务软件判别，造成站点间霾日总数存在较大差别。

表6.1　1964—2015年廊坊市各观测站霾日统计（单位：天）

台站	三河	大厂	香河	廊坊	固安	永清	霸州	文安	大城
霾日	188	996	235	475	159	253	266	201	147

6.1.2　霾的月、季分布特征

资料统计结果表明，廊坊市霾以冬季出现为最多，约占全年总霾日的45.1%；秋季次之，占比24.8%；春季第三，占比21.0%；夏季最少，占比9.0%。从各月分布看（图6.1），1—8月霾日呈逐步下降的趋势，9月后开始增多。霾日最多月为12月，霾日达543天，平均每年10.4天；其次是1月（440天），平均每年8.5天；11月达375天，平均每年7.2天；2月为335天，平均每年6.4天；9月总日数略多于8月，但平均最少，8月和9月平均每年都在1.3天，其余月为77～276天，平均每年1.5～5.3天。

6.1.3　霾的地理分布特征

统计结果表明，廊坊市霾北部明显多于中南部，其中北部霾日占总日数的48.6%，中部霾

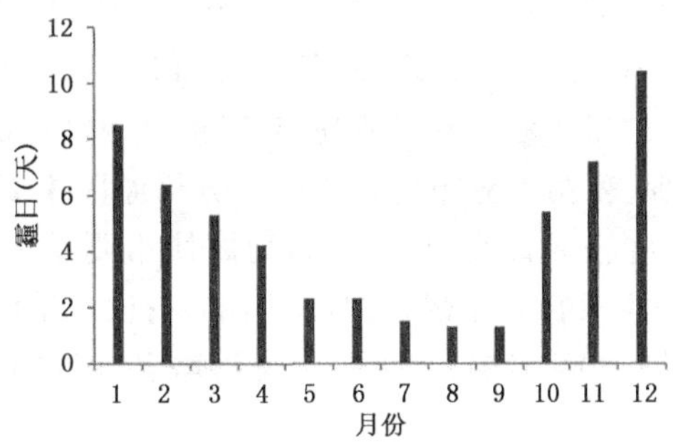

图 6.1　1964—2015 年廊坊市霾平均月分布

日占总日数的 30.4%，南部占 21.0%。1964—2015 年分布看，单站霾日出现最多，占比 70.3%，局部霾占比 20.4%，区域霾占比 8.3%，全市霾仅占 0.9%。可见，廊坊市霾以单站霾为主，具有较强的局地性分布特征。

6.1.4　三种常见标准霾日比较

由于经济规模的迅速扩大和城市化进程的加快，人为排放的大量气溶胶使得区域大气经常呈现出灰蒙蒙的混浊现象。当今的霾已由完全的自然现象转变为大气复合污染的现象，霾已经被广泛用于表征大气污染导致的能见度降低及危害人类健康的大气环境现象，特别是 2013 年以来京津冀鲁等区域出现的严重雾、霾天气更是向政府和公众敲响了警钟(杜荣光 等，2014)。

目前对霾的观测标准存在较多争议，吴兑(2011)在《灰霾天气的形成与演化》中对霾的观测标准进行了深入的探讨。为使大气污染预报服务业务有参考依据，本节以目前常用的几种霾日观测标准对廊坊市区 2013—2015 年霾日作对比分析，以期得到最为科学的统计结果。标准 1 为廊坊市目前气象站日常观测霾所使用的方法，即水平能见度＜10.0 km，相对湿度以 65%为界限，高于此值记为轻雾，小于或等于此值则记为霾；标准 2 根据河北省气象局 2013—2014 年曾试行的标准，水平能见度＜10.0 km，排除降水、沙尘暴、扬沙、浮尘、烟幕、吹雪、雪暴等天气现象造成的视程障碍，相对湿度＜80%，判别为霾，≥80%则根据实际情况判别为轻雾或雾进行统计；标准 3 根据 QX/T113—2010《霾的观测与预报等级》中关于霾的判识条件，即水平能见度＜10.0 km，排除降水、沙尘暴、扬沙、浮尘、烟幕、吹雪、雪暴等天气现象造成的视程障碍，相对湿度＜80%，判别为霾；相对湿度为 80%～95%，且任意时次 $PM_{2.5}$ 浓度＞75 $\mu g/m^3$时，判别为霾。

统计结果表明(图 6.2、图 6.3)，标准 1，2013—2015 年廊坊市区共出现霾日 297 天，分别为 148 天、62 天、87 天。其中 3 月霾日最多(41 天)，5 月霾日最少(14 天)。标准 2，2013—2015 年霾日达 413 天，分别为 128 天、140 天和 145 天。霾日最多月为 7 月和 8 月，均为 44 天，4 月和 5 月较少，分别为 23 天和 21 天。标准 3，霾日 550 天，分别为 197 天、175 天、178 天，1 月霾日最多，达 61 天，其次为 8 月、7 月，分别为 56 天和 54 天，5 月最少，为 24 天。由此可见，与标准 1 霾日相比，标准 2 增加了 116 天，标准 3 增加了 253 天。霾日变化幅度最明显的月份是 7 月和 8 月，标准 2 较标准 1 均增加了 39 天，标准 3 较标准 1 分别增加了 49 天和 51 天。全年只有 3 月变化最小，三种标准依次相差仅 1 天。

从各季节霾日对比图看(图 6.4)，霾日也是依次递增的，尤以夏季增多最明显，由 50 天依次增至 121 天和 158 天；秋季其次，由 79 天依次增至 103 天和 147 天；冬季由 95 天依次增至 106 天和 153 天；春季变化最小，由 73 天依次增至 83 天和 92 天。

从标准 1 看(图 6.2～6.4)：秋、冬季霾日明显多于春、夏季，7—8 月最少，1 月最多；标准 2 与标准 3：夏季最多，春季最少，秋冬季分布比较均衡。分析原因主要是：由于相对湿度的依次提升及 $PM_{2.5}$浓度的加入，一些轻雾日改记成了霾，而廊坊市夏季相对湿度较其他季节大，因此霾日增加最多，换言之春季空气比较干燥，霾日增幅最少；秋冬季由于雾日增多、植被减少及人类生活取暖等原因(吴兑 等，2006，2011)，大气污染物增多，可造成霾日增加。

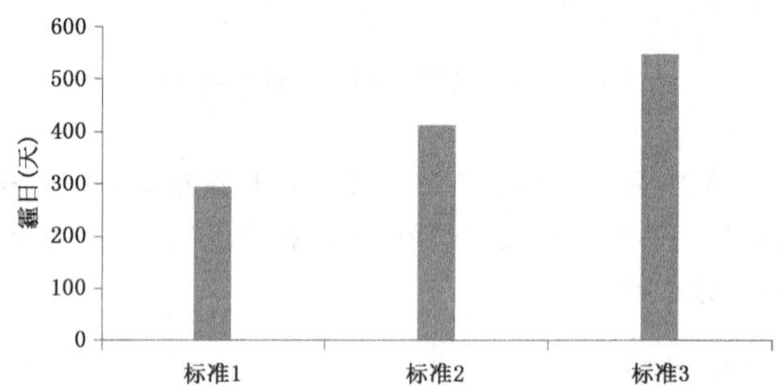

图 6.2　2013—2015 年廊坊市区三种标准霾日分布

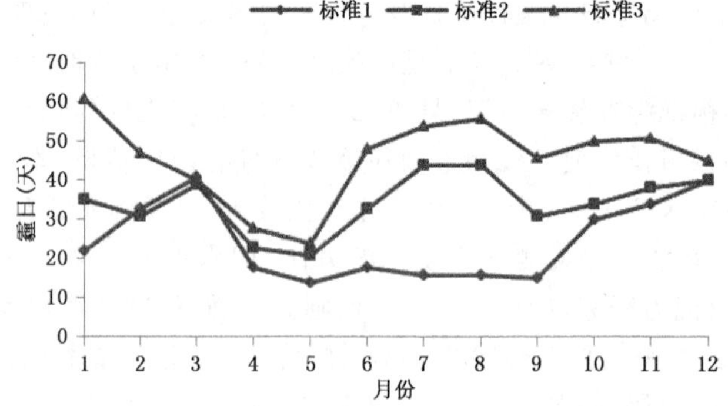

图 6.3　2013—2015 年廊坊市区三种标准霾日月分布

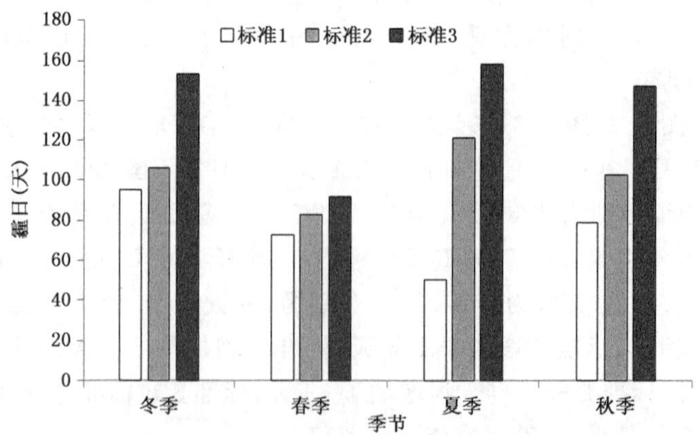

图 6.4　2013—2015 年廊坊市区三种标准霾日季分布

6.2　霾的气象条件

统计分析 2013—2015 年廊坊市霾日的气象要素条件发现(表 6.2),较高的相对湿度、1～2 级风是各级霾形成较明显的气象要素条件(中国气象局,2003),并且有随霾程度的加重相对湿度增加、风速减小的变化趋势。气温分布上,各级霾日平均气温均较低,基本与廊坊市秋、冬季和春季时段的日平均气温接近,一定程度上反映了霾日的季节分布特征。日平均气压的分布与气温的指示意义相似。气温和气压较相对湿度、风速条件对霾日的形成和预报指示意义弱。

表 6.2　廊坊市各级别霾日气象要素分布

	轻微霾	轻度霾	中度霾	重度霾
日平均气温(℃)	14.7	12.2	10.9	6.0
日平均相对湿度(%)	61	73	79	82
日平均风速(m/s)	1.6	1.5	1.43	1.46
日平均气压(hPa)	1013.3	1015.9	1017.2	1019.2

进一步分析各级霾日的相对湿度分布特征(表 6.3),在 4 个相对湿度级别中,轻微霾日相对湿度<70%的日数最多;轻、中度霾日在 70%～79%分布最多,两者区别是,轻度霾日相对湿度<70%次多,中度霾日在 80%～89%次多;重度霾日则是在 80%～89%最多,其次是≥90%,这一分布特征主要是因为当相对湿度超过 90%以后,空气中的水汽含量大,更容易生成雾(刘宁微 等,2011),因而出现重度霾日数反而较 80%～89%少。由此可见,较高的相对湿度条件利于较重级别霾的生成。

表 6.3　廊坊市各级霾日相对湿度分布特征(单位:天)

相对湿度	轻微霾	轻度霾	中度霾	重度霾
≥90%	0	2	6	12
80%～89%	24	23	25	19
70%～79%	67	41	28	7
<70%	249	31	10	6

同样,进一步分析各级霾日的风速分布情况(表 6.4),在全部 550 天霾日中,1 级风最多,有 319 天,2 级风次多,有 220 天,3 级风 11 天,无 4 级及以上的风速出现。各级霾也均在 1 级风条件下出现日数最多,2 级风次多,小风速有利于霾的形成,随着风速增大,大气输送能力增强,大气中污染物易被驱散而不利于霾的形成。一些学者也有相似的研究结论(程丽芳,2012;马敏敬 等,2009;苗爽 等,2014)。

表 6.4　廊坊市各级霾日风力分布情况(单位:天)

	轻微霾	轻度霾	中度霾	重度霾	合计
1 级风	178	58	50	33	319
2 级风	155	37	19	9	220
3 级风	7	2	0	2	11

此外，分析降水条件对霾形成的影响发现，霾日无降水最多，各级霾日无降水的比例达69.6%～81.2%，中度霾最低，轻微霾最高；各级霾日有降水，则降水量在0.1～3.0 mm的比例占各级霾日总数的11.2%～15.9%。各级霾日中>3.0 mm的降水日比例随霾级别的加重依次为6.8%、18.8%、12.4%，7.6%，其中>5.0 mm的降水日，重度霾有3天，中度霾有8天，轻度霾有10天，轻微霾有18天。降水日出现霾的主要原因有：霾出现在降水之前或之后，降水时段内并未达到霾的标准；霾出现在降水过程中，但降水强度较小，小时降水量在1.0 mm以下，降水时间短，对空气重污染的净化作用不明显；廊坊市低层以偏东风或偏南风控制为主，存在区域间污染物的远距离持续输送，使得能见度降低产生霾。

6.3　霾与空气污染的关系

根据《霾的观测和预报等级》(QX/T113—2010)将霾分为轻微、轻度、中度和重度四个级别，对应的能见度分别为：5.0 km$\leqslant V<$10.0 km、3.0 km$\leqslant V<$5.0 km、2.0 km$\leqslant V<$3.0 km、$V<$2.0 km。

利用2013—2015年廊坊市环境监测站空气污染数据，对比分析廊坊市区各级霾日与空气污染的对应关系。结果表明，霾出现时，通常空气质量较差，均有不同程度的污染，轻度及以上污染占霾总日数的92.6%。其中轻度污染日最多，占总日数的30.3%，其次是重度污染，占25.7%，中度污染占22.9%。此外，重度霾日，廊坊市区空气质量为5～6级重污染的比例达61.4%，出现3～4级空气污染的比例达22.7%，2级及以下占6.8%；中度霾日，空气质量为5～6级重污染的比例达52.1%，3～4级空气污染的比例占33.3%，2级及以下占14.5%；轻度霾日，空气质量为5～6级重污染的比例为39.2%，3～4级空气污染的比例为42.4%，2级及以下占18.6%；轻微霾日，空气质量为5～6级重污染的比例为24.4%，3～4级空气污染的比例为53.2%，2级及以下占22.4%。由此可见，随着霾程度的加重，空气重污染的概率会增大。

上述结果表明，各级霾日在较大程度上反映了空气污染的问题，但并不是一一对应的关系。进一步分析出现重度霾而无明显污染的日期，有6天出现了大雾或轻雾，1天出现了小雨，由于空气湿度较大，能见度较差(小于2.0 km)，$PM_{2.5}$浓度略高于75 $\mu g/m^3$，虽然气象观测标准达到了重度霾，但空气污染并不严重。此外，廊坊市环境监测站与气象观测站地点不同，也是霾日与空气污染日存在差异的原因。上述两种原因也存在于其他级别的霾日中。可见，霾的形成既有自然原因也有空气污染的原因。

6.4　霾与空气重污染的气象要素条件对比

上节分析了霾与空气污染的关系、霾日的气象要素条件等，本节对比分析霾与空气重污染的气象要素条件异同点。资料统计结果显示(表6.5)，廊坊市空气重污染日，平均相对湿度为71%，平均风速为1.2 m/s，为高湿、小风的气象条件，这也是廊坊市霾形成的有利条件；空气重污染日平均气温为4.2℃，相当于廊坊市冬季的气温条件，日平均气压为1020.6 hPa，也有冬季日平均气压分布的特点，而廊坊市空气重污染较重的季节也出现在冬季(郭立平 等，2016)。对比上述四个气象要素条件发现，空气重污染的气象条件基本接近重度霾的形成条件，但较重度霾日平均气温略低、气压略高、湿度略小，更偏重于冬季出现的特征。

表 6.5　廊坊市空气重污染日的气象要素特征

站名	日平均气温（℃）	日平均相对湿度（%）	日平均风速（m/s）	日平均气压（hPa）
廊坊	4.2	71	1.2	1020.6

6.5　霾与空气重污染的环流形势及影响系统

霾的形成高度及其影响主要在对流层大气的中低层，本节主要分析霾的中低层大气环流形势特征。研究结果表明，当廊坊市霾天气发生时，700 hPa 高空主要为脊前西北气流（图略）、平直西风环流（图 6.5）和槽前西南气流（图 6.6）控制，比例分别为 43.7%、25.1%、

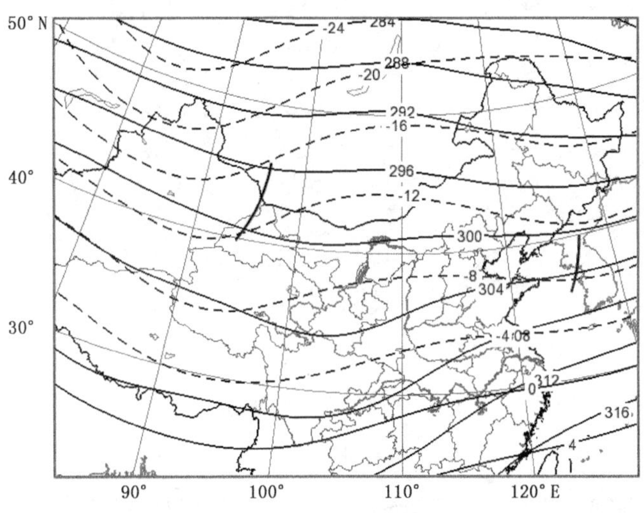

图 6.5　700 hPa 平直西风环流

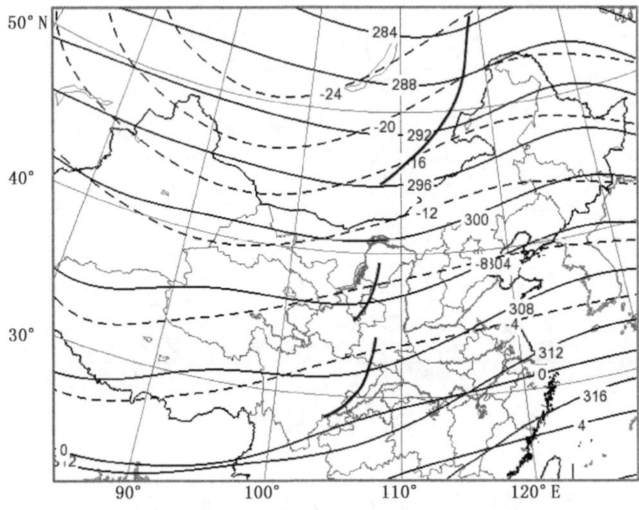

图 6.6　700 hPa 槽前西南气流

20.2%。地面环流形势场中主要是处于高压底部(图 6.7)、高压前部、高压后部、变性高压及回流(图 6.8)控制下,占比依次为 28.4%、17.3%、14.2%、13.7%和 13.7%。霾的高空环流形势相比地面类型少,更集中。此外,霾与雾的高、低空环流形势及影响系统相似,如廊坊市高空为脊前西北气流控制,地面为高压前部、高压后部及变性高压控制,也是辐射雾常见的环流类型;高空为平直西风环流或槽前西南气流控制、地面为高压底部或回流控制,也是平流雾或平流加辐射雾常出现的配置类型;相比雾的环流形势,霾的环流配置类型相对少,水汽条件要求较低。

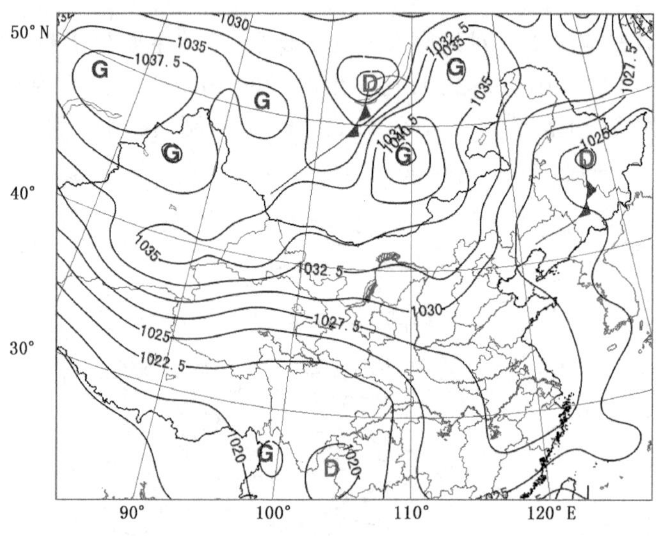

图 6.7 地面高压底部型

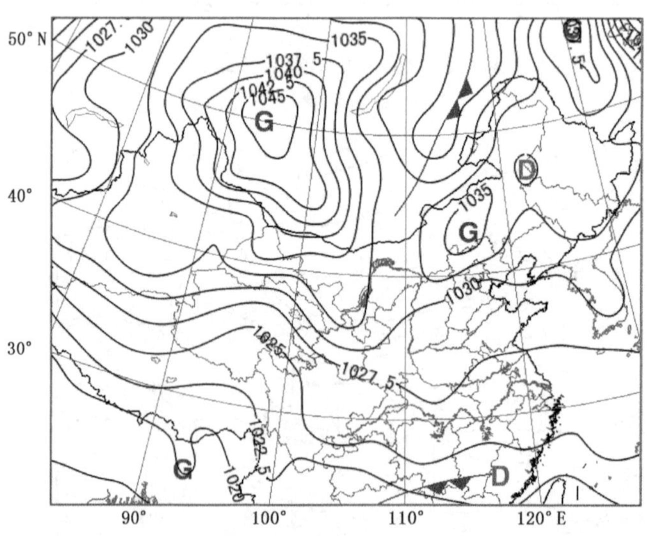

图 6.8 地面回流型

同理,分析廊坊市空气重污染的大气环流形势发现,廊坊市出现空气重污染时,700 hPa 高空主要为平直西风环流、脊前西北气流和槽前西南气流控制,出现比例分别为 54%、25%、

21%；地面主要为高压底部、变性高压、高压前部和回流控制，出现比例分别为 23%、19%、19%、19%。其中回流形势时，廊坊地区及以南通常为低压倒槽控制。与霾的环流形势及控制系统相比，空气重污染时，高空平直西风环流、槽前西南气流比例增加，地面高压底部、回流形势增加，上述几类形势控制增加时，有利于廊坊市空气湿度的增加，可见空气重污染的环流形势相比霾更为集中，特点也相对明显。

6.6　霾与空气重污染的预报着眼点

对霾与空气重污染的预报，主要从大气环流形势配置情况、各气象要素条件，以及逆温层等形成条件进行分析。其预报着眼点主要有以下几点：

(1)关注霾与空气重污染的多发季节和时段，分析预报时段内的气象条件是否为高湿、小风条件。

(2)关注廊坊市上空是否为高空脊前西北气流、平直西风环流和槽前西南气流控制；地面是否为高压底部、高压后部、变性高压、高压前部和回流形势。

(3)雾、霾天气均是空气重污染的环境背景。因此，也需要关注前面雾章节提到的大气逆温层条件，当大气逆温层厚、强度强时大气层结稳定，上、下层空气交换弱，也利于雾、霾天气的形成和维持。

6.7　典型个例分析

6.7.1　实况

2015 年 12 月 21—24 日廊坊市区出现一次连续 4 天的霾天气过程，依标准 3 统计，达到重度霾标准，同时，21—24 日空气质量指数(AQI)均大于 300，连续 4 天出现空气严重污染，首要污染物为 $PM_{2.5}$。此次过程能见度低，污染重。从图 6.9 可以看出，21 日 08 时至 23 日 08 时，能见度一直在 2.0 km 以下，期间最小能见度仅为 300 m，出现在 22 日夜间，虽 23 日 14 时能见度转为 5.0 km，但之后至 24 日 20 时一直在 2.0 km 及以下；从 $PM_{2.5}$ 浓度分布看，4 天均在 200 μg/m^3 以上，其中 22 日 14 时 $PM_{2.5}$ 浓度最大，达到 410 μg/m^3，22 日也是霾最为严重的一天。

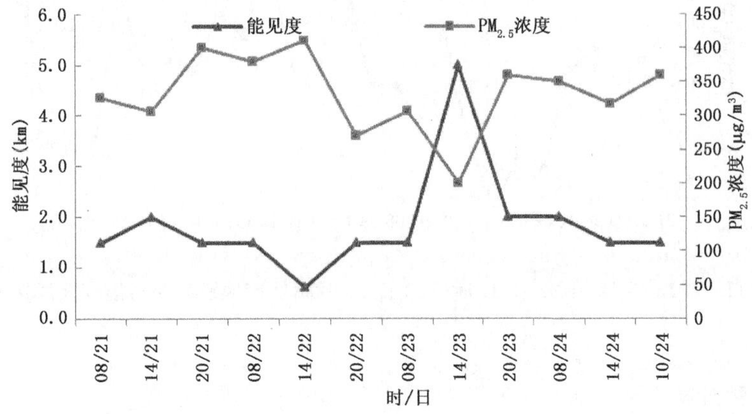

图 6.9　2015 年 12 月 21—24 日廊坊市区能见度及 $PM_{2.5}$ 浓度变化

6.7.2　气象要素条件分析

从气象要素条件分布看(图 6.10),21—24 日,平均风速为 0.8～1.1 m/s,其中 21 日风速为 1.0 m/s,22 日风速最小,为 0.8 m/s,23—24 日均为 1.1 m/s,可见重度霾及空气严重污染期间廊坊市地面为持续 1 级风力影响;从相对湿度分布看,21—24 日平均相对湿度为 82%～94%,其中 21 日为 82%,22 日最大,为 94%,重度霾及空气严重污染期间,廊坊市也维持高湿的环境。

此次过程中 22 日是霾和空气污染最严重的一天,期间 22 日夜间能见度最小,仅为 300 m,逐时 $PM_{2.5}$浓度在 250 $\mu g/m^3$以上。从逐小时相对湿度和风速分布看(图 6.11),逐小时相对湿度均在 86%以上,较其他几天明显偏大;逐小时风速均<2.2 m/s,其中≤1.2 m/s 的时段长达 17 小时,地面风向为偏东风,利于周边污染物通过低层气流输送到廊坊地区,持续稳定的高湿、小风环境是利于重度霾持续的原因之一。

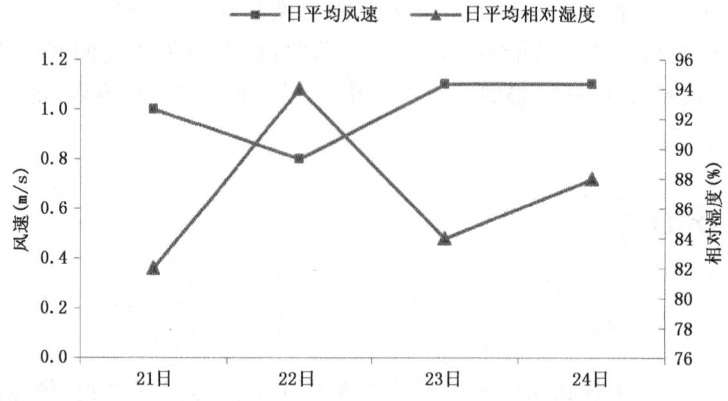

图 6.10　2015 年 12 月 21—24 日日平均风速及相对湿度分布

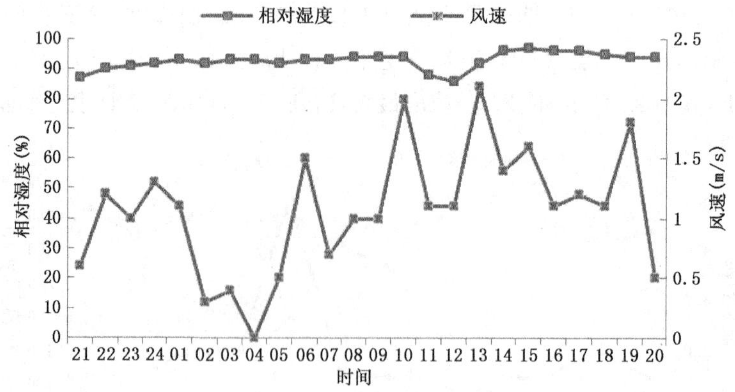

图 6.11　2015 年 12 月 22 日 21 时—23 日 20 时廊坊市区逐时相对湿度及风速分布

6.7.3　环流形势分析

分析此次霾过程的大气环流形势可以看出,21 日 08 时廊坊市高空 700 hPa(图 6.12)、

850 hPa(图 6.13)基本均为西南偏西气流控制,系统深厚;地面处于高气压场偏前部弱气压场中(图 6.14)。22 日随河套地区小槽东移,廊坊市转为河套浅槽前西南气流控制,西南气流利于南方暖湿气流北上,空气湿度增加,地面转处于鞍形场中(图略),23 日高空逐渐转为西北气流控制,地面处于高气压场前部(图略),受高空西北气流影响,23 日 08 时后能见度明显转好,24 日高空 850 hPa、700 hPa 转为一致的西北气流控制,地面处于高气压场前部,上下一致的西北气流使得垂直水平气流交换加强,利于污染物扩散,霾逐渐消散。

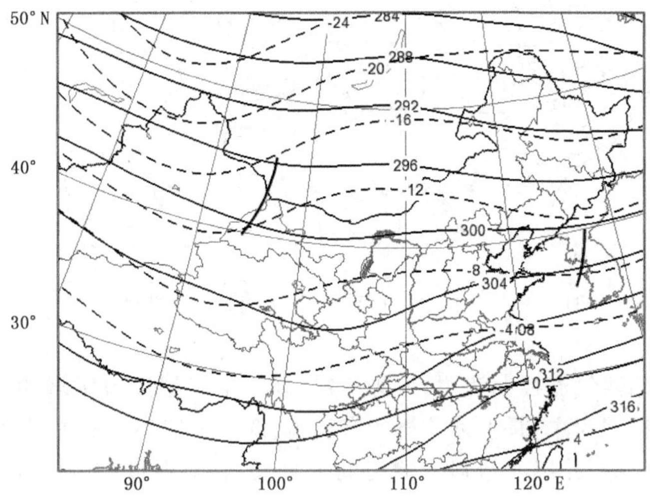

图 6.12　2015 年 12 月 21 日 08 时 700 hPa 形势图

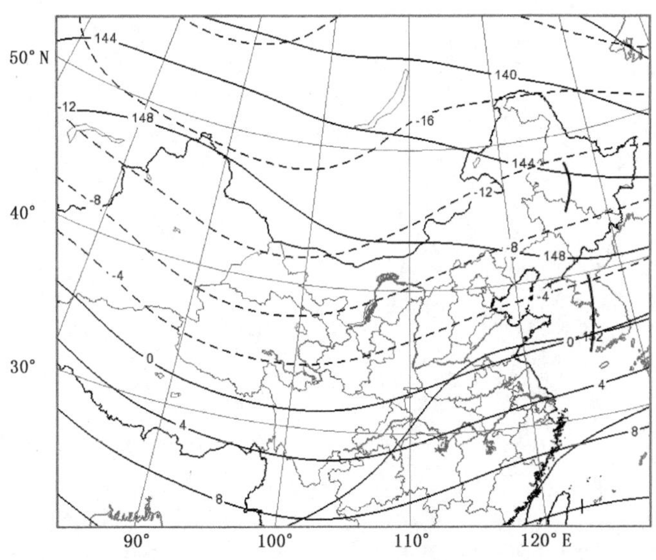

图 6.13　2015 年 12 月 21 日 850 hPa 形势图

6.7.4　小结

从此次过程的环流形势、气象要素条件看,是一次典型的霾与空气重污染过程,过程期间

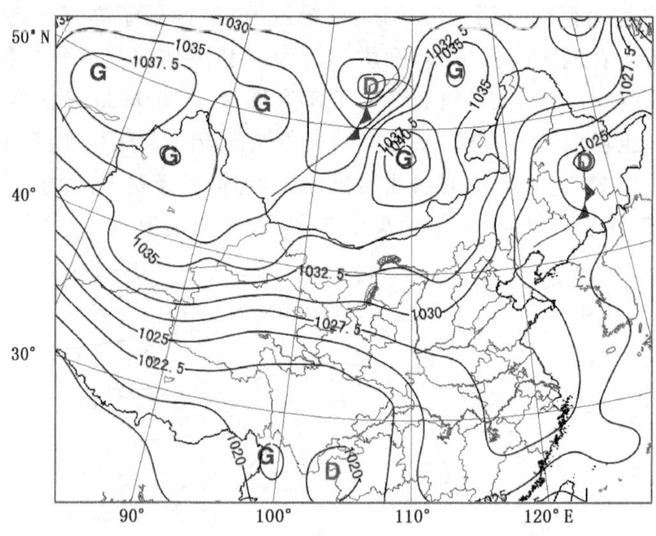

图 6.14　2015 年 12 月 21 日 08 时地面形势图

廊坊市高空以西南或偏西气流控制为主，形势稳定，利于空气湿度持续增加，地面以高压场前部弱气压场或均压场控制为主，是上述分析的有利高、低空大气环流配置形势。从气象要素分布看，风速基本为 1～2 级，并以 1 级风控制时间为最长、相对湿度在 80％以上，高湿、小风条件是霾和空气重污染发生的有利气象条件。

第 7 章　沙尘天气

沙尘天气(浮尘、扬沙、沙尘暴)是廊坊市主要的灾害性天气之一。沙尘天气形成之后,可通过沙埋、狂风袭击、降温和污染大气等方式,使大片农田受到沙埋或被刮走沃土,农作物遭受其害,导致绝收或大幅度减产;沙尘能加剧土地沙漠化,对大气环境造成严重污染,对生态环境造成巨大破坏,给人民生命财产造成严重损失。特别是近年来,随着社会经济快速发展,地区交通、新兴城镇及水利、电力等设施均易受风沙危害或威胁,因此对沙尘天气的准确预报和服务是气象业务工作中十分重要的内容之一。

7.1　沙尘天气的统计特征

7.1.1　沙尘天气的定义

沙尘天气是指沙粒、尘土悬浮空中,使空气混浊、能见度降低的天气现象。沙尘天气主要有浮尘、扬沙、沙尘暴(包括强沙尘暴、特强沙尘暴)等 3 种天气现象。浮尘是指无风或风力≤3 级,沙粒和尘土飘浮在空中使空气变得混浊,水平能见度小于 10 km 的天气现象;扬沙是指风将地面沙粒和尘土吹起使空气相当混浊,水平能见度为 1～10 km 的天气现象;沙尘暴是指风将地面沙粒和尘土吹起使空气很混浊,水平能见度<1 km 的天气现象;强沙尘暴是指风将地面沙粒和尘土吹起使空气非常混浊,水平能见度<500 m 的天气现象;特强沙尘暴是指风将地面沙粒和尘土吹起使空气特别混浊,水平能见度<50 m 的天气现象(国家标准 GB/T 20480—2017 沙尘天气等级)。

7.1.2　沙尘天气的气候特征

7.1.2.1　沙尘天气的空间分布

资料统计结果表明(表 7.1):1964—2015 年廊坊市平均扬沙日数为 8.65 天,多于浮尘(1.95 天)和沙尘暴天气(1.31 天),沙尘暴出现日数最少。从空间分布看,浮尘天气大厂最多,为 4.58 天,大城次多,为 4.10 天,文安最少,为 0.81 天;扬沙天气固安最多(20.33 天),大城次多(10.35 天),三河最少(3.13 天);沙尘暴天气固安最多(4.35 天),永清次多(2.21 天),三河最少(0.25 天)。

全市浮尘天气出现较多的站为:三河、大厂、大城;扬沙较多的站为:廊坊、固安、大城;沙尘暴较多的站为:廊坊、固安、永清。由此可见,廊坊市北部和南部地区是浮尘的高发区,中南部是扬沙天气的高发区,中部是沙尘暴天气的高发区。扬沙和沙尘暴天气高发于中部地区的原因是:廊坊市地形呈南北带状、中部地区位于永定河泛区内,河道常年干涸,河床沙源丰富,当有明显大风天气时,容易产生扬沙或沙尘暴天气。

表 7.1 1964—2015 年廊坊市沙尘天气平均日数(单位:天)

站点名称	浮尘	扬沙	沙尘暴
三河	1.98	3.13	0.25
大厂	4.58	5.46	0.46
香河	1.02	6.21	0.50
廊坊	1.04	9.35	1.81
固安	1.79	20.33	4.35
永清	0.87	8.29	2.21
霸州	1.38	7.92	0.29
文安	0.81	6.83	0.77
大城	4.10	10.35	1.17
全市平均	1.95	8.65	1.31

7.1.2.2 沙尘天气的时间分布特征

(1)沙尘天气的年代际变化

资料统计结果表明(表 7.2),1964—2015 年廊坊市各年代发生较多的沙尘天气类型主要是扬沙天气,其次为浮尘,沙尘暴最少。

从表 7.2 和图 7.1 来看,随年代变化,沙尘天气总体呈下降的趋势,表现是 20 世纪 60、70 年代为高发时段,80 年代有所减少,90 年代明显减少,21 世纪前 10 年小幅增加。其中扬沙天气波动下降的趋势最为明显,20 世纪 60 年代,年平均日数为 21.2 天,到 20 世纪 90 年代,年平均日数减少到 1.5 天。此外,扬沙相对高发的时段为 1965—1984 年,浮尘相对高发的时间段为 1964—1981 年和 1998—2002 年、沙尘暴相对高发的时间段为 1965—1983 年。可见,三类沙尘天气的高发期均主要集中在 20 世纪 60 年代至 80 年代初。

从逐年分布看(图 7.1),沙尘天气的年际间分布极不均匀,其中浮尘天气最多年为 1972 年,平均 8 天,1989 年、1994 年、1996 年、2011 年、2013—2015 年无浮尘天气出现;扬沙天气最多年为 1972 年,平均 29 天, 2011 年最少,无扬沙天气出现;沙尘暴最多出现在 1966 年,平均 8.6 天, 1989—1998 年、2002 年、2005—2015 年最少。可见,虽然扬沙日数减少最明显,但沙尘暴、浮尘天气日数减少的年份最多。

表 7.2 廊坊市各站逐年代沙尘天气日数(单位:天)

年代	沙尘类型	三河	大厂	香河	廊坊	固安	永清	霸州	文安	大城	合计	年代平均
60 年代(1964—1969)	浮尘	29	91	17	2	14	13	27	2	43	238	4.4
	扬沙	55	113	104	119	279	168	108	49	152	1147	21.2
	沙尘暴	6	8	17	23	108	46	4	15	21	248	4.6
70 年代(1970—1979)	浮尘	30	119	9	26	35	11	14	22	153	419	4.7
	扬沙	54	117	144	204	455	143	163	189	241	1710	19.0
	沙尘暴	2	13	6	58	74	56	5	17	36	267	3.0
80 年代(1980—1989)	浮尘	24	15	12	10	20	10	12	11	10	124	1.4
	扬沙	25	32	55	59	205	87	79	88	104	734	8.2
	沙尘暴	5	3	2	13	36	10	5	8	2	84	0.9

续表

年代	沙尘类型	三河	大厂	香河	廊坊	固安	永清	霸州	文安	大城	合计	年代平均
90 年代 (1990—1999)	浮尘	5	0	1	3	10	1	7	5	2	34	0.4
	扬沙	10	0	0	10	65	1	34	10	3	133	1.5
	沙尘暴	0	0	0	0	1	1	1	0	0	3	0.0
21 世纪 (2000—2009)	浮尘	13	9	12	12	13	9	12	2	5	87	1.0
	扬沙	14	13	15	77	45	29	23	17	32	265	2.9
	沙尘暴	0	0	1	0	7	2	0	0	2	12	0.1
21 世纪 (2010—2015)	浮尘	3	2	4	8	2	3	1	2	4	29	0.5
	扬沙	5	10	5	36	12	3	12	7	5	95	1.8
	沙尘暴	0	0	0	0	0	0	0	0	0	0	0.0

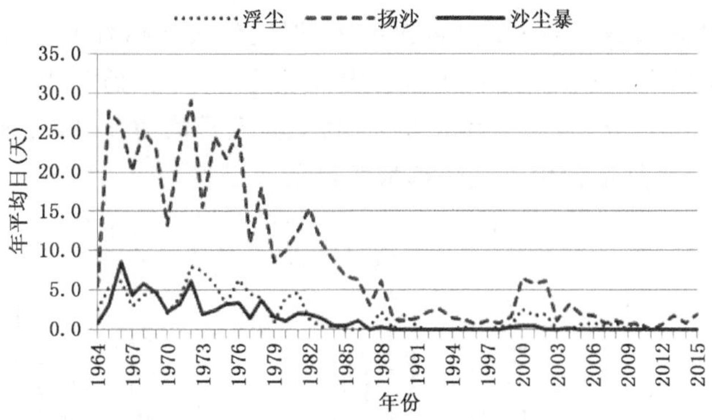

图 7.1　1964—2015 年廊坊市沙尘天气逐年平均日数分布

(2)沙尘天气的极端年分布

资料统计结果显示(表 7.3),各站沙尘天气的年极端日数分布极不均匀,浮尘天气年日数最多的站为大城,达 37 天,出现在 1972 年,最少站永清年日数最多仅 5 天,出现在 1965—1966 年及 1980 年,最多与最少相差 32 天;扬沙天气年日数最多的站为固安达 68 天,出现在 1976 年,最少站三河年日数最多 17 天,出现在 1965 年,最多与最少相差 51 天;沙尘暴天气年日数最多的站为固安达 33 天,出现在 1966 年,最少站霸州年日数最多仅 2 天,出现在 1968 年、1976 年、1978 年、1980 年及 1982 年,最多与最少相差 31 天。由此可见,浮尘天气以南部、北部较多,扬沙及沙尘暴天气以中部地区为高发,最多与最少日数相差达 30 天以上,具有较强的局地性分布特征。

表 7.3　各站沙尘天气年最多出现日数(天)和对应年份

沙尘类型		三河	大厂	香河	廊坊	固安	永清	霸州	文安	大城
浮尘	日数	12	29	8	6	12	5	8	7	37
	年份	1965	1972	1969	1971	1976	1965、1966、1980	1969	1973	1972

续表

沙尘类型		三河	大厂	香河	廊坊	固安	永清	霸州	文安	大城
扬沙	日数	17	38	30	33	68	41	28	32	38
	年份	1965	1965	1972	1976	1976	1965	1972	1974	1968、1971、1972
沙尘暴	日数	3	6	7	13	33	11	2	4	10
	年份	1988	1972	1966	1972	1966	1966、1969、1971	1968、1976、1978、1980、1982	1967、1968、1982	1972

(3)沙尘天气的月分布

从沙尘天气的逐月分布看，呈现出"双峰一谷"型的分布(图 7.2)，每年以 3—5 月发生频次为最多，7—10 月明显偏少，11—12 月再次增多，但发生次数相对 1—6 月显著降低。沙尘天气发生频次最多月均出现在 4 月，其中浮尘平均日数为 6.4 天，扬沙 10.1 天，沙尘暴 3 天；次多月均为 3 月，分别为 3.2 天、7.0 天和 2.3 天，第三高发月均为 5 月，分别为 2.5 天、6.0 天和 1.8 天。由此可见，3—5 月是沙尘天气防御最关键的季节。

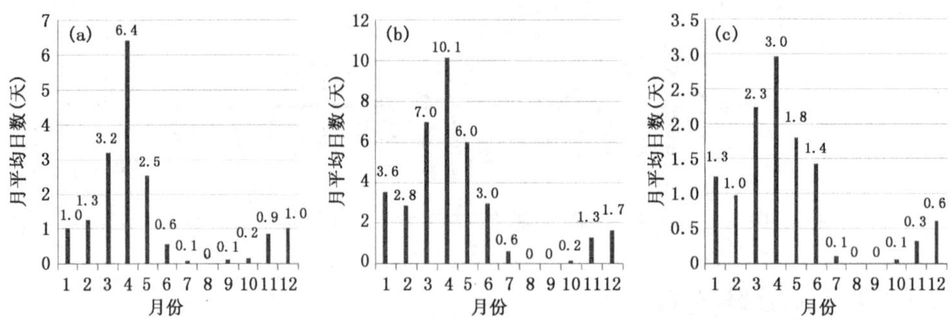

图 7.2 1964—2015 年廊坊市沙尘天气月平均日数分布

(a. 浮尘；b. 扬沙；c. 沙尘暴)

7.2 沙尘天气的大气环流形势及配置特征

7.2.1 沙尘暴的大气环流形势

7.2.1.1 一槽一脊型

此型下，亚欧范围为一槽一脊型(图 7.3a)，极涡位置偏东偏强，极地冷空气直接从蒙古中东部南下，由于冷空气势力强，常造成大范围的大风和沙尘天气，这种天气形势以冬季最为常见，春季次之。极地冷空气有时也呈阶梯槽形势南下。在低层会出现较强的负变温，850 hPa 北京探空站 24 小时或 48 小时降温在 10℃以上。此时地面形势廊坊市一般在冷高压控制下(图 7.3b)，冬季蒙古高压中心一般>1050 hPa，较强时可达 1070 hPa，3 小时最大变压在4 hPa 以上。春季蒙古冷高压一般可达 1030 hPa，变压梯度较冬季更大一些。

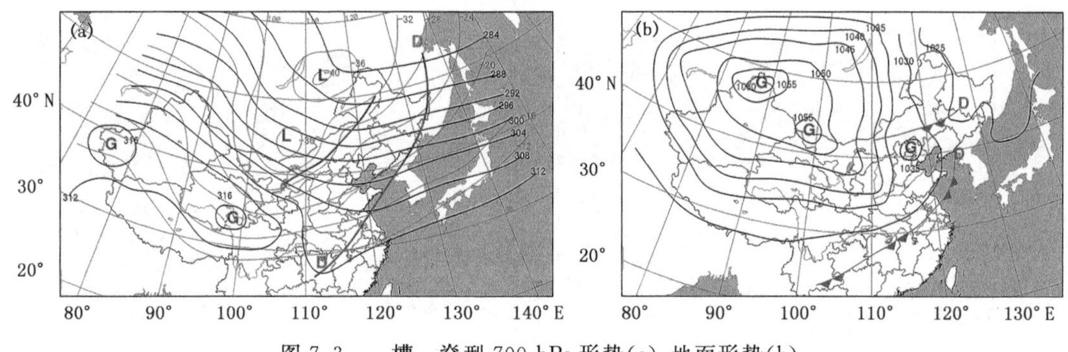

图 7.3　一槽一脊型 700 hPa 形势(a)、地面形势(b)

7.2.1.2　两槽一脊型

这种形势下，700 hPa 欧亚地区为两槽一脊形势(图 7.4a)，系统在东移过程中脊加强，甚至形成阻塞高压，里海附近常出现横槽，槽后不断有冷空气堆积，随着系统移动阻高崩溃，冷空气爆发南下，此类型一般影响范围大，强度也强，是形成沙尘暴最主要的环流形势，地面一般多为高压相伴(图 7.4b)，廊坊市处于高气压场前部，河套至渤海湾间气压梯度线较密集，个别个例伴有副冷锋。

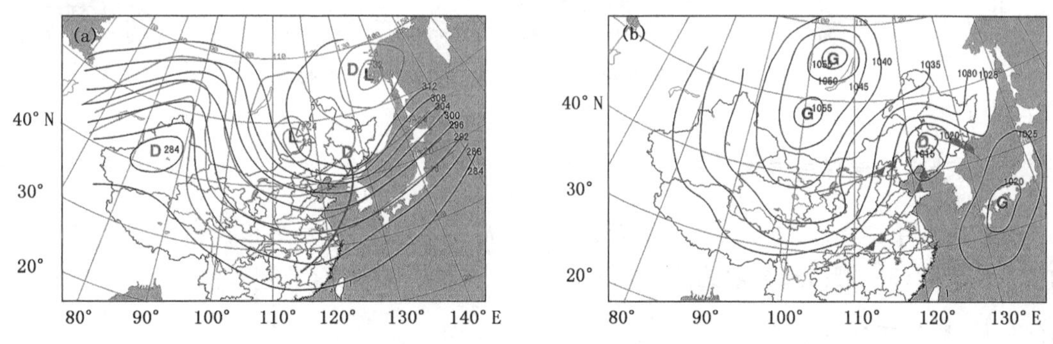

图 7.4　两槽一脊型 700 hPa 形势(a)、地面形势(b)

7.2.1.3　蒙古气旋型

蒙古气旋一般在蒙古中部形成，由于前期天干物燥，气旋在移动过程中会卷起移动路径上的地面沙尘，严重时形成沙尘天气。廊坊中部，包括市区、永清县、固安县位于永定河泛区内，下垫面沙地多，本地沙尘受较强辐合系统影响时也容易被吹向空中，在外地沙尘输送及本地起沙的共同影响下，可形成沙尘暴。廊坊中部地区受这一天气系统影响最大。这种形势以春季最为常见；高空蒙古地区为低涡控制(图 7.5a)，地面与高空配合相对应的位置为蒙古气旋控制(图 7.5b)。

7.2.1.4　高空切变线型

此类型一般在 6 月最为常见，沙尘暴前期一般在华北中部地区出现 35℃以上的高温区，切变线通常位于西安至沧州之间或略偏南一些，此类沙尘暴天气的特点是：切变线影响时不易形成降水或产生较小降水，但由于辐合系统的存在形成热对流性不稳定而产生大风和沙尘，这类系统更容易在廊坊南部文安或大城产生沙尘暴天气(图 7.6)。

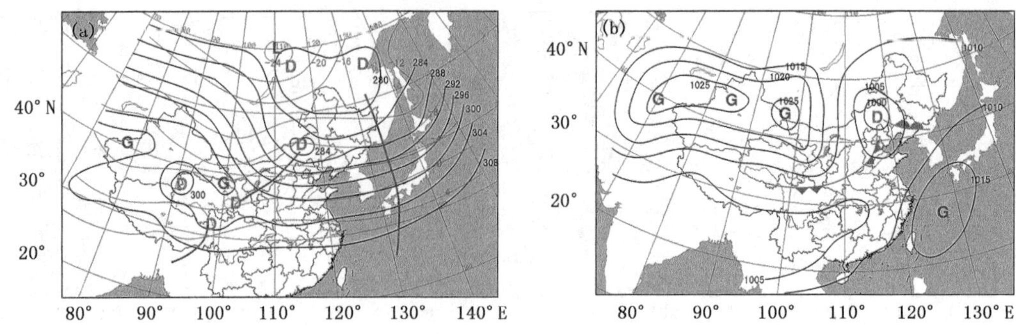

图 7.5　蒙古气旋型 700 hPa 形势(a)、地面形势(b)

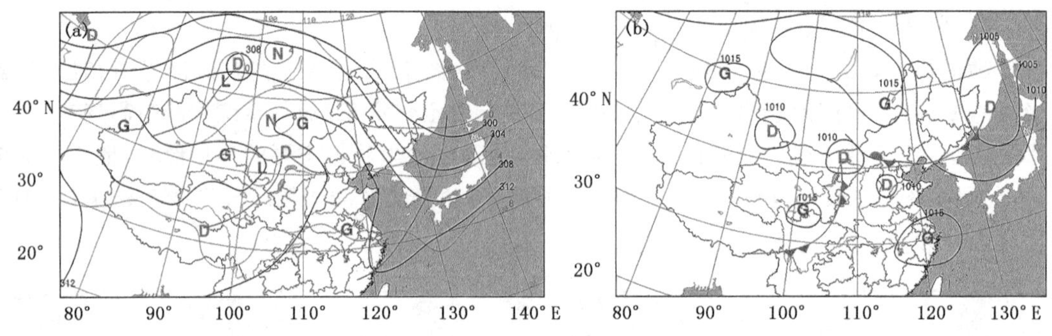

图 7.6　高空切变线型 700 hPa 形势(a)、地面形势(b)

7.2.2　扬沙的大气环流形势特征

分析廊坊市 2009—2015 年 21 次扬沙天气的大气环流形势，主要以两槽一脊型(66.7%)和蒙古气旋型(33.3%)最为常见。

7.2.2.1　两槽一脊型

此型的特点是：700 hPa 亚欧地区为两槽一脊形势(图 7.7a)，贝加尔湖至河套地区为脊，巴尔喀什湖附近和渤海湾附近为低槽。系统在东移过程中脊加强，甚至形成阻塞高压(简称“阻高”)，巴尔喀什湖附近低槽后不断有冷空气堆积，随着系统移动阻高崩溃，冷空气爆发南下，此类型一般影响范围大、强度也强，是形成扬沙天气的最主要环流形势。地面图上主要为西高东低形势，高压前部等压线密集，河套至渤海湾间等压线通常在 6 条以上，廊坊市先是处

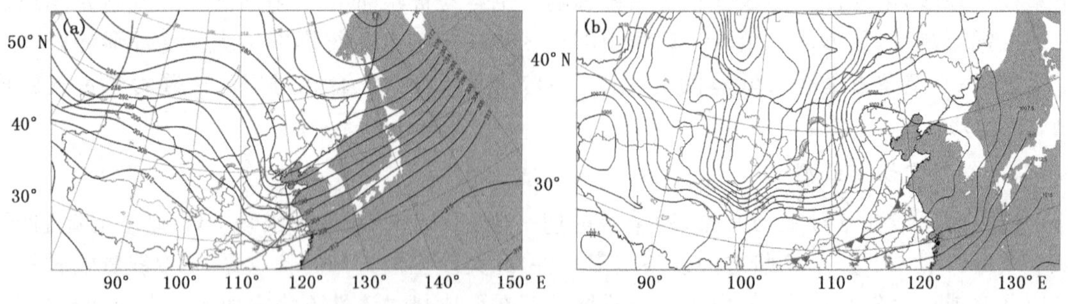

图 7.7　两槽一脊型 700 hPa 形势(a)、地面形势(b)

于低压场中(图 7.7b),后随强冷空气南下影响,逐渐转受高压场控制,在此过程中产生大风扬沙天气。

7.2.2.2　蒙古气旋型

蒙古气旋型在上述沙尘暴分析部分已经提到,蒙古气旋型也是扬沙天气常见的天气类型,与沙尘暴蒙古气旋型不同的是,高空蒙古中部地区低涡相对偏弱或不明显,表现出高、低空几层系统配置不够深厚的特点。如 850 hPa 蒙古地区有低涡存在,但 700 hPa 或 500 hPa 相应位置可能为高空槽;地面通常表现为蒙古气旋后部气压梯度线密集度较沙尘暴蒙古气旋型略小,但当廊坊市受较强辐合系统影响时,西部、北部冷空气东移南下风力条件满足时可形成扬沙天气。这种环流形势以春季最为常见(图 7.8)。

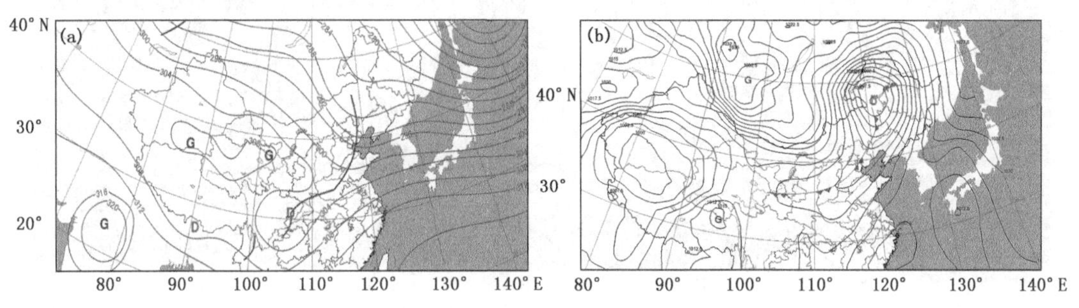

图 7.8　蒙古气旋型 700 hPa 形势(a)、地面形势(b)

7.3　扬沙和沙尘暴的形成条件

扬沙和沙尘暴发生的两个条件是:足够强劲持久的风力,地表丰富松散干燥的沙尘(叶笃正 等,2000)。浮尘是浮游的尘土和细沙,多为远地沙尘经上层气流传播而来,或为沙尘暴、扬沙出现后尚未下沉的沙尘,浮尘与扬沙和沙尘暴的发生条件有比较大的区别。本节重点介绍扬沙和沙尘暴。

7.3.1　沙源地及冷空气路径

扬沙和沙尘暴的形成与冷空气活动有关。其影响区域和影响程度与冷空气强弱和移动路径有直接的关系,在不同路径和强度的冷空气作用下,各影响系统的变化和作用不同。从地理位置的分布来看(图 7.9),廊坊市上游北部紧邻内蒙古的浑善达克沙地;西北部是蒙古高原,在内蒙古西部、中部不仅有巴丹吉林沙漠、腾格里沙漠,而且有农牧交错带及荒漠草原;在西部从新疆戈壁荒漠地区开始,是毛乌素沙漠和黄土高原;影响廊坊市扬沙和沙尘暴的冷空气路径主要有两条:第一条为北方偏东路径,冷空气来自极地经贝加尔湖、蒙古国,在河套以东地区南下直接影响华北中部一带。北方偏东路径的特点:地面图上,地面冷锋呈准东西走向,锋后冷高压中心在贝加尔湖到蒙古国北部,中心强度一般≥1035 hPa,锋前蒙古低压发展,形成北高南低的气压场分布,冷锋南压,气压梯度加强,造成西北或偏北大风携带北方沙尘输送;第二条为北方偏西路径,冷空气从贝加尔湖西部南下经河套地区向东影响华北中部一带。北方偏西路径的特点:地面图上,地面冷锋一般呈东北—西南走向。冷锋后冷高压中心一般位于北疆西北部，中心强度≥1030 hPa，锋前通常有热低压或热倒槽发展，冷锋前后气压梯度和温度梯度都很大，有利于偏西、偏北大风的形成，携带偏西、偏北路径沙尘输送。

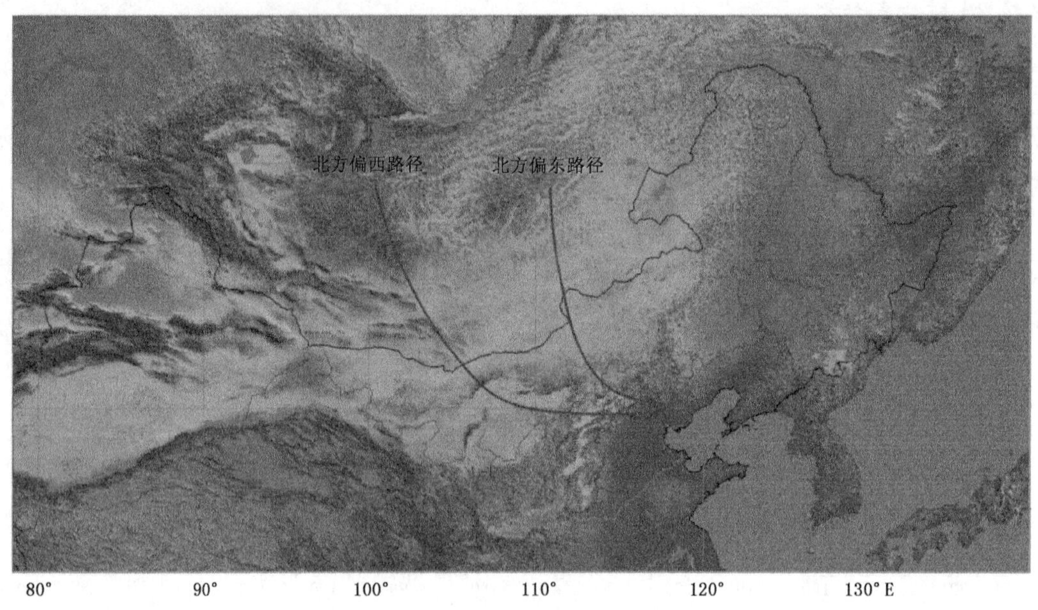

图 7.9 扬沙、沙尘暴主要源地和路径

7.3.2 急流的影响

有研究认为(姚学祥，2011)，沙尘暴一般位于高层急流>30 m/s 等风速线围区内，而强沙尘暴中心则发生在 200 hPa 急流出口区右侧，沙尘暴多发生在高空急流出口区的正涡度区与低空急流大风核左前方相叠加的部位。

急流在扬沙和沙尘暴形成过程中有很重要的作用，体现在以下几个方面：

(1)造成动量下传使中低层和地面风速加大。高空急流动量下传必须具备两个条件：一是层结不稳定；二是要有较大的垂直风切变。

(2)加快冷锋和沙尘的移速。

(3)加强中低层的斜压不稳定性，触发气旋发展，造成大气层结不稳定，触发中尺度系统发生(如飑线、中尺度低压次级环流等)。

7.3.3 气象要素条件

资料统计发现，在扬沙和沙尘暴天气发生前，廊坊气温通常较历史同期偏高，特别在大风天气来临前一日，华北大部地区最高气温可达到 20℃以上。前期较高的气温条件，为大风沙尘天气提供了较好的热力不稳定条件。此外，沙尘天气前期通常降水量偏少，大气层空气相对湿度小，地面空气干燥，下垫面土质疏松，地表干土层较厚，这些均是廊坊市沙尘天气产生的有利条件。

7.3.4 物理量特征

彭艳等(2009)研究发现,相对涡度和垂直速度不对称结构的建立与沙尘暴的发生发展有着密切的联系。相对涡度和垂直速度不对称结构最强阶段,也对应着沙尘暴发展最强阶段,但早于沙尘暴范围达到最大的时刻。随着相对涡度和垂直速度不对称结构的减弱,沙尘暴的强度和范围也逐渐减弱。

相对涡度和垂直速度不对称结构有利于低空出现强烈的辐合入流,并伴有强烈的上升运动,高空出现强烈的辐散出流,并伴有非对称下沉运动,其结果是驱动整个涡度柱内的上升运动不断发展,使地面和低空水平风速持续增强,沙尘强度和范围进一步加大。

扬沙和沙尘暴天气的本质也是一种大气不稳定天气过程,其辐合辐散分布显著,所以用散度和涡度表征沙尘暴天气的辐合辐散,对了解沙尘暴天气的动力学特征等具有一定的指示意义。一般来说,500 hPa 为反气旋式辐散层,700 hPa 辐散达到最大,850 hPa 散度值明显下降、绝大部分区域为负散度值,为气旋式辐合层。这样的散度垂直分布说明在沙尘发生前,其区域内已经形成了很强的高空辐散、低空辐合的流场形势,具备大气垂直交换、上升运动的有利条件。

7.3.5 沙尘天气的预报着眼点

根据扬沙和沙尘暴天气发生的气候特征、大气环流背景、影响系统以及气象要素条件等,在日常预报业务中一般按以下思路进行分析和预报。

(1)了解、掌握前期的气候背景,是否具备干旱少雨、气温偏高、空气干燥和土壤松散的特点。

(2)分析大气环流形势及影响系统,掌握形势演变、系统强度、移动路径以及不同层次、不同系统之间的配置和制约关系等,考虑其可能影响的时间和范围。

(3)分析大气层结条件,通常在扬沙或沙尘暴爆发前期增温显著,当有冷空气侵入时,容易形成大气层结的不稳定,有利于沙尘天气产生。

(4)利用卫星等手段监视和分析上游地区扬沙或沙尘暴实况及其演变动态。通过物理量诊断分析,看是否具有出现扬沙或沙尘暴的有利动力和热力条件。

(5)分析要素场的异常变化情况。注意地面气压场中气压梯度加大时,风力一般也会加大。地面天气图上最直接的反映是地面冷高压强、等压线密集,出现大风天气是扬沙和沙尘暴产生的有利条件。

7.4 扬沙典型个例分析

7.4.1 实况分析

2013 年 3 月 9 日廊坊市除香河以外的 8 个气象站均出现扬沙和大风天气,属于区域性沙尘天气。大风扬沙天气前 3 月 8 日,蒙古国出现大片沙尘天气,大部分区域为沙尘暴,沙尘随后沿北方偏西路径向东南输送(图 7.10a);9 日 08 时内蒙古中部地区出现扬沙(图 7.10b);14 时河北中部随即出现大范围扬沙(图 7.10c)。其中 11—14 时,大厂、廊坊市区、固安、霸州站瞬时风力在 8 级以上，霸州站瞬时风速达到 24 m/s。

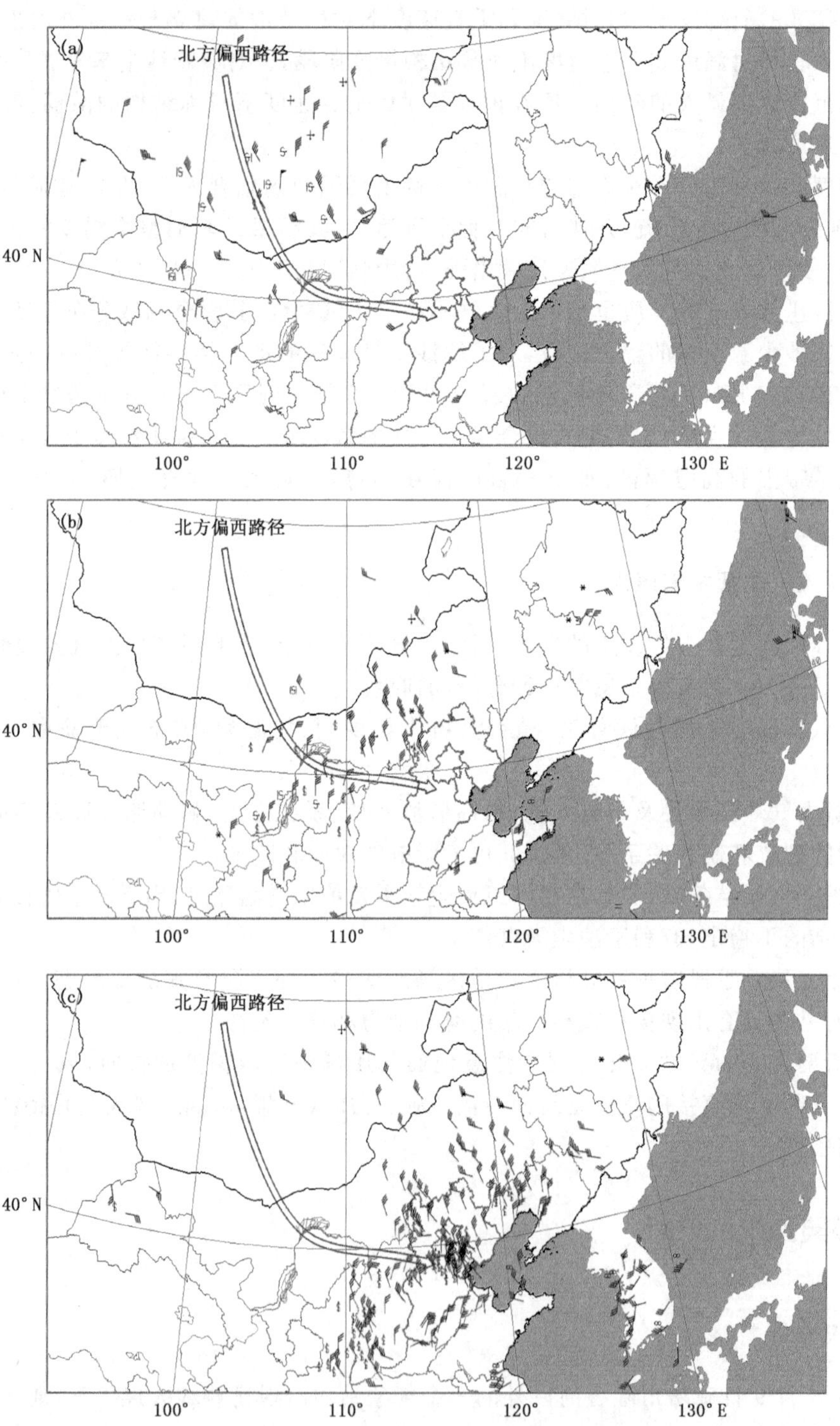

图 7.10　2013 年 3 月 8 日 23 时(a)、9 日 08 时(b)和 9 日 14 时(c)地面天气实况

7.4.2　形势场分析

由 3 月 9 日 08 时 500 hPa 天气图上可见(图 7.11a),欧亚以东地区呈两脊一槽型,至 20 时环流形势演变为与前述扬沙天气型的两槽一脊型基本一致(图 7.11b),槽分别位于巴尔喀什湖附近及渤海湾东部附近。08 时东北、内蒙古一带等温线密集,锋区较强,温度槽明显落后于高度槽,槽发展加深,脊前偏北气流强盛,冷平流明显,随高空槽东移,20 时廊坊市由处于高空槽前转处于西北气流控制中,河北省附近径向度增加,南北空气交换明显。从地面图上看,3 月 9 日 08 时地面冷高压中心位于新疆北部,与高空槽移动相配合,地面蒙古高压东移南下,11 时开始随着冷锋及冷高压的东移南下,河北省自西北到东南逐渐出现大风沙尘天气,至 14 时高压中心强度达 1042.5 hPa,低压中心位于渤海湾,中心强度达 997.5 hPa,高压前等压线密集(图 7.12),直至 20 时以后高压东移,大风扬沙天气减弱。

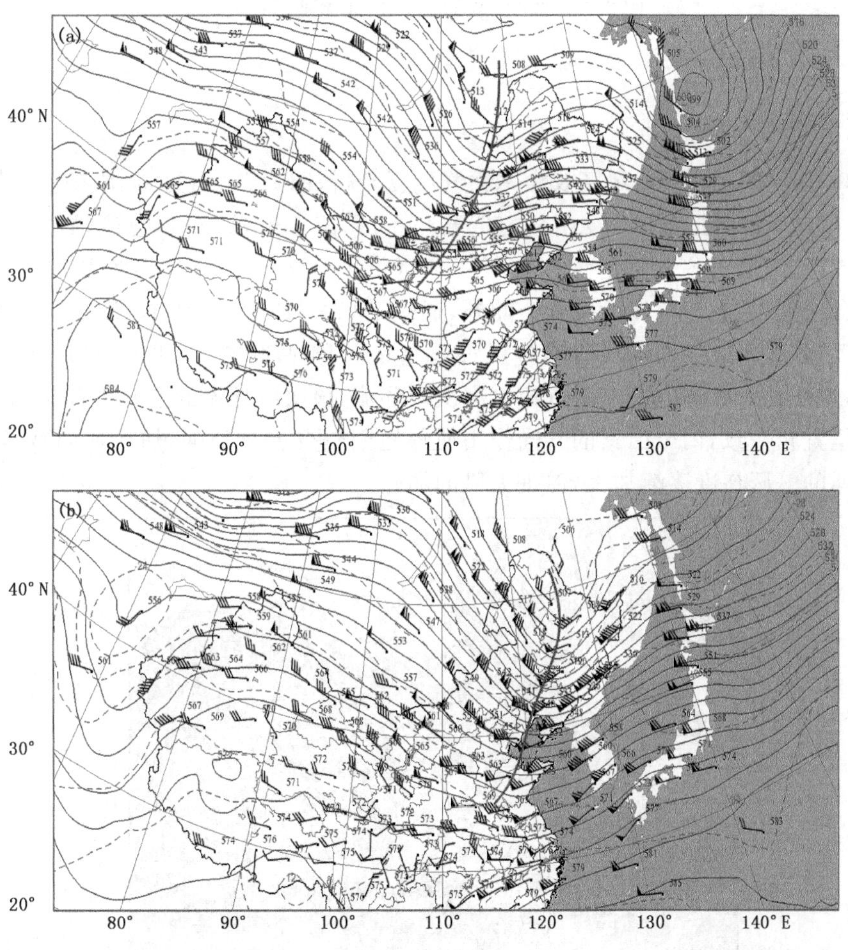

图 7.11　2013 年 3 月 9 日 08 时(a)和 20 时(b)500 hPa 形势场

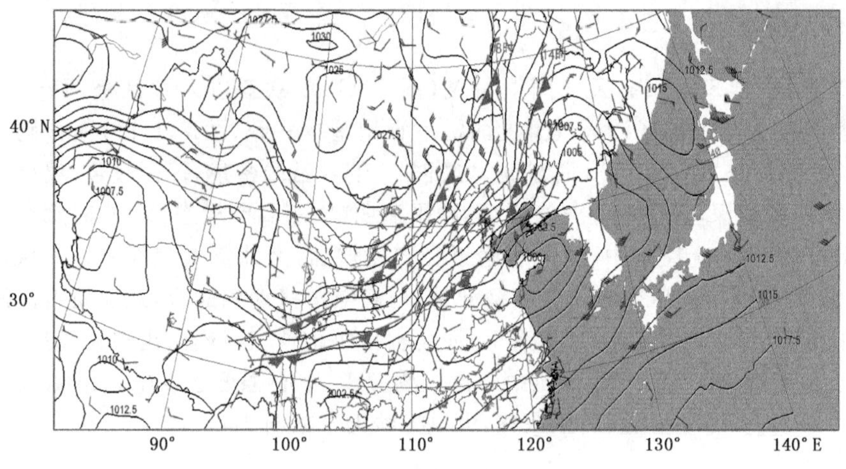

图 7.12　2013 年 3 月 9 日 14 时地面场

7.4.3　高空急流

对 3 月 9 日 08 时 200 hPa 风场及海平面气压场分析(图 7.13)可见,大风扬沙天气开始之前,200 hPa 高空河北省北部有一支明显的急流存在,风速大于 30 m/s,急流轴位于内蒙古东北部至东北地区,河北省位于急流南侧,地面低压区位于急流右侧,高空辐散加强,抽吸作用使地面低压辐合增强,有利于气流的上升。此外,通过沿(117°E,32°～48°N)作纬向风垂直剖面图(图 7.14)可见,9 日 08 时 40°N 以南整层气流都是上升的,40°N 以北 550 hPa 以下基本均为下沉气流,说明此时在高空急流附近衍生出次级环流,该次级环流的上升位置与地面冷锋锋前上升气流位置相一致,两个因素的共同作用使得地面辐合上升加强,加速地面减压,进一步使高低压之间的气压梯度逐渐加大,促进大风的加强。

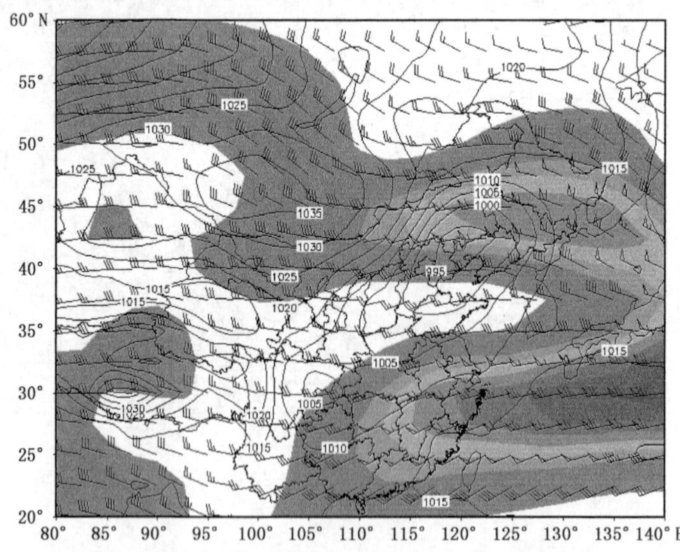

图 7.13　2013 年 3 月 9 日 08 时 200 hPa 风场和海平面气压场(阴影区为风速>30 m/s 的区域)

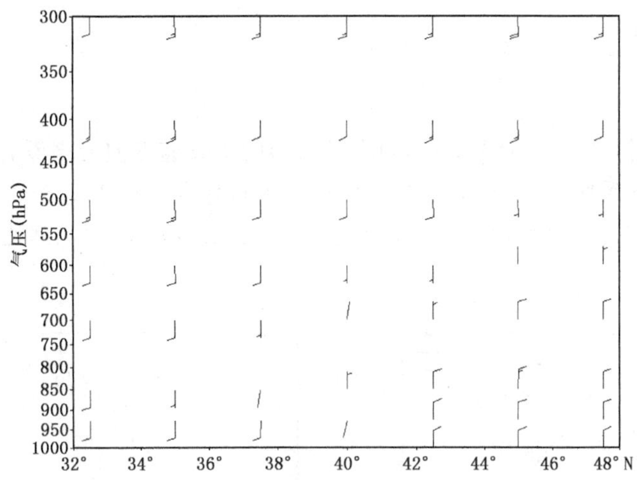

图 7.14　2013 年 3 月 9 日 08 时沿(117°E,32°～48°N)纬向垂直风剖面图

7.4.4　前期天气条件

从 3 月 3 日起廊坊市气温较历史同期偏高,尤其在大风扬沙过程前一天,3 月 8 日全市平均最高气温达 20.8℃,大城最高气温达 24.7℃。华北中南部大部分地区最高气温均达到25℃以上。前期较高的气温,为大风扬沙天气的出现提供了较好的热力不稳定条件。由 3 月 9 日 08 时廊坊附近(117°E,40°N)各层风的演变图可见(图 7.15),3 月 9 日 08 时开始至 20 时,中层(500～700 hPa)风向由偏西转向偏北,低层在该时段内风向也发生相应转变、风速明显增加,14—20 时变化更为明显。说明此次大风扬沙过程中存在高空动量下传的影响。此外,前期廊坊市降水偏少,大气相对湿度较小,空气干燥,下垫面土质疏松,地表干土层较厚,也为此次扬沙天气提供了较好的本地沙源条件。结合前述实况分析,此次大风扬沙是上游蒙古地区沙尘随冷空气产生的大风天气沿北方偏西路径入侵廊坊市,并在本地有利的气象条件下出现的一次大风扬沙天气过程。

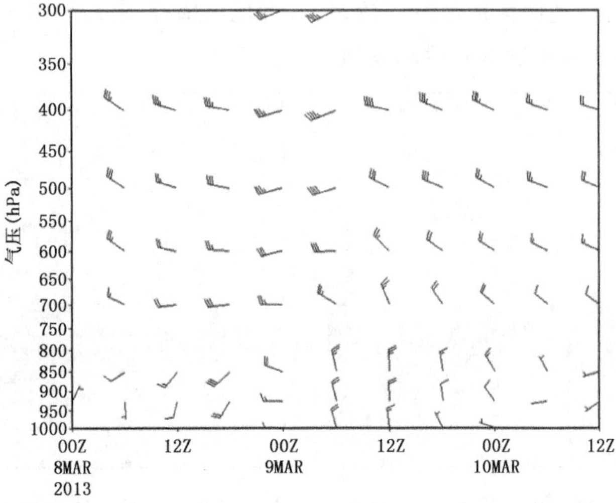

图 7.15　2013 年 3 月 9 日 08 时(北京时)廊坊附近(117°E,40°N)各层风随时间的演变

7.4.5 物理量场分析

7.4.5.1 垂直速度

由 3 月 9 日 08 时(图 7.16a)至 20 时(图 7.16b)的垂直速度演变来看,大风扬沙开始前大气运动以上升为主,随系统移动,至 9 日 20 时,动量下传作用使得 112°～120°E 一带中低层大气运动逐渐转为下沉气流,垂直运动发生转变,动量下传作用使地面风速逐渐加强,大风天气产生。

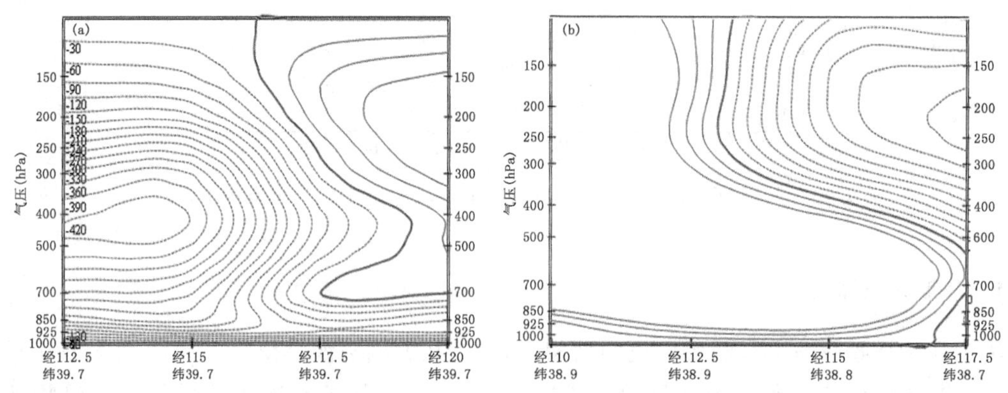

图 7.16 2013 年 3 月 9 日 08 时(a)、20 时(b)沿 39°N 附近垂直速度剖面图

7.4.5.2 涡度及散度

通过分析 500 hPa 涡度场与地面风场的配置可见(图 7.17),500 hPa 正涡度区南部边缘基本与地面大风区域相对应,3 月 9 日 08 时内蒙古中东部、东北西部及河北北部附近地面风速较大,其中内蒙古的化德风速达 20 m/s,张家口风速达 12 m/s,随着系统的东移,20 时正涡度区域移至东北地区,地面大风区仍然与之配合较好。分析 400 hPa、700 hPa 散度场配置发现(图 7.18),3 月 9 日 08 时大风区域附近 400 hPa 高空散度为正值,700 hPa 散度为负值,特别是 700 hPa 大值中心与地面大风区对应较好,这种低层辐合、高层辐散的配置利于大气运动的垂直交换,大风扬沙区域附近上升运动较强。

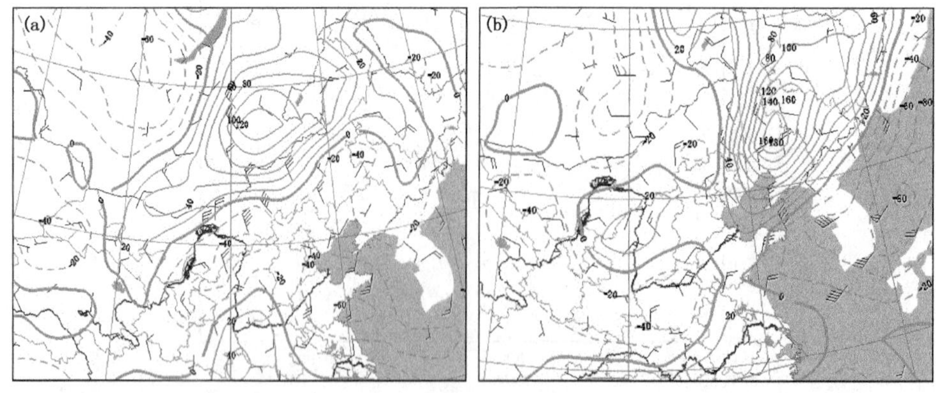

图 7.17 2013 年 3 月 9 日 08 时(a)、20 时(b) 500 hPa 涡度场及地面风场

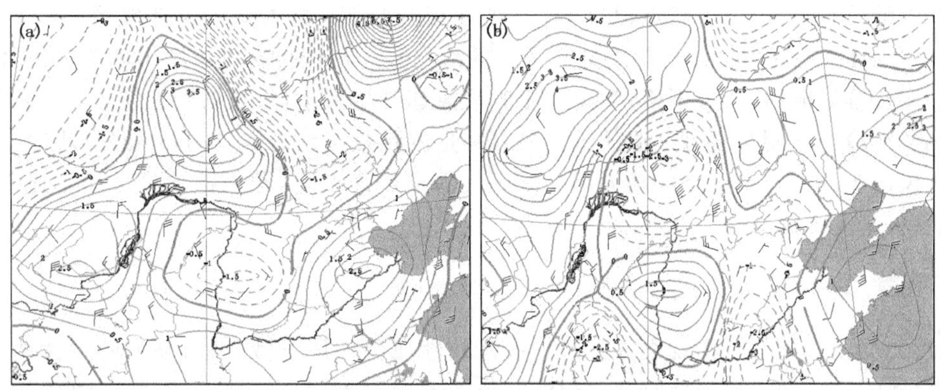

图 7.18　2013 年 3 月 9 日 08 时 400 hPa 散度场(a)及 700 hPa 散度场(b)

7.4.6　地面气象要素变化

分析此次大风扬沙过程中的气象要素变化，从廊坊市霸州站的地面三线图、地面 3 小时变压及风速的变化图可以看出(图 7.19、图 7.20)，大风扬沙天气前，3 月 9 日 11 时霸州站气温骤升 4.3℃，露点温度上升 0.8℃，气压、风速也有小幅度上升；12 时大风扬沙天气开始影响霸

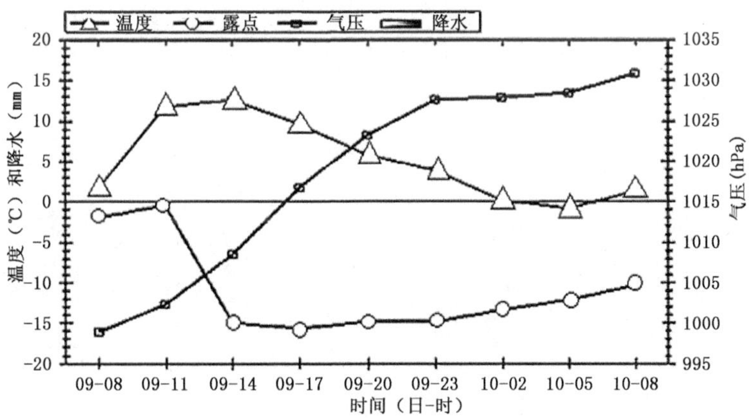

图 7.19　2013 年 3 月 9 日 08 时至 10 日 08 时霸州站地面三线图

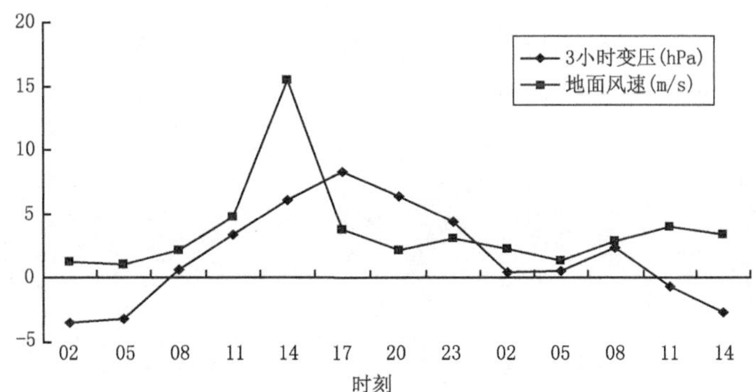

图 7.20　2013 年 3 月 9 日 02 时至 10 日 14 时霸州站 3 小时变压曲线及地面风速图

州市，气温继续骤升 4.6℃、露点温度骤降、地面风速骤升，由 4.8 m/s(3 级风)明显加大到 12.6 m/s(6 级风)，气压持续小幅上升。干燥的冷空气入侵使得露点温度出现明显下降，风速明显上升，持续影响后，气温下降，直至 4 小时后风速开始减小，大风扬沙天气减弱。从气象要素变化看，在冷空气刚入侵时气温的骤升具有一定的预报指示意义，3 小时变压、小时气压、露点温度、风速等的变化基本是伴随大风扬沙天气的出现而变化，预报提前量时间不显著，可参考数值预报产品提高时效。

7.4.7　小结

此次大风扬沙天气是出现在 3 月的一次区域性典型大风扬沙过程，是上游蒙古地区沙尘随冷空气影响产生的大风天气沿北方偏西路径入侵廊坊市，并在本地有利的气象条件下出现的一次大风扬沙天气过程；此次过程爆发时有较好的高空急流与之配合，且低层辐合高空辐散、垂直运动较强，高空 500 hPa 正涡度区边缘及高空 400 hPa、700 hPa 散度场的中心区域与大风扬沙区域有较好的对应关系，大风扬沙天气可引起气象要素的显著变化，但从实况看预报提前量不显著，可参考数值预报产品提高时效。上述这些信息值得今后继续关注。

第 8 章　寒　潮

寒潮是廊坊市主要的灾害性天气之一，是强冷空气活动带来的结果，寒潮具有降温幅度大、影响范围广、致灾严重等特点，尤其在春、秋两季，急剧的降温经常导致霜冻甚至冰冻的发生，给生长中的农作物和蔬菜带来致命危害。此外，寒潮常常伴随大风和雨雪天气，易形成雨凇、雪凇、冻雨等天气，对交通、通信、电力等部门及设施会造成严重影响。寒潮天气也会给人类的生活、健康带来不利影响和危害，对于心脑血管病人、呼吸道疾病患者和年老体弱人群甚至会带来生命危险。因此，对于寒潮天气的准确预报、及时预警及科学防御非常重要。

8.1　寒潮定义及标准

8.1.1　寒潮定义及等级

寒潮天气过程是一种大范围的强冷空气活动过程(朱乾根 等，2000)。其天气的主要特点是剧烈降温和大风，有时还伴有雨、雪、雨凇或雾凇等。

根据《寒潮等级》(GB/T 21987—2017)，将寒潮划分为三个等级：寒潮、强寒潮、特强寒潮。

寒潮：使某地的日最低气温 24 小时内降温幅度≥8℃，或 48 小时内降温幅度≥10℃，或 72 小时内降温幅度≥12℃，而且使该地日最低气温≤4℃的冷空气活动。

强寒潮：使某地的日最低气温 24 小时内降温幅度≥10℃，或 48 小时内降温幅度≥12℃，或 72 小时内降温幅度≥14℃，而且使该地日最低气温≤2℃的冷空气活动。

特强寒潮：使某地的日最低气温 24 小时内降温幅度≥12℃，或 48 小时内降温幅度≥14℃，或 72 小时内降温幅度≥16℃，而且使该地日最低气温≤0℃的冷空气活动。

8.1.2　寒潮统计标准

为了与地市级气象台寒潮预报、预警的实际业务时效(48 小时内预警)接轨，本章节主要研究上述寒潮等级下 24、48 小时内符合寒潮统计标准的天气过程，即 24 小时最低气温统计标准(24 小时最低标准)、24 小时平均气温统计标准(24 小时平均标准)、48 小时最低气温统计标准(48 小时最低标准)、48 小时平均气温统计标准(48 小时平均标准)，同时规定上述四种统计标准中任意一种达到寒潮标准，即记为一个寒潮过程，寒潮日则为降温幅度达到标准的当日，当同一寒潮过程，一种以上统计标准均满足，以气温下降幅度最大的标准进行统计，寒潮总次数中只统计一次，剔除重复日。

8.2 寒潮统计特征

8.2.1 寒潮的地理分布特征

资料统计结果表明(表 8.1),1964—2015 年的 52 年间廊坊市平均寒潮总日数为 159.6 天,平均每年 3.1 天,各站寒潮总日数分布在 120～231 天,平均每年为 2.3～4.4 天,最多为大城,最少为香河,总体分布是固安及南部多于市区及北部。从各标准统计的寒潮日数分布看,除固安外,各站均以 48 小时最低气温下降幅度≥10℃标准下达到的寒潮日数为最多,其次是 24 小时最低气温下降幅度≥8℃的寒潮标准,第三是 48 小时平均气温下降幅度≥10℃的寒潮标准,最少是 24 小时平均气温下降幅度≥8℃的寒潮标准。四种统计标准之间各站寒潮日数分布相差较大,最多寒潮日数是最少寒潮日数的 6～11 倍,以永清、霸州表现最显著。

表 8.1 1964—2015 年廊坊各站各标准寒潮次数

	三河	大厂	香河	固安	廊坊	永清	霸州	文安	大城	全市平均
24 小时平均	12	11	10	12	10	10	9	11	15	11.1
24 小时最低	67	51	52	109	57	71	87	40	101	70.6
48 小时平均	30	23	24	23	21	23	31	32	43	27.8
48 小时最低	68	62	56	106	60	105	91	72	123	82.6
寒潮总日数	150	121	120	206	126	174	181	128	231	159.6

8.2.2 寒潮的时间分布特征

1964—2015 年廊坊市平均每年发生寒潮 3.1 天,随年代变化呈波动下降趋势(图 8.1),平均每 10 年下降约 0.7 天。年代际间寒潮发生日数变化较大,在 20 世纪 90 年代之前寒潮发生日数相对偏多,有 17 年(65.3%)寒潮发生日数较平均日数多,而 20 世纪 90 年代以后,有 21 年(80.8%)寒潮发生日数较平均日数少。其中 20 世纪 60 年代寒潮发生日数最多,平均每年为 4.8 天,2010 年后的 6 年间最少,平均每年为 1.4 天;寒潮日数最多年份为 1968 年,全市平均为 6.3 天,最少年份为 1994 年,全市平均为 0.8 天。

寒潮天气主要发生在 1—5 月和 9—12 月,6—8 月没有寒潮天气发生(图 8.2)。52 年间

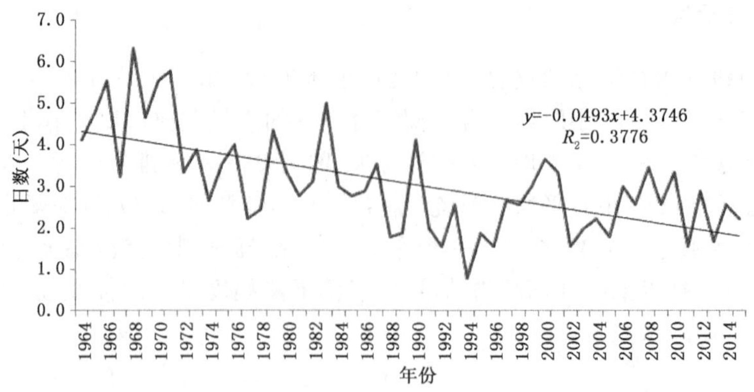

图 8.1 1964—2015 年廊坊市平均寒潮日数变化曲线图

寒潮发生最多月为11月，全市平均总日数为31.7天，其次10月平均为26.2天，第三为4月，平均为24.9天。有寒潮记录发生的最少月为5月，平均为1.3天，次少月为9月，平均为1.8天。总体来看，10—11月、3—4月及1月是寒潮易发季节。这是因为春、秋两季大气环流处于调整期间，冷暖空气势均力敌，相互更替频繁，气温变化幅度大，容易形成寒潮。而冬季冷空气处于绝对优势，气温变化幅度相对较小，达到寒潮的概率也较小(宋善允 等，2017)。

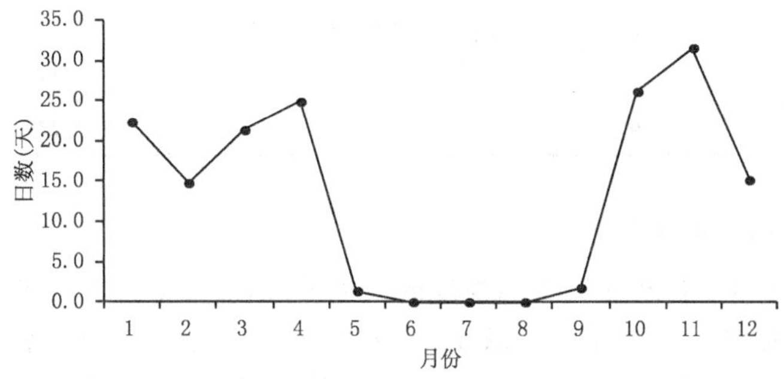

图8.2　1964—2015年廊坊市月平均寒潮总日数分布

8.2.3　寒潮强度特征

1964—2015年，廊坊市各站各级别寒潮过程分布见图8.3，从图中可以看出：各站均以寒潮次数为最多，特强寒潮为最少。强寒潮和特强寒潮出现的比例(强寒潮/寒潮总日数、特强寒潮/寒潮总日数)中南部县市大于北部，其中强寒潮比例最大的站为大城，占比达27.7%，其次永清，占比24.1%，第三文安，占比22.7%，最少香河，占比16.7%；特强寒潮比例最大的站为永清，占比达6.3%，其次霸州，占比5.0%，第三固安，占比4.9%，最少香河，占比2.5%。这是因为正常情况下中南部气温普遍高于北部，当受强冷空气影响时，中南部气温下降的幅度容易高于北部，此外，与中南部各站的下垫面关系密切，当冷空气影响时，气温特别是最低气温下降会更明显，也因此容易造成强寒潮或特强寒潮的发生。

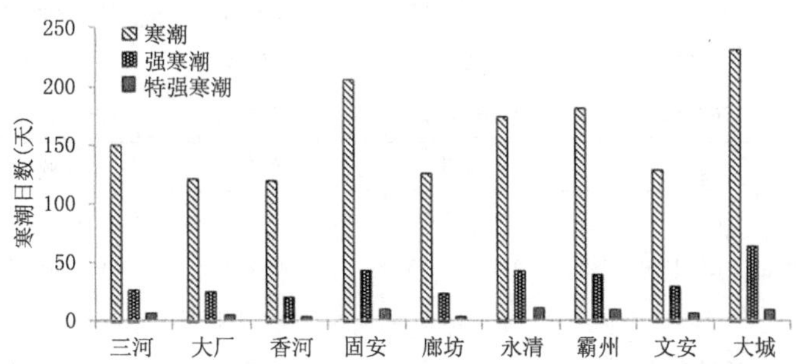

图8.3　1964—2015年廊坊各站各等级寒潮过程分布特征

8.2.4　寒潮各极值特征量

8.2.4.1　寒潮的初终日期

统计廊坊各站寒潮发生的初终日期发现(表8.2)，廊坊市寒潮发生的最早日期为9月28—29日，其中固安、霸州为29日，其余为28日，出现年份分布在1968年、1985—1986年、

1970 年；寒潮发生的最晚日期各站相差比较大，分布在 4 月 27—5 月 24 日，其中南部大城寒潮结束日期较早，为 2010 年 4 月 27 日，永清较晚，为 1967 年 5 月 24 日。

表 8.2　1964—2015 年廊坊各站寒潮初、终日(月.日)

	三河	大厂	香河	固安	廊坊	永清	霸州	文安	大城
初日	9.28	9.28	9.28	9.29	9.28	9.28	9.29	9.28	9.28
年份	1968	1968	1986	1985	1968/1986	1968/1986	1970	1968	1968
终日	5.6	5.16	5.16	5.14	5.6	5.24	5.14	4.29	4.27
年份	1979	1972	1972	1977	1979	1967	1977	1983	2010

8.2.4.2　寒潮过程的气温极值

统计四种寒潮标准下各站气温下降幅度的极值发现(表 8.3)，除三河、文安外，各站均是 48 小时最低气温下降极值＞24 小时最低气温下降极值＞48 小时平均气温下降极值＞24 小时平均气温下降极值，并且各站极值间相差幅度依次增大，以 48 小时最低气温下降极值相差最大，永清下降极值为 24.3℃，大城为 18℃，两站极值相差达到 6.3℃；各站 24 小时平均气温下降极值差最小，为 1.6℃，下降极值最大为大城 10.5℃，最小为大厂 8.9℃。进一步看各标准

表 8.3　1964—2015 年廊坊各站四种标准下寒潮极值及日期

	三河	大厂	香河	固安	廊坊
24 小时平均标准	9.6	8.9	9.1	9.0	9.5
出现日期	1999-11-25	1999-11-25	1965-12-15	1999-11-25	1999-11-25
48 小时平均标准	13.8	14.1	13.8	14.4	12.8
出现日期	1968-11-09	1987-12-30	1987-12-30	1966-02-22	2008-12-05
24 小时最低标准	13.8	16.4	16.6	15.6	13.9
出现日期	1966-02-22	1966-02-22	1966-02-22	1966-02-22	1966-02-22
48 小时最低标准	19.6	21.3	21.4	23.0	20.0
出现日期	1966-02-22	1966-02-22	1966-02-22	1966-02-22	1966-02-22
极端最低气温	−25.8	−27.3	−27.4	−28.2	−25.5
出现日期	1966-02-22	1966-02-22	1966-02-22	1966-02-22	1966-02-22

	永清	霸州	文安	大城
24 小时平均标准	9.4	10.0	10.2	10.5
出现日期	1965-12-15、1999-11-25	1965-12-15	1980-04-05	1973-01-25
48 小时平均标准	12.6	13.4	14.3	13.9
出现日期	1966-02-22	1966-02-22	1966-02-22	1969-03-28
24 小时最低标准	19.1	16.7	13.3	13.9
出现日期	1966-02-22	1966-02-22	1966-02-22	2001-01-09
48 小时最低标准	24.3	22.8	19.4	18.0
出现日期	1966-02-22	1966-02-22	1966-02-22	1966-02-22
极端最低气温	−29.6	−28.2	−25.1	−23.6
出现日期	1966-02-22	1966-02-22	1966-02-22	1972-01-26

极值的出现日期发现,24小时、48小时最低气温下降极值的出现日期有高度的统一性,主要出现在1～2个同样的寒潮过程中,24小时、48小时平均气温下降极值分布相对分散,出现在4～5个同样的寒潮过程中。此外,各站寒潮过程中极端最低气温均在−23℃以下,除大城出现在1972年1月26日外,其余均出现在1966年2月22日。从各站下降极值分布看,强冷空气造成的寒潮气温极值还是以20世纪90年代以前为多为强。

8.2.4.3　寒潮的持续日期

资料统计结果显示,廊坊各站寒潮以单日降温达到最强为主,即冷空气影响时,只有一日达到寒潮统计标准的强降温日,此外,仍有一些寒潮过程连续几天达到强降温,这种连续降温模式通常是:以日最低气温先达到降温标准,随后日平均气温再达到寒潮降温标准,这种连续降温多以连续2天为主,也有一次连续3天达到寒潮统计标准的过程,是1973年1月24—26日的寒潮过程,出现在固安、永清、霸州三站。各站连续2天及以上的寒潮降温日占寒潮总日数的14.6%～26.0%,最大占比出现在大城,最小出现在固安。总体看,北部、南部连续降温日占比大于中部地区。

8.2.5　寒潮的区域性特征

1964—2015年廊坊市寒潮以单站寒潮为最多,占比达42%;局地寒潮次多,占比29.1%;区域性寒潮第三,占比24.3%;全市性寒潮最少,占比4.6%。进一步分析各分布类型寒潮的年代变化发现,寒潮日数总体随年代变化呈波动下降的趋势(图8.4),但四种类型寒潮的年代变化还是有区别的:单站寒潮、局部寒潮的年平均日数在2000—2009年和2010—2015年较多,均占年代分布的第二位;区域性寒潮、全市性寒潮在20世纪60年代、70年代最多,随年代变化呈波动下降的趋势,并在2010—2015年的6年间达到最低。

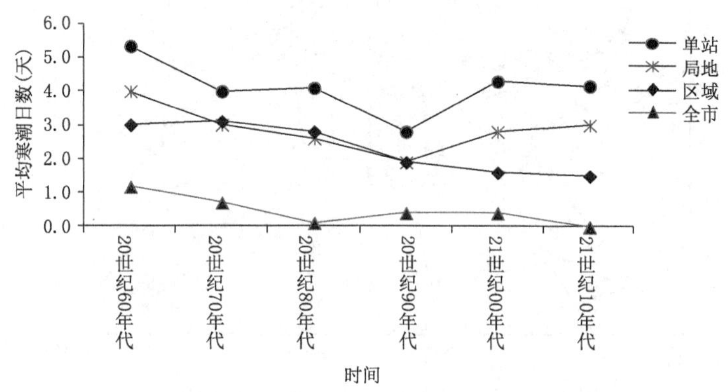

图8.4　1964—2015年廊坊寒潮的区域性分布特征

8.2.6　寒潮天气

统计发现,寒潮发生过程中常伴有其他天气,主要有降水、大风、扬沙、雾、雷暴、沙尘暴、雾凇、雨凇、霾及冰雹等,其中伴降水日数最多,其次是大风,第三是扬沙,其余各天气均不足10%。此外,除雾、雾凇、雨凇天气外,其余各类天气均以出现在降温日前一天为最多,其中又以降水为最多,在发生寒潮的各月均可出现,占比达34.2%,有的降水过程甚至可达暴雨强度，最大降水量为 89.3 mm，出现在大城（2003 年 10 月 11 日），伴大风次数第二，占比 28.2%，寒潮发生各月均可出现；在伴随的各天气中，雷暴、冰雹天气相对少，月份较集中，雷暴天气主要出现在 4 月和 10 月的寒潮天气过程中；冰雹天气主要出现在廊坊市区和永清站，只有两次，分别是 1984 年 4 月 26 日（廊坊）和 2005 年 4 月 19 日（永清），由此可见，强冷空气在带来强降温的同时，也通常伴随降水、大风等其他天气，可根据各月天气特点，关注其他伴随天气的预报。

8.3　寒潮天气过程的冷空气和天气系统

给廊坊市带来寒潮天气的冷空气主要来自新地岛附近的北冰洋地区（图 8.5）。第一个是新地岛以西的洋面上，经过巴伦支海、俄罗斯进入我国，冷空气经过西伯利亚中部（70°～90°E，43°～65°N）地区，并在那里堆积加强，然后经蒙古、河套至华北地区或经蒙古到华北北部，在冷空气继续东移的同时，低空的冷空气经渤海侵入华北并影响廊坊市。第二个是在新地岛以东的洋面上，经过喀拉海、泰梅尔半岛、俄罗斯远东地区后，直接从蒙古东部南下影响华北地区和廊坊市。

寒潮是一种大型天气过程，大多与中高纬度大尺度环流的变化相联系。从廊坊市出现的寒潮过程来看，冷空气在西伯利亚中部地区堆积加强后影响廊坊市，并且造成寒潮的过程多与乌拉尔山高压脊或阻塞高压有关，1971 年 11 月 28 日、1980 年 4 月 5 日、1987 年 4 月 10 日和 1987 年 12 月 30 日的过程都可以归属于这一类型。而偏东路径冷空气造成的寒潮过程则是在贝加尔湖一带的高压脊快速发展促使极地冷空气迅速南下的结果，1992 年 4 月 6 日的过程就是一个比较典型的个例。1973 年 1 月 25 日的寒潮过程则是一次暴雪天气过程所引发的。

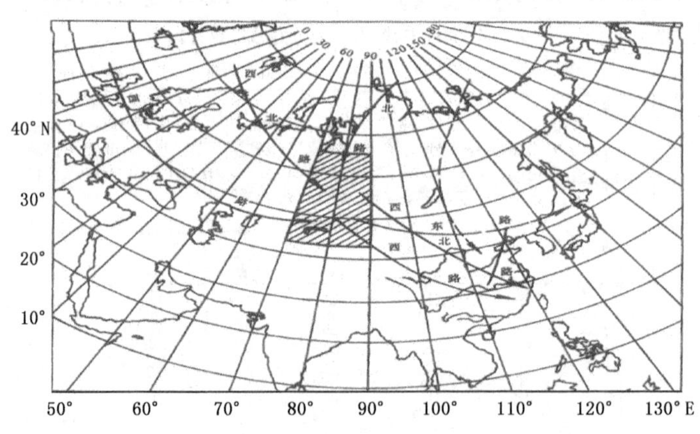

图 8.5　冷空气源地、路径及关键区（阴影区）

8.3.1　乌拉尔山阻塞高压崩溃造成的寒潮爆发

乌拉尔山阻塞高压形成、维持和崩溃的一般过程是：在欧洲上空西风槽加深并且东移速度减慢，同时槽前高压脊区暖平流加强，使得高压脊不断向北发展，槽后的冷空气逐渐插向高压脊的西南方，而高压脊前的偏北气流引导北方的冷空气南下，在脊前的东南方向堆积构成 Ω 形状，高压中心闭合并维持 3 天以上，当西边又有冷槽发展时，高压内部的暖平流减弱，最终变成高压脊东移。

1971年11月28日的寒潮过程就是一次比较典型的由乌拉尔山阻塞高压崩溃造成的。从22日开始乌拉尔山阻塞高压建立，维持了4天，随着欧洲西部冷槽的东移，26日开始崩溃东移，使得其前部的冷空气大举东移南下，于28日造成廊坊市区及北部地区出现寒潮。在26日08时的500 hPa高空图上可以看到高压脊已经移到乌拉尔山以东且闭合中心已经消失，切断低压已经伸入到高压脊底部，其前部的横槽配合着冷空气移到了蒙古中部地区并继续缓慢东移(图8.6)。此时，850 hPa上空的阻塞形势还很完整，中心已经移到了西西伯利亚地区，蒙古中部的冷平流也十分明显，脊后的暖平流仍然很强(图8.7)。地面上，在西伯利亚是完整的冷高压，蒙古东部、东北地区南部和华北地区在暖气团控制下(图8.8)。从26日20时之后，高压脊东移速度加快，冷空气随之快速东移南下，但从冷空气的整体来看，主力略微偏北，以至廊坊市中南部地区没有达到寒潮标准。从其他几次类似过程廊坊市出现寒潮的区域分布来看，由乌拉尔山阻塞高压崩溃造成的廊坊市寒潮过程，都带有比较明显的地域性。

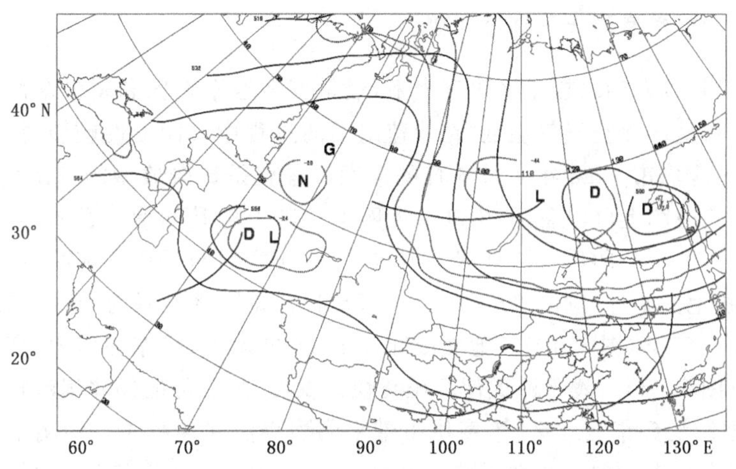

图8.6 1971年11月26日08时500 hPa形势

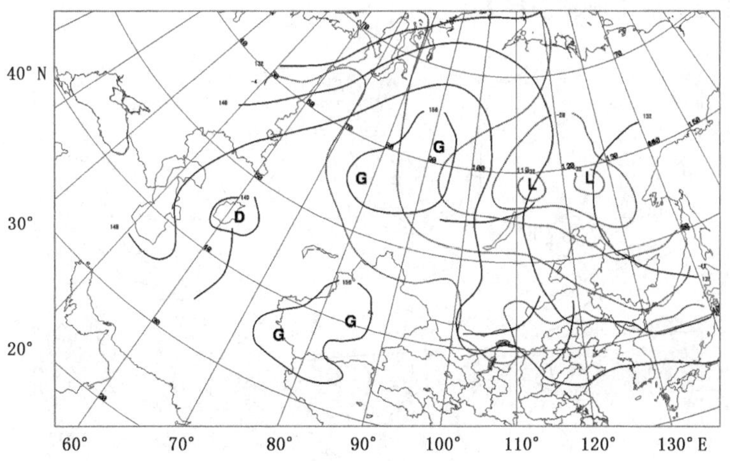

图8.7 1971年11月26日08时850 hPa形势

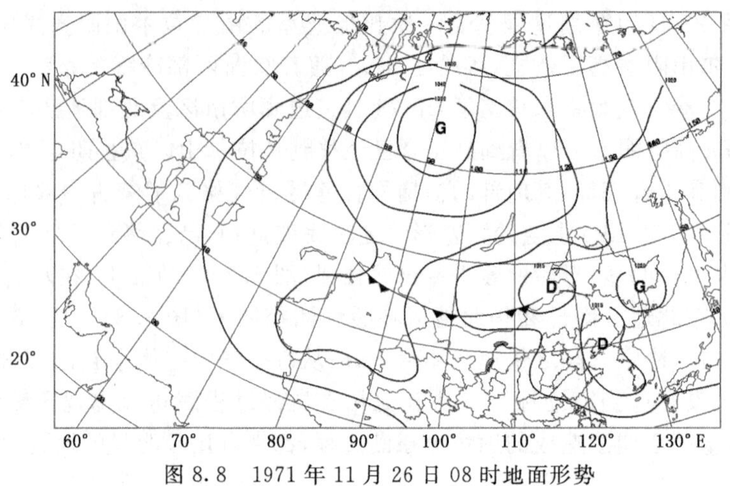

图 8.8　1971 年 11 月 26 日 08 时地面形势

8.3.2　偏北路径冷空气寒潮天气环流形势

冷空气从 100°E 以东的北极地区迅速南下，经俄罗斯远东地区和蒙古东部直接影响东北和华北地区，由于极地的冷空气气温低，在快速南下的过程中气团变性较慢，往往会给所经之地带来剧烈降温。廊坊市 1992 年 4 月 6 日的寒潮过程就是比较典型的一次过程。从 4 月 4 日 08 时 500 hPa 高空图上可以看到，中高纬度欧亚大陆上空是两槽一脊的形势，高压脊位于贝加尔湖地区附近，高压脊的后部有低涡发展东移，高压脊后与低压槽前有暖平流配合，高压脊前部有冷舌从极地向南伸(图 8.9)。在 850 hPa 上空高压脊前后的冷暖平流更加明显，并且主要集中在 45°～55°N(图 8.10)。地面冷锋位于 45°N 附近，呈东西走向，高压中心位于贝加尔湖北部地区(图 8.11)。暖平流促使高压脊快速发展，其前部的偏北气流推动冷空气迅速南下，48 小时后便影响到华北地区，给廊坊市带来剧烈降温和连续 4 日的阴雨天气。这次过程固安、永清及以南县市达到了寒潮标准。因此，出现类似的环流形势时，要特别提高警惕，在准确判断冷空气强度、移动速度和方向后，及时对外发布大范围强降温和寒潮天气过程预报或警报，以便有关部门提前采取预防措施。

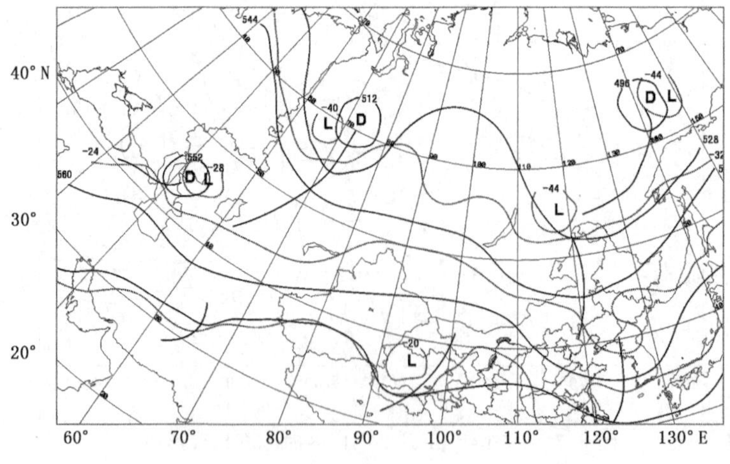

图 8.9　1992 年 4 月 4 日 08 时 500 hPa 形势

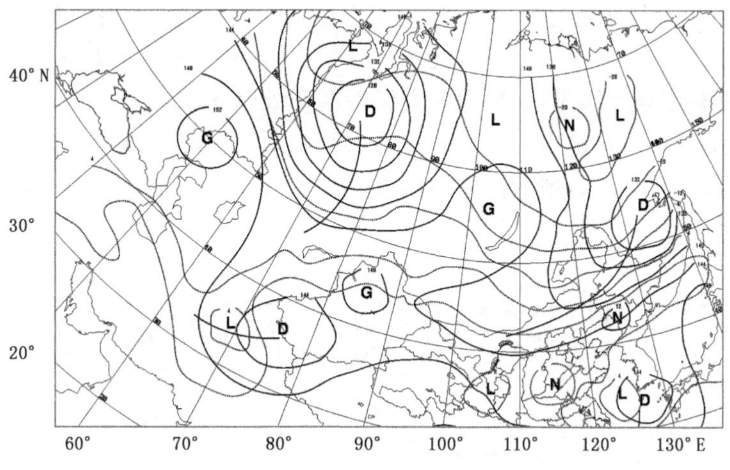

图 8.10　1992 年 4 月 4 日 08 时 850 hPa 形势

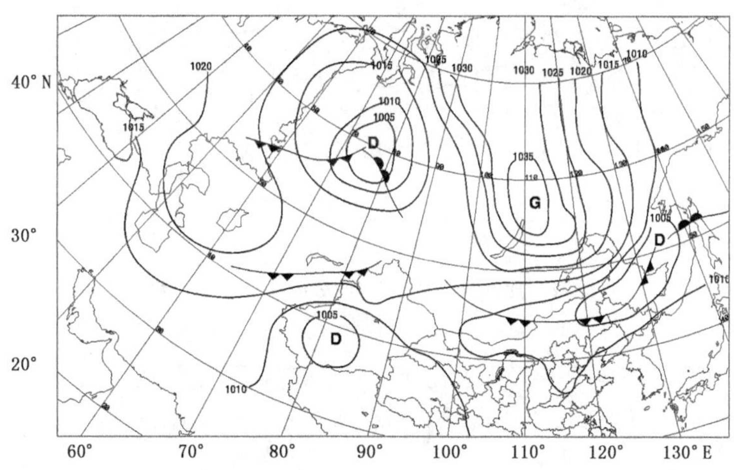

图 8.11　1992 年 4 月 4 日 08 时地面形势

8.3.3　暴雪过后由辐射降温造成寒潮天气的环流形势

廊坊市 1973 年 1 月 25 日出现的全市性寒潮过程是一次暴雪天气过后出现的剧烈降温过程，环流形势与上述过程有明显不同。1 月 20—24 日，中纬度便在纬向环流控制下，不断有低槽自西向东移动，华北地区一直维持阴天。霸州观测站的记录反映：20 日和 21 日有零星降雪。22 日 15 时 40 分开始，降雪逐渐加大，至 24 日 07 时 23 分降雪停止，连续 36 小时共降雪 17.9 mm，24 日下午天气转晴。从 1973 年 1 月 23 日 08 时 500 hPa 高空图（图 8.12）上可以看到，北支气流带上，在内蒙古中部、新疆北部和贝加尔湖西北部分别有低涡或低压环流，而南支气流带上，在江苏北部、四川至云南和印度西部也分别有低槽活动，地面图（图 8.13）上，在江淮地区和内蒙古中部分别有气旋活动。正是由于江淮气旋缓慢向东北方向移动，其外围的偏东气流从低层向华北平原地区输送水汽，并在内蒙古中部气旋的辐合抬升作用下形成持续降雪。连续的阴天和降雪使得气温相对稳定，20 日 02 时至 24 日 14 时期间，气温一直在－2.5～5.5℃变化，24 日下午天气转晴之后，由于辐射降温的作用使得气温迅速下降，24 日 20 时气温便降到了－11.6℃，24 日夜间的最低气温达到－19.2℃，48 小时内平均气温下降了 13.3℃，而这段时间内并没有出现大风天气，风力一直保持在 3 级以下。

晴天条件下，地面积雪在白天会反射一定的太阳辐射，使地表接收的太阳辐射量减少，夜间则会使向外的长波辐射加强，地表温度迅速下降。因此，中等强度以上的降雪过程结束后，应注意积雪对气温变化的影响。

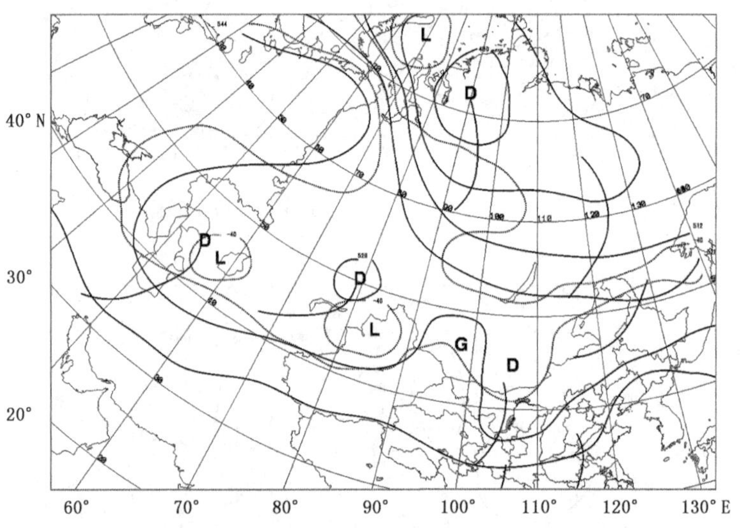

图 8.12　1973 年 1 月 23 日 08 时 500 hPa 形势

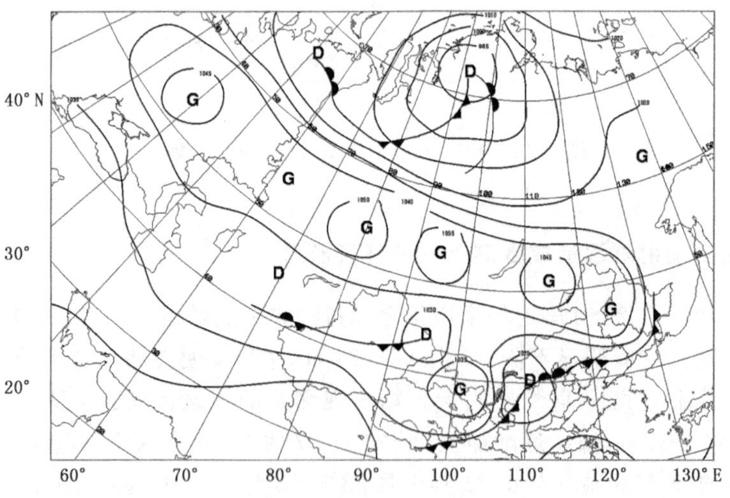

图 8.13　1973 年 1 月 23 日 08 时地面形势

8.4　寒潮天气预报着眼点

经过上述分析及对 2010—2015 年 10 个区域性寒潮天气个例的总结，归纳廊坊市寒潮天气预报的着眼点如下：

(1)寒潮天气平均每年发生 3.1 天，总体分布是固安及南部多于市区及北部。10—11 月、3—4 月及 1 月是寒潮易发季节，最多月为 11 月，其次是 10 月，第三为 4 月。

连续 2 天及以上的寒潮降温日各站比例普遍达 14.6%～26.0%，总体看，北部、南部占比大于中部地区；区域性、全市性寒潮在 20 世纪 60 年代、70 年代最多，随年代变化呈波动下降的趋势，并在 2010—2015 年的 6 年间达到最低。

(2)寒潮发生过程中常伴有其他天气，主要有降水、大风、扬沙、雾、雷暴、沙尘暴、雾凇、雨凇、霾及冰雹等，其中伴降水日数最多，占比达 34.2%，其次是大风，第三是扬沙，其余各天气均不足 10%。在伴随的各天气中，雷暴、冰雹天气相对少，月份较集中，雷暴天气主要出现在 4 月和 10 月，冰雹只出现在 4 月。

(3)从环流形势特征看，寒潮发生前两天 500 hPa 高空，咸海以东地区主要有 5 种环流形势，分别为一脊一槽型、横槽型、纬向型(宋善允 等，2007)、两槽一脊型(其中槽区分别位于咸海及河套以东地区，脊区为咸海至河套之间)和两脊一槽型(槽区从贝加尔湖地区延至河套及陕西一带，两侧为脊区)，其中一脊一槽型占比达 70%，其脊线位置通常位于 60°～85°E；纬向型或河套地区有槽东移的类型，常带来降水天气。地面形势场亚洲地区主要有两高夹一低，北高南低，西高东低，南高北低等四种类型，其中两高夹一低型占比达 50%以上，当河套地区为低压或低压倒槽控制时，随冷空气东移，容易出现降水天气。

(4)寒潮是强冷空气带来的结果，冷空气堆积是寒潮爆发的必要条件。因此，判断冷空气的强弱便成为预报寒潮天气过程的关键，通常寒潮发生前两天，500 hPa 上空，贝加尔湖西北部、北部、东部地区(90°～130°E、48°～60°N)，存在一个低于－40℃的冷中心，700 hPa 上空相近位置冷中心强度一般在－24℃以下，850 hPa 冷中心强度一般在－16℃以下；地面形势，在贝加尔湖偏南至偏西北地区(75°～100°E、45°～52°N)存在一个明显的高气压中心，强度一般达 1045 hPa 以上，在冷空气影响前两天内，中纬度河套一带(110°～120°E、40°～45°N)等压线密集，通常达 5 条以上。上述信息，可为廊坊寒潮天气预报提供参考。

8.5　寒潮典型个例

2018 年 4 月 2—5 日廊坊市经历了一次特强寒潮天气过程，属于春季寒潮，发生时间较晚。各站降温开始时间为 4 月 3 日，5 日结束，最强降温时段出现在 2—4 日，48 小时内廊坊各站最高气温、最低气温、平均气温的平均降温幅度均超过 12.0℃(表 8.4)，并以最高气温下降幅度最明显，平均下降 19.6℃，其中文安站降温幅度最大，达到 23.4℃，其次为日平均气温降温幅度，平均下降 15.8℃，最大降温出现在大城，为 18.4℃。除强降温外，此次寒潮过程中还出现了雨雪及大风天气，降水相态复杂，主要有雨、雪、雨夹雪及霰等，降水时间段出现在 3 日白天至 4 日夜间，大风时间主要有两段，第一段出现在 2 日夜间至 3 日，全市极大风力达 6～7 级，大城 8 级，风向以偏东风为主；第二段大风时间出现在 5 日夜间至 6 日夜间，全市极大风力达 7～8 级，固安、永清 6 级，风向以西北风为主。

表 8.4　2018 年 4 月 2—4 日廊坊各站降温分布(单位:℃)

	三河	大厂	香河	固安	廊坊	永清	霸州	文安	大城	平均
2—4 日平均气温差	−14.6	−14.1	−13.5	−16.0	−15.2	−16.8	−17.4	−16.6	−18.4	−15.8
2—4 日最低气温差	−12.3	−12.3	−10.8	−12.1	−12.5	−14.6	−13.7	−10.9	−13.0	−12.5
2—4 日最高气温差	−15.4	−15.6	−16.6	−20.4	−17.7	−21.5	−22.6	−23.4	−23.1	−19.6

此次寒潮过程的冷空气源地主要来自新地岛西南及以东洋面,是由两股冷空气接连影响造成的。其中第一股冷空气沿着东路路径(图 8.14～8.16),2 日起经蒙古到我国华北北部,在冷空气主体继续东移的同时,低空的冷空气折向西南,经渤海侵入华北,影响廊坊市,出现气温下降和雨雪天气,影响时间主要是 2 日夜间至 4 日夜间;第二股冷空气沿着西北路径(图 8.17～8.18),经蒙古到达我国河套附近南下,造成廊坊地区出现西北、偏北大风天气,影响时间主要是 5 日夜间至 6 日夜间。

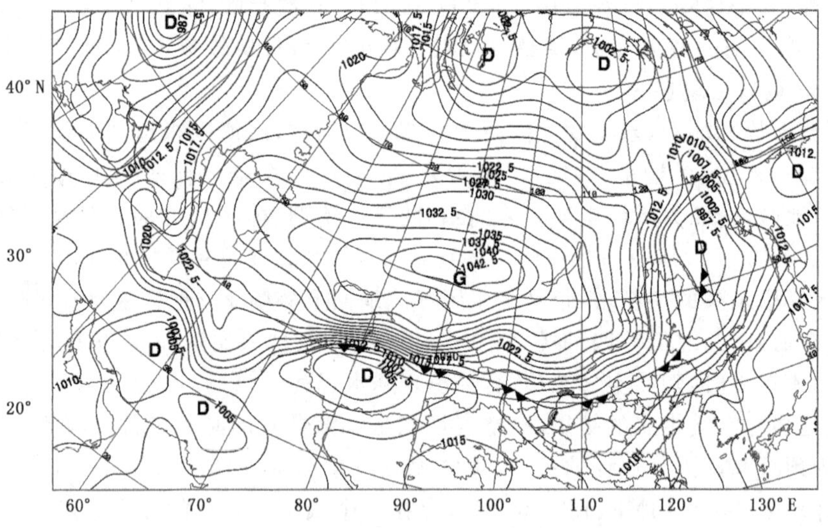

图 8.14　2018 年 4 月 2 日 08 时地面形势图

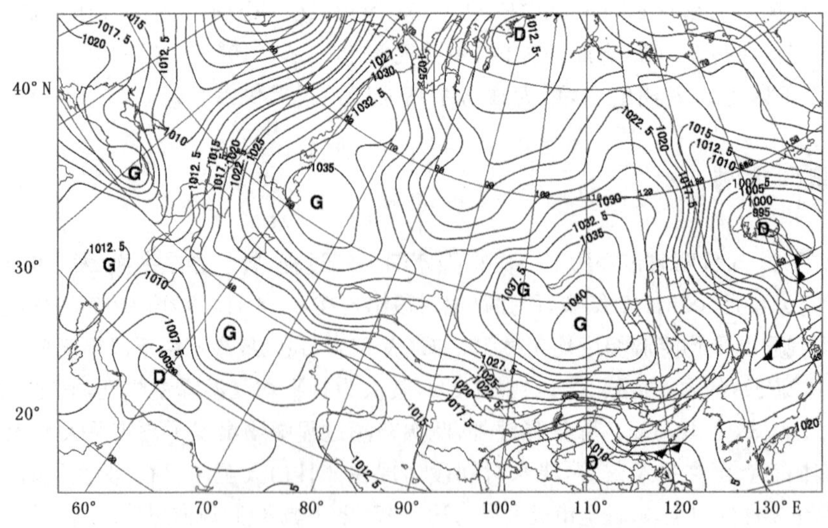

图 8.15　2018 年 4 月 3 日 08 时地面形势图

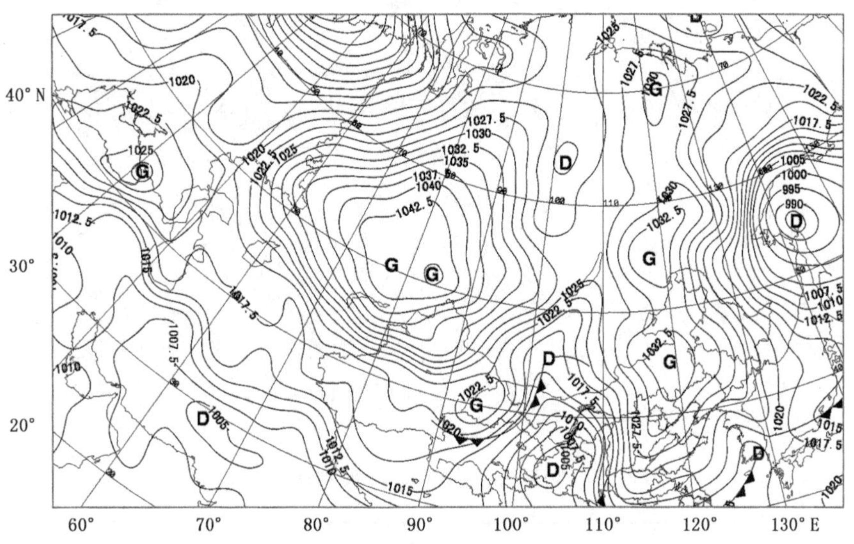

图 8.16 2018 年 4 月 4 日 08 时地面形势图

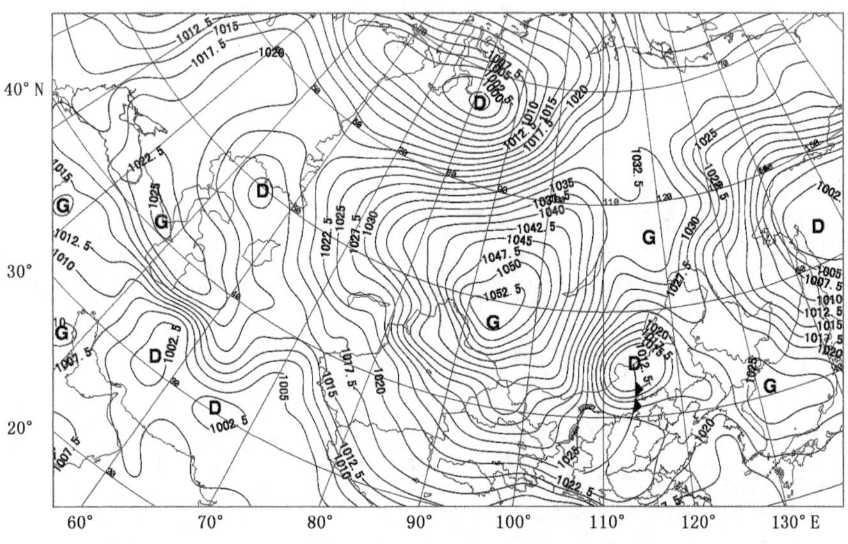

图 8.17 2018 年 4 月 5 日 08 时地面形势图

从寒潮过程中 500 hPa 高空环流形势看(图 8.19),属于典型寒潮的低槽东移型,在第一股冷空气影响时,欧亚大陆基本为纬向型,500 hPa 冷中心强度为−44℃,位于贝加尔湖西部(90°E、60°N)附近,在冷空气南下的同时,咸海附近高压脊加强发展(图 8.20),径向度加大,引导北方冷空气不断补充南下,直到随着高压脊东移,脊前冷空气入海。

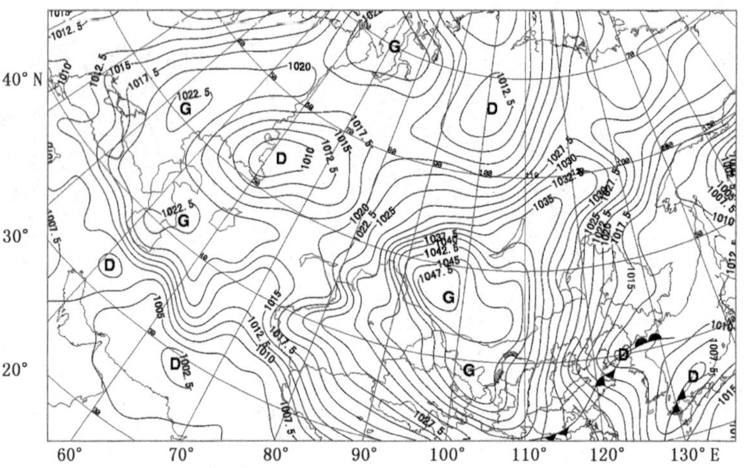

图 8.18 2018 年 4 月 6 日 08 时地面形势图

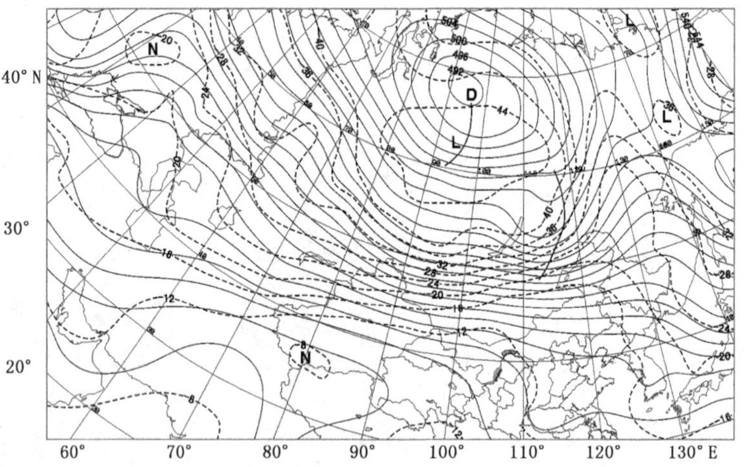

图 8.19 2018 年 4 月 1 日 20 时 500 hPa 高空环流形势图

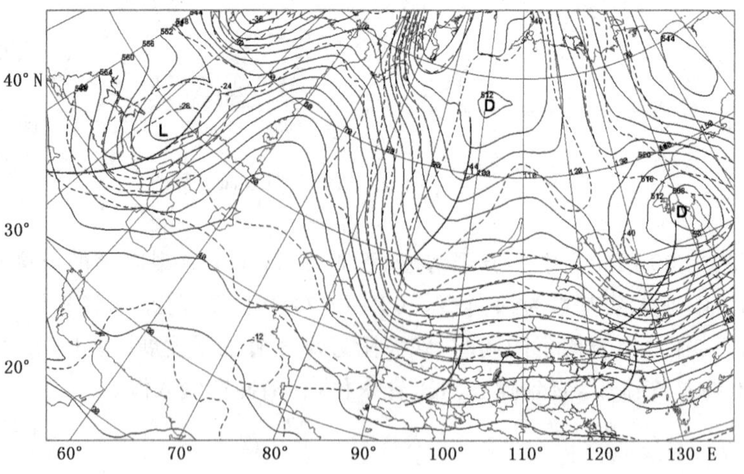

图 8.20 2018 年 4 月 4 日 08 时 500 hPa 高空环流形势图

从寒潮过程中地面冷高压中心的强度演变看,2日08时冷高压中心移近贝加尔湖和巴尔喀什湖之间,中心强度达1042.5 hPa,4日08时移至华北北部,高压中心强度为1032.5 hPa,与此同时在巴尔喀什湖北部附近,另一个高压继续东移南下,中心强度为1042.5 hPa,5日08时第一股冷空气东移入海,巴尔喀什湖附近的冷高压继续东移南下,在南下的过程中,北部冷空气加入补充,强度加强,中心强度增至1052.5 hPa,5日夜间开始入侵廊坊市,并在东移南下的过程中,逐渐衰减,6日夜间寒潮过程结束。

从上述分析可见,本次寒潮过程是一次发生在春季的特强寒潮天气过程,影响时间长,伴随天气复杂,从环流形势、脊线位置、500 hPa冷中心强度、地面气压场中心强度、等压线密集强度看,均符合前述总结的各项寒潮特征指标,是一次典型的寒潮天气过程。

第9章　强降雪

本章强降雪是指24小时降水量达到中等及以上降雪量的降雪或雪雨天气过程。通常强降雪带来的道路湿滑结冰，可致行人跌倒和交通事故频发，对交通出行危害较大；积雪较厚时可对输电线路和通信造成影响，使设施农业大棚损害甚至垮塌，伴随低温大风的强降雪天气还可导致农作物遭受冻害，减产甚至绝收，严重时可致人、畜冻伤或冻死。

9.1　强降雪的统计特征

9.1.1　统计标准

强降雪统计标准为日降水量(20—20时)达到中雪及以上量级(≥2.5 mm)的降雪(雪雨)天气过程，全市任意一站出现≥2.5 mm的降雪或雪雨过程记为1个强降雪日。

9.1.2　气候特征

从1964—2015年廊坊市9站强降雪年平均发生日数分布来看(图9.1)，三河、大厂、香河和廊坊市区的年平均强降雪日数在2.1～2.3天，高于全市平均日数2.0天，其余县(市)普遍为1.7～1.9天。从地域分布来看，总体呈现北部多南部少的特点。

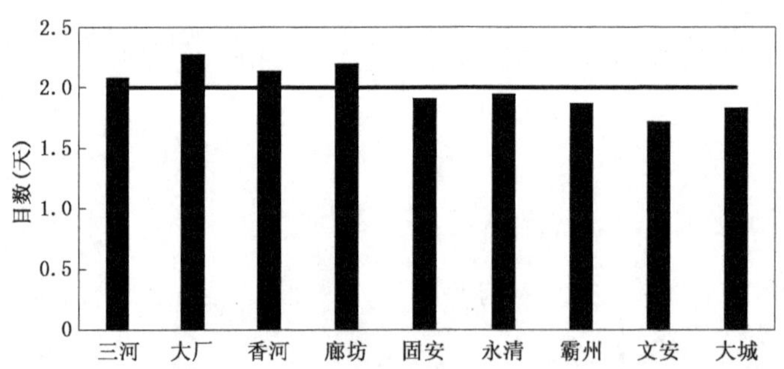

图9.1　1964—2015年廊坊市年平均强降雪日数分布(黑色直线为全市平均日数)

按照《降水量等级》(GB/T 28592—2012)划分中雪(2.5～4.9 mm)、大雪(5.0～9.9 mm)、暴雪(10.0～19.9 mm)、大暴雪(20.0～29.9 mm)和特大暴雪(≥30.0 mm)。本章统计分析时以降水量级为主，忽略降雪日部分时段的雨雪相态转换过程。统计各县(市)各量级强降雪出现日数发现(图9.2)，中雪量级降水出现日数均为最多，普遍在53～65天，大城最少，大厂最多；各站出现大雪量级降水日数较中雪明显下降，全市普遍为23～39天，文安最少，香河最多；暴雪降水量级及以上降雪(雪雨)合计，各县均≤17天，其中暴雪量级的日数在8～13天，大城未出现过大暴雪降水量级的雪(雪雨)过程,其余县(市)为 1～3 天,含雪、雨、雨夹雪达到特大暴雪量级的过程仅固安出现 2 天,香河和永清各出现 1 天,其中一次香河、固安和永清同时出现在 2012 年 11 月 4 日,降水量分别达到了 54.7 mm、40.9 mm 和 31.5 mm;另一次,1964 年 4 月 5 日固安出现了 32.2 mm 的特大暴雪量级降水,上述两次过程均出现了雨、雨夹雪和雪的降水相态转换,危害性影响要比纯雪略偏小。

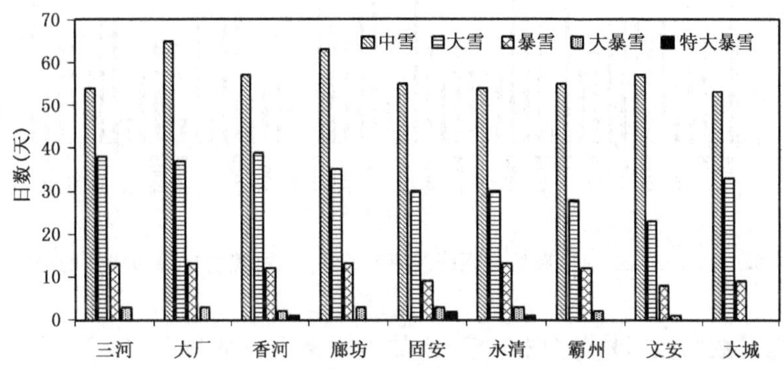

图 9.2　1964—2015 年廊坊各县(市)分量级强降雪出现日数

分析廊坊市强降雪站次逐年变化可以看出(图 9.3),降雪站次的年际变化呈现一定的波动性,整体变化趋势为波动下降,但下降幅度较小,波动周期约为 3 年。其中 1986—1987 年、1990—1994 年、2000—2001 年和 2009—2010 年为强降雪发生站次偏多时段,1990 年最多,全年共出现 52 站次;1968—1969 年、1974—1975 年、1983—1985 年、1995—1999 年和 2007—2008 年等几个时间段为强降雪发生站次相对较少时段,1965 年和 1995 年全市各站均未出现强降雪。

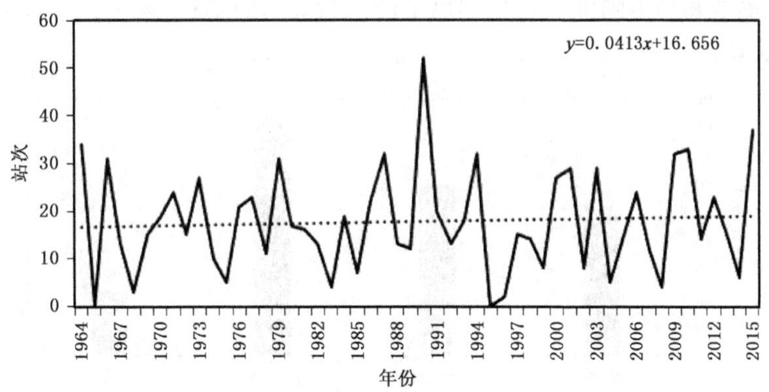

图 9.3　1964—2015 年廊坊市强降雪逐年发生站次(黑色虚线为线性趋势线)

从强降雪日数的逐年变化来看(图 9.4),除 1965 年和 1995 年无强降雪出现外,其余年份均有不等日数的强降雪天气发生,其中 1990 年共出现 13 天,为最多年份,1968 年、1977 年、2002 年、2004 年和 2008 年分别仅有 1 天,年际变化总体呈小幅下降趋势,其中 20 世纪 70 年代、90 年代,以及进入 2010 年后较上个 10 年强降雪日数是增加的,平均增幅为每 10 年 5.3 天,20 世纪 80 年代和 2000 年后的 10 年日数为下降趋势,降幅为每 10 年 6.5 天。

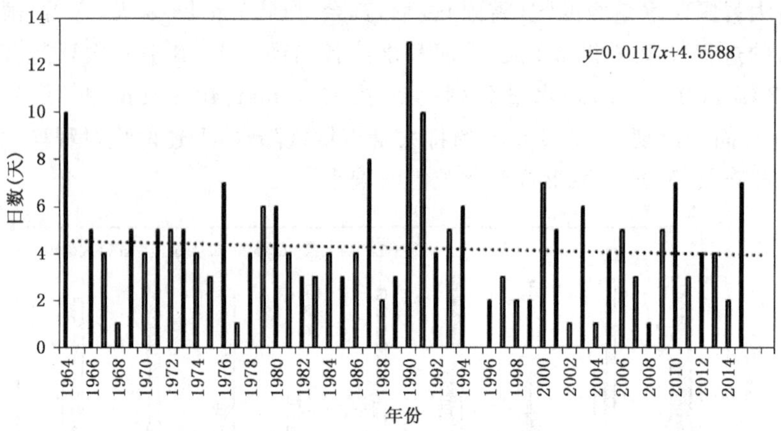

图 9.4　1964—2015 年廊坊市强降雪逐年发生日数(黑色虚线为线性趋势线)

按照强降雪日数的范围划分(图 9.5),区域性强降雪日数最多,为 85 天,全市范围最少,共有 23 天,单站和局地强降雪分别为 53 天和 60 天。从不同范围强降雪的年际变化来看,20 世纪 70 年代中期至 80 年代中期,以及 90 年代初是单站强降雪发生较为频繁的时期,大多年份出现了 1～4 天不等,其余时段单站强降雪年发生日数相对较少,且有多个年份未出现(图 9.6a);局地强降雪频繁发生的时期集中在 60 年代后期至 70 年代中期、80 年代初以及 90 年代初,年日数多为 1～2 天(图 9.6b)。区域性强降雪在 60 年代至 80 年代中期发生频次少,年日数以 1～2 天居多,此后出现日数渐多,年日数也普遍达到了 2～5 天,1990 年甚至出现 8 天(图 9.6c);全市范围的强降雪出现日数相对较少,年日数多为 0～1 天,其中 1987—1991 年和 1993—2000 年连续 5 年和 8 年未出现全市性强降雪。

总体而言,单站和局地强降雪都呈现出下降的特点,区域性强降雪有增多趋势,全市强降雪变化趋势不明显。

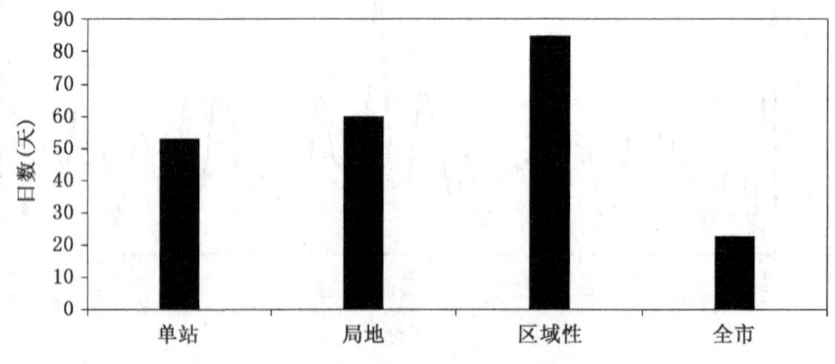

图 9.5　廊坊市不同范围强降雪出现日数

分析强降雪的逐月发生概率可以看出(图 9.7):廊坊市强降雪出现在 1—4 月和 11—12 月,其他月份无强降雪发生。出现强降雪的月份中,3 月概率为全年最多,占 24.3%,2 月第二,占比 23.8%,11 月位列第三,占比 22.5%,进入 4 月后强降雪发生概率急剧减小,占比 1.8%。进一步按量级来划分(图 9.8),中雪出现概率在各月均为最大,其中又以 2 月为最多,占比 14.5%,其次为 3 月和 11 月,1 月和 12 月相对较小,占比 8.9%和 8.4%,4 月最小;大雪

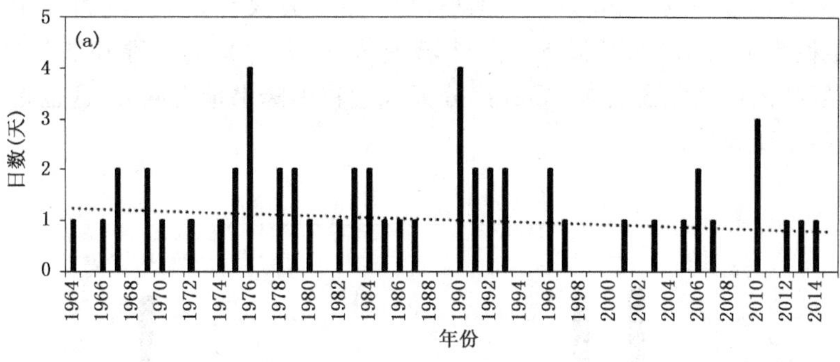

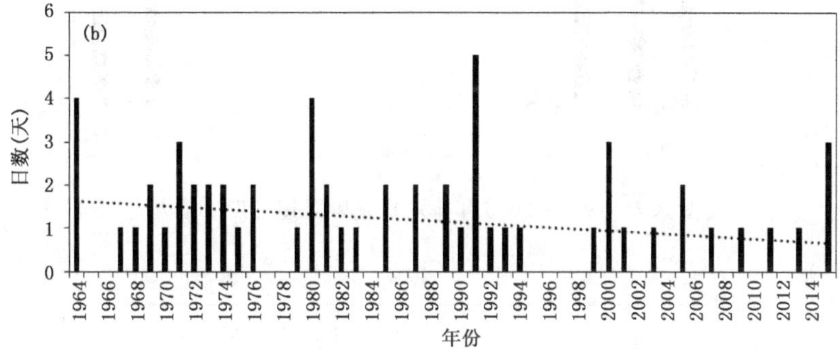

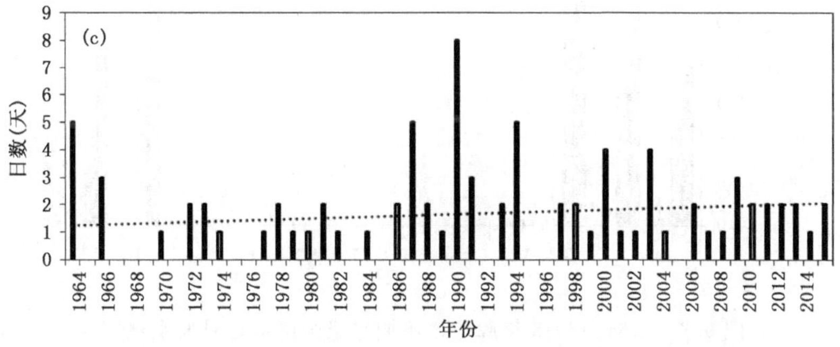

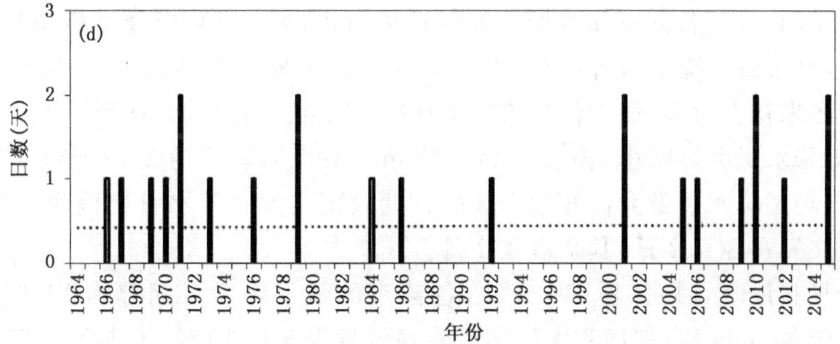

图 9.6　不同范围强降雪年际变化(黑色虚线为线性趋势线)

(a.单站;b.局地;c.区域性;d.全市)

在 12 月至次年 3 月呈逐月增多趋势，3 月占比 9.2%，11 月仅次于 3 月，占比 7.6%；暴雪的逐月变化趋势与大雪基本一致，但概率明显偏小，最多的 3 月仅有 3.9%，4 月无论哪个量级的降雪都偏少，发生概率都在 1.3%及以下。此外，3 月和 11 月分别是冬春和秋冬过渡时期，出现的降水多伴有复杂的雨雪相态转换，导致部分天气过程中降水量级偏大，这也是大雪和暴雪较其他月份偏多的重要原因。

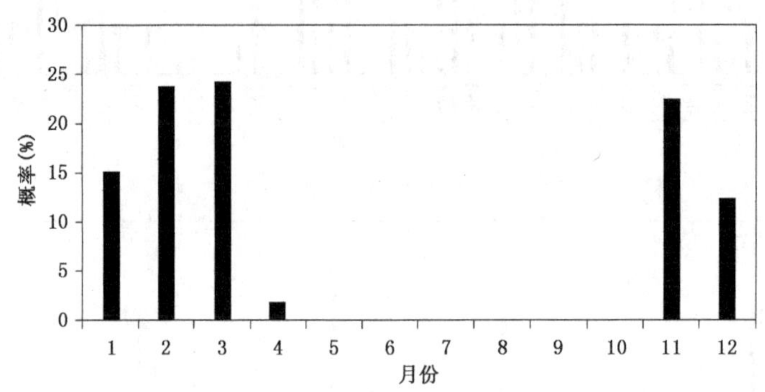

图 9.7　1964—2015 年廊坊市强降雪逐月发生概率

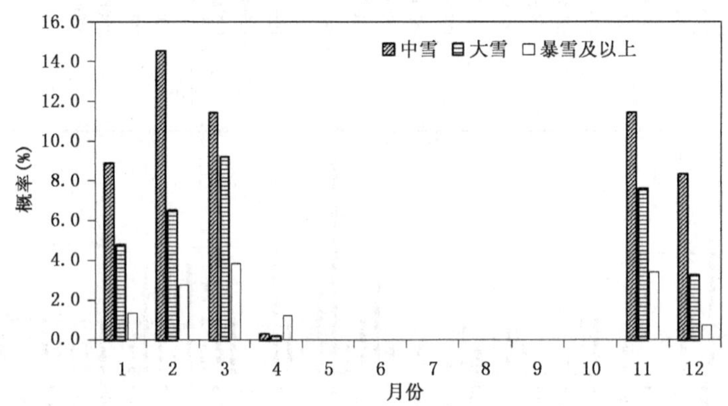

图 9.8　1964—2015 年廊坊市不同量级强降雪逐月发生概率

按照相态不同，分析各县市降雪量极大值可以看出(表 9.1)，当降水相态包括雪、雨或雨雪混合物时，各县市最大降水量普遍在 20～30 mm，出现的日期多在 11 月初或 3 月、4 月初，即秋末初冬或冬末初春时节，最大值出现在 2012 年 11 月 4 日香河，达到了 54.7 mm；当相态为纯雪时，最大降水量明显减小，普遍在 14～23 mm，最大降雪量为 23.2 mm，2003 年 11 月 7 日出现于大厂，纯雪降水量最大值各站出现的日期较雨雪混合降水日期偏晚，其中大厂、固安出现在 11 月，文安在 3 月 2 日，其余多在 2 月。

从降雪最早和最晚日期来看(表 9.2)，各县市的最早降雪日期都为 11 月 1 日，出现在 1973 年、1987 年和 2009 年；三河和大厂的最晚降雪日为 3 月 30 日，出现于 1987 年，其余均出现在 4 月，最晚的 1979 年 4 月 25 日仍出现了降雪。

表 9.1　全市各县市最大降雪量及出现日期(单位:mm)

	三河	大厂	香河	廊坊	固安	永清	霸州	文安	大城
雪+雨	28.5	26.0	54.7	25.1	32.2	31.5	24.3	19.9	18.9
日期	2007-03-04	2007-03-04	2012-11-04	1964-04-05	1964-04-05	2012-11-04	2012-11-04	2012-11-04	2007-03-04
纯雪	14.8	23.2	18.0	19.0	16.0	16.5	17.9	14.6	16.9
日期	1979-2-23 1991-3-26	2003-11-07	1979-02-23	1979-02-23	1994-11-13	1979-02-23	1979-02-23	1971-03-02	1979-02-23

表 9.2　全市各县市强降雪出现最早、最晚日期

	三河	大厂	香河	廊坊	固安	永清	霸州	文安	大城
最早日期	1973-11-01 1987-11-01 2009-11-01	1973-11-01 2009-11-01	1973-11-01 1987-11-01 2009-11-01	1987-11-01 2009-11-01	1987-11-01 2009-11-01	1987-11-01 2009-11-01	1987-11-01	1987-11-01 2009-11-01	1987-11-01 2009-11-01 1979-04-25
最晚日期	1987-03-30	1987-3-30	1964-04-06	1964-04-06	1964-04-05	1970-04-03	1964-04-06	1964-04-06	

9.2　强降雪的大气环流形势及影响系统

利用客观分型技术,对廊坊市 65 个强降雪天气个例进行环流形势分析。

9.2.1　大气环流形势及影响系统

9.2.1.1　高空环流形势

分析廊坊市强降雪天气日 500 hPa 08 时高空环流形势及影响系统,主要有低槽型(图 9.9a)、低涡型(图 9.9b)、平直西风环流型(图 9.9c)及脊前西北气流型(图 9.9d)。从大尺度环流形势看,当廊坊市上空处于槽前西南气流或低涡的偏南或西南象限控制时,正的涡度平流使得高空大气产生辐散,进而促使上升气流加强,因此较大范围的强降雪多在这两种高空环流形势控制下产生,所占比例分别为 18.5%和 1.5%;当廊坊市高空处于平直西风环流控制时,低层配合有明显切变线或低空急流等影响系统也可造成强降雪天气,这种形势下强降雪概率最大,占比 69.2%;500 hPa 高空为脊前西北气流控制时也有强降雪天气发生,占比较小,为 10.8%。850 hPa 上出现较多的天气形势为槽前西南气流和脊前西北气流,分别有 29 次和 25 次,占比分别为 44.6%和 38.5%,除此以外的高压脊内、平直西风环流和低涡出现 3～5 次(图略)。上述分析可见,最易造成强降雪的 500 hPa 形势为平直西风环流,850 hPa 则处于槽前西南气流中。

9.2.1.2　地面环流形势

同样分析强降雪日 08 时地面环流形势,主要有:高压控制型和低压倒槽控制型,其中高压控制型又因廊坊在其所处位置不同而有所差异,最常见的是当高压中心处于蒙古东部或我国东北地区,廊坊地面位于高压场底部或底后部(图 9.10a),即通常所说的回流形势,占比最多,达到了 73.9%;当高压中心位于蒙古中部至内蒙古中北部时(图 9.10b),高压强度一般较强,

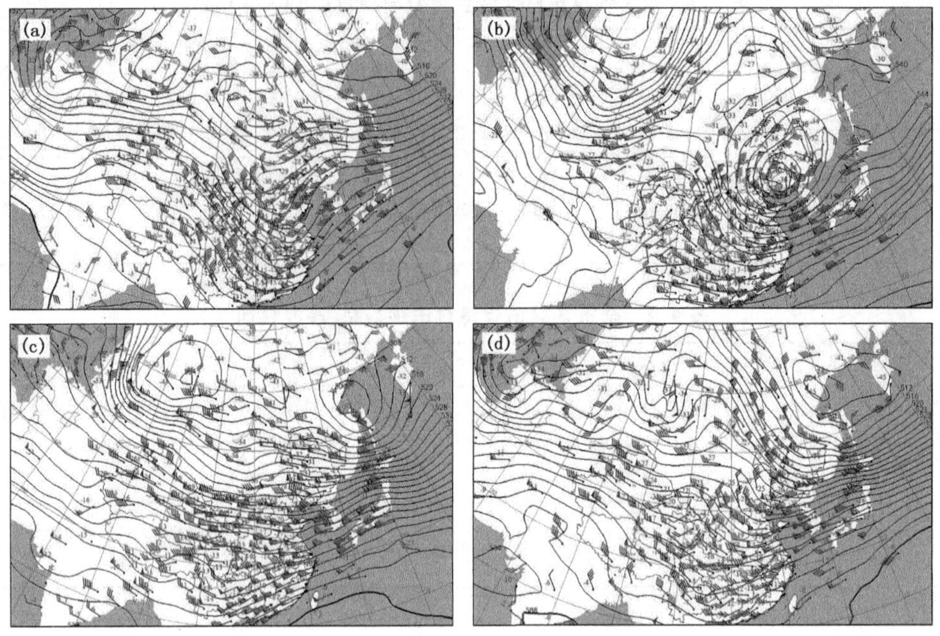

图 9.9　强降雪天气 500 h Pa 环流形势分型

（a. 低槽型；b. 低涡；c. 平直西风环流；d. 脊前西北气流）

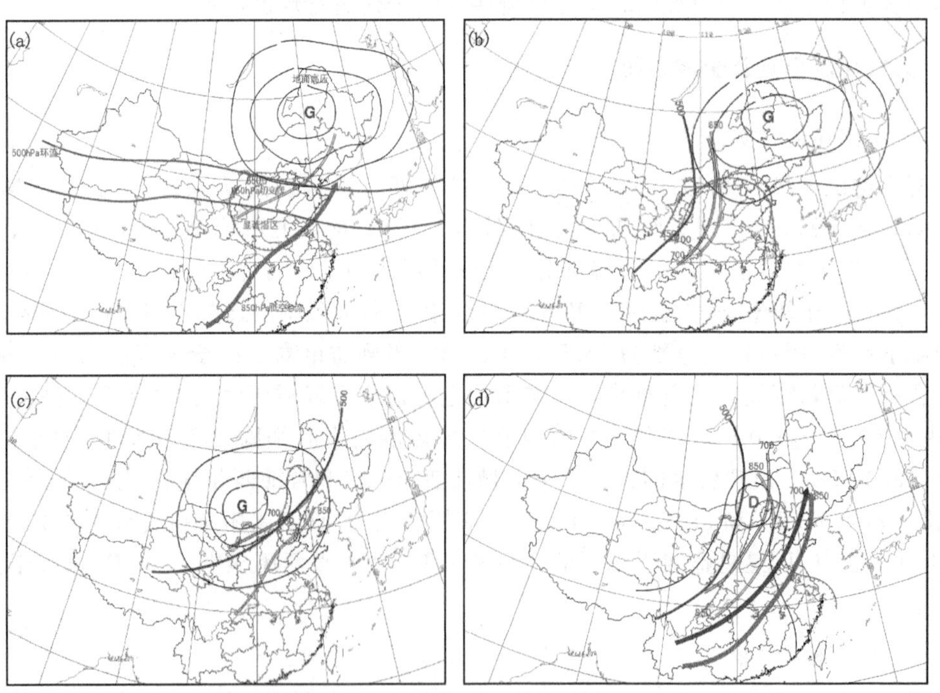

图 9.10　强降雪天气地面形势分型

（a. 回流型；b. 高压前部型；c. 变性高压控制；d. 低压倒槽型）

易出现降雪、大风天气，这种形势占比达 10.8%；若高压入海后停滞，强度减弱，廊坊市处于变性高压控制(图 9.10c)，在西部低压、入海高压后部东南气流的影响下也可产生强降雪，此型所占比例相对较少，为 6.2%。此外，当廊坊市地面为低压倒槽控制时也利于强降雪天气发生(图 9.10d)，倒槽较强时可从我国西南或华南向北延伸至华北北部地区，这一类型占比达 9.3%。由上述分析可见，回流形势是造成廊坊市强降雪的主要地面环流形势。

9.2.1.3　强降雪的高低空配置形势

强降雪的形成需要高空和地面形势满足一定的配置条件，其中“北高南低”或“东北高西南低”的回流型是廊坊市强降雪发生的主要环流形势，占到了所有强降雪天气的 73.9%，在这类地面控制形势下 500 hPa 高空为平直西风环流居多(图 9.11a)，约占 53.9%，此时华北中部处于 850 hPa 显著湿区内，同时从我国西南或华南有伸向渤海地区的低空急流，为强降雪的形成提供充足的水汽条件，此外，华北地区低空切变线的存在，以及从东北平原回流的冷空气垫，使得暖湿空气在冷垫上爬升，构成了强降雪形成的动力条件；当地面为回流形势，500 hPa 为槽前西南气流或北涡南槽时(图 9.11b)，也是廊坊市强降雪的重要配置形势，占比 7.7%，这一类型槽线多位于河套地区，在内蒙古中部至山西有低空切变线，河北大部分地区都处于 700 hPa 或 850 hPa 的显著湿区内；当 500 hPa 处于脊前西北气流时，也有可能出现强降雪，这一配置约占 13.8%。

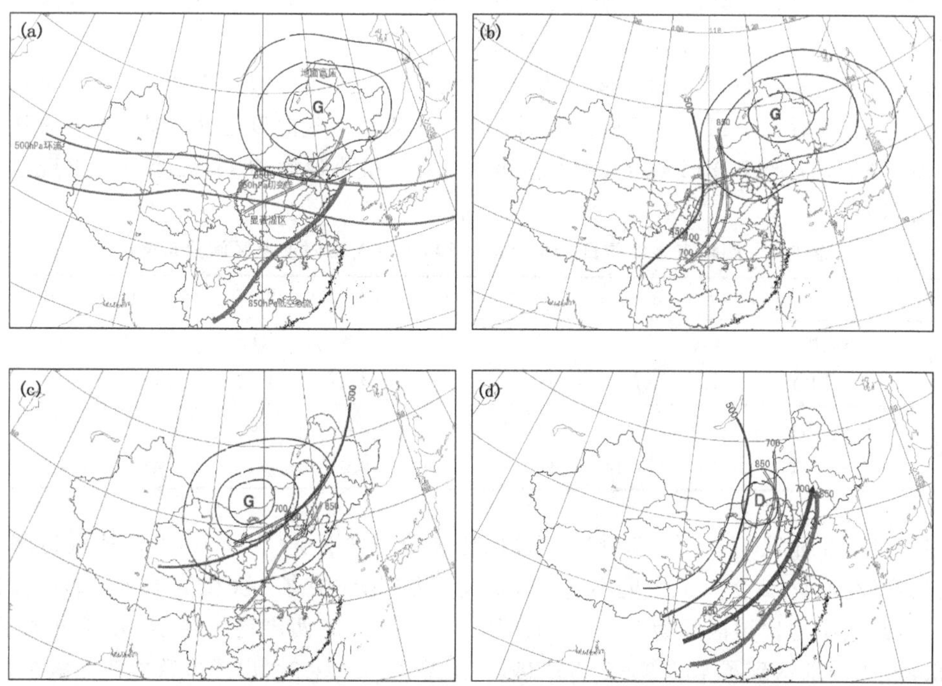

图 9.11　强降雪天气高低空及地面环流主要形势配置(附彩图)

(a、b. 回流型；c. 高压型；d. 低压倒槽型)

除回流形势外，出现概率较大的是高压型，占比 16.9%，这一类型中有 63.9%的个例，地面处于高压场前部，其余为变性高压控制，此型下 500 hPa 处于高空槽前(图 9.11c)、脊前或平直西风环流中的个例占比相当，850 hPa 的显著湿区较其他形势明显偏小，集中在河北北部到内蒙古中东部的较小区域，多数无低空急流，有低空切变线相配合。

低压倒槽型约占 9.2%，其特点为地面图上有从西南或华南地区向北伸的低压倒槽，顶部可到达内蒙古中西部地区，有时倒槽内有闭合低压中心形成，高空 500 hPa 蒙古至河套地区通常有低槽配合(图 9.11d)，700 hPa 和 850 hPa 上山西至河北中部有近乎南北走向的切变线，同时有低空急流经渤海伸向东北南部，廊坊市处于急流轴左侧的显著湿区内。

9.3 强降雪预报参考指标

物理量分析所用资料为 1999—2015 年强降雪日 08 时北京站探空资料。

9.3.1 湿度条件

从降雪日 700 hPa 和 850 hPa 高度各相对湿度区间出现的次数和所占比例看(表 9.3)，850 hPa 的相对湿度集中于 80%以上，占比达 80.88%，其中＞90%为最多，有 34 次，占比 50%，当相对湿度＜70%时，出现次数显著减少，普遍为 1～3 次，占比均在 5%以下；700 hPa 的相对湿度与 850 hPa 有类似的分布特征，＞80%以上的个例达 55 次，占比 80.88%，相对湿度在 60%～80%的个例减小至 8 次，当相对湿度＜60%时，仅出现过 5 次，比例共占 7.35%。可见，当 850 hPa 和 700 hPa 高空相对湿度条件达到 80%以上时，有利于廊坊市强降雪天气的发生，当相对湿度＜60%时，强降雪天气出现的概率极小。

此外，强降雪发生日 850 hPa 最大相对湿度为 100%，最小值为 17%，出现于 2008 年 12 月 21 日，当日 08 时 850 hPa 北风风速达到 21 m/s，使得空气湿度迅速下降，其余强降雪日相对湿度多在 80%以上，700 hPa 最大相对湿度为 92%，最小值为 18%，较小值的出现也与北风风速较大有关。

表 9.3 廊坊市强降雪日 850 hPa 和 700 hPa 各相对湿度区间分布情况

相对湿度(%)		90～100	80～90	70～80	60～70	50～60	40～50	30～40	20～30	10～20
850 hPa	次数(次)	34	21	7	/	3	1	1	/	1
	占比(%)	50.00	30.88	10.29	/	4.41	1.47	1.47	/	1.47
700 hPa	次数(次)	25	30	3	5	2	/	1	1	1
	占比(%)	36.76	44.12	4.41	7.35	2.94	/	1.47	1.47	1.47

从降雪日 08 时 700 hPa 和 850 hPa 高度的比湿分布情况看(表 9.4)，两层比湿达到 4 g/kg 的个例均比较少(1～2 次)，最大值不超过 6 g/kg，700 hPa 层有 2 次在 4～5 g/kg，所占比例为 1%～3%，最集中的比湿区间为 1～3 g/kg，其中 1～2 g/kg 两层均为最多，分别出现了 31 次和 38 次，占比分别达到了 45.59%和 55.88%；比湿＜1 g/kg 时，出现次数也明显减少，占比分别为 7.35%和 17.65%；850 hPa 和 700 hPa 两层的平均比湿分别仅为 2.02 g/kg 和 1.71 g/kg。由此可见，850 hPa 和 700 hPa 高度层的比湿为 1～3 g/kg 是利于强降雪发生的有利条件，大于此范围的湿度条件在廊坊地区冬季不易达到，而比湿过小降雪量级难以达到中雪以上。

表 9.4　廊坊强降雪天气 850 hPa 和 700 hPa 各比湿区间分布情况

比湿(g/kg)		5～6	4～5	3～4	2～3	1～2	<1
850 hPa	次数(次)	1	1	4	26	31	5
	占比(%)	1.47	1.47	5.88	38.24	45.59	7.35
700 hPa	次数(次)	/	2	6	10	38	12
	占比/%	/	2.94	8.82	14.71	55.88	17.65

9.3.2　温度条件

当廊坊市发生强降雪天气时，925 hPa 、850 hPa 和 700 hPa 高度的平均温度分别为 −7.12℃、−8.07℃ 和 −12.41℃，925 hPa 的最高气温可达到 0℃ 以上，最小值 −18℃，850 hPa最高和最低温度分别为 0℃和−22℃，其中 925 hPa 和 850 hPa 温度在 0℃的情况发生于 11 月和 3 月的季节转换时期，此时相态复杂，多伴有雨夹雪，甚至降雨。三层温度具体分布区间见表 9.5，从表中可以看出，925 hPa 温度集中于 −10～0℃，有 60 次，占比 88.24%，−20～−10℃ 出现 7 次，占比 10.29%，>0℃ 的个例仅出现 1 次；850 hPa 高度层集中于 −10～0℃，有 51 次，占比 75.00%，其次为 −20～−10℃，占比 20.59%，>0℃的个例有 2 次，−30～−20℃ 出现 1 次，占比均不足 3%；700 hPa 高度层温度为 −20～−10℃ 的个例有 47 个，占比 69.12%，−30～−20℃和 −10～0℃ 分别出现 11 次和 9 次，占比分别为 16.18% 和 13.24%，<−30℃的个例有 1 个。

表 9.5　廊坊市强降雪日 925 hPa 、850 hPa 和 700 hPa 各区间温度分布情况

温度(℃)		−40～−30	−30～−20	−20～−10	−10～0	>0
925 hPa	次数(次)	/	/	7	60	1
	占比/%	/	/	10.29	88.24	1.47
850 hPa	次数(次)	/	1	14	51	2
	占比(%)	/	1.47	20.59	75.00	2.94
700 hPa	次数(次)	1	11	47	9	/
	占比(%)	1.47	16.18	69.12	13.24	/

9.3.3　风向风速特征

由强降雪日 08 时 850 hPa 的风频和风速分布可以看出(图 9.12)，廊坊市出现强降雪时西南风出现的频率为最高，占比 26.5%，其次为 WSW、SSW 和 NNE，均占 8.8%，此外，发生频次较多的是沿顺时针方向西北风到东北偏北风和东风，出现频率为 4%～6%，其余风频普遍为 1%～2%。从风速上来看，强降雪日达到低空急流标准(≥12m/s)的次数占比达 17%，其中 12～16 m/s 占 13%，≥16 m/s 仅占 4%，4～12 m/s 占比 68%，其中 4～8 m/s 占比 40%，0～4 m/s 占比 15%。综上所述，强降雪日 850 hPa 高度以西南风为主导风向，但达到低空急流的次数较少，主要为 4～12 m/s。

由 700 hPa 高度的风频和风速分布可以看出(图 9.13)，强降雪发生日 700 hPa 与 850 hPa 风向趋势存在着一定差异，西南风的比例明显减小，西风成为最主要风向，占比 26.5%，以其

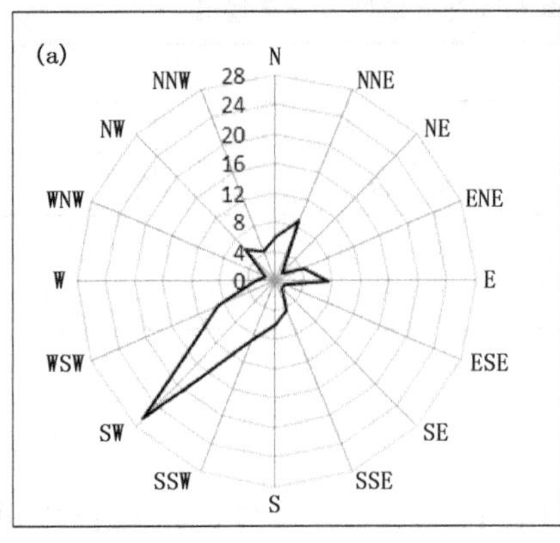

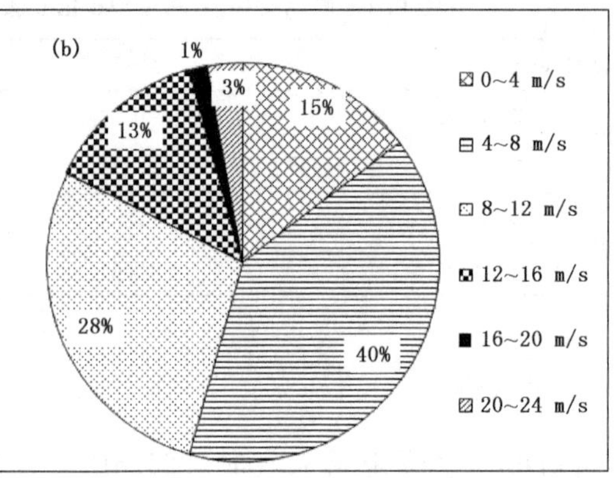

图 9.12　廊坊市强降雪日 08 时 850 hPa 风频(a,单位:%)和风速(b)分布情况

为中心沿顺时针和逆时针方向旋转 45°内是风向的次发生区域，占比为 7%～19%，其中以西北偏西风居多，占比 19%，其他风向所占比例均小于 2%。风速主要分布在 4～20 m/s，占比 88%，其中 8～12 m/s 最多，占比 34%，4～8 m/s 和 12～16 m/s 比例相当，约占 16%，16～20 m/s占到了 22%，4 m/s 以下的风出现比例最小，仅为 2%，与 850 hPa 相比，≥12 m/s 比例明显增多，但风向以偏西风或西北风为主，约占 49%，表明强降雪发生时，中层水汽条件较低层偏弱。

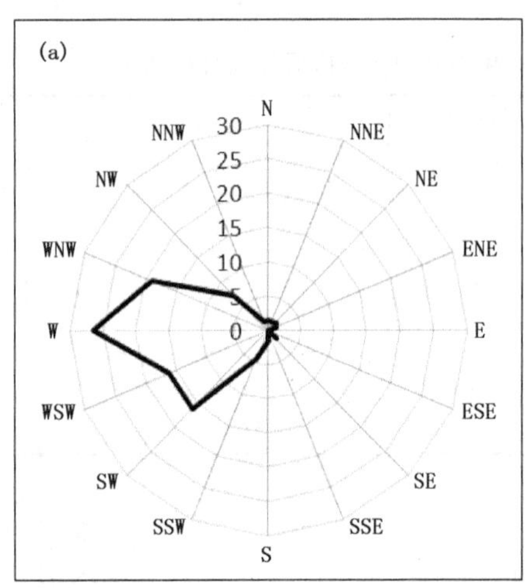

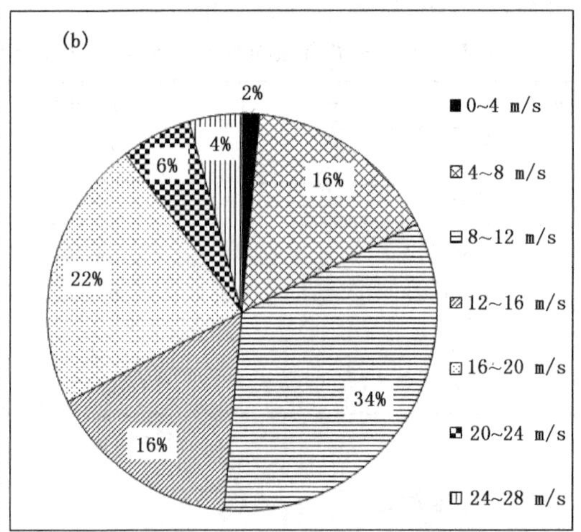

图 9.13　廊坊市强降雪日 08 时 700 hPa 风频(a,单位:%)和风速(b)分布情况

9.3.4　回流型强降雪天气预报指标

造成廊坊市强降雪的主要地面形势为华北回流，因此选取 2000—2009 年 12 个典型回流型强降雪过程来进一步分析回流形势的地面风场特征(许敏 等，2014)。因回流形势下，华北中部整体处于高压底部，地面受偏东或东北风控制，因此选取廊坊东部的天津和唐山两站作为上游站点进行分析。

在 2000—2009 年的 12 个降雪当日符合回流标准的个例中(表 9.6)，有 10 个最大风速风向在北到东的范围(顺时针旋转),占总个例数的83%,其中以北风出现次数最少,东北偏东风最多,唐山出现6次,占比50%,天津出现4次。在回流型降雪的整个过程中,从地面10 min最大风速看(图9.14):强降雪过程中两站的10 min最大风速(以下简称"最大风速")均≥3 m/s,最大达到了11.3 m/s,出现在2008年12月21日天津站,该过程中唐山站最大风速为7.5 m/s,2000—2009年10年间12次由回流形势导致的强降雪过程中上述两测站的平均最大风速为6.0 m/s,其中天津站风速(6.5 m/s)要明显大于唐山站(5.5 m/s)。由此可以看出:当预报廊坊市东部地区风速达到3 m/s,特别是5 m/s以上时,同时回流形势的其他条件满足,预报员要重点关注有无强降雪天气发生的可能。

表9.6 降雪过程中10 min最大风速对应的风向

	1	2	3	4	5	6	7	8	9	10	11	12
唐山	E	ENE	ENE	NE	ENE	ENE	ENE	NNW	NNW	ENE	NNE	NNE
天津	ENE	ENE	ENE	NNE	NNE	E	NNW	N	NNW	ENE	NE	E

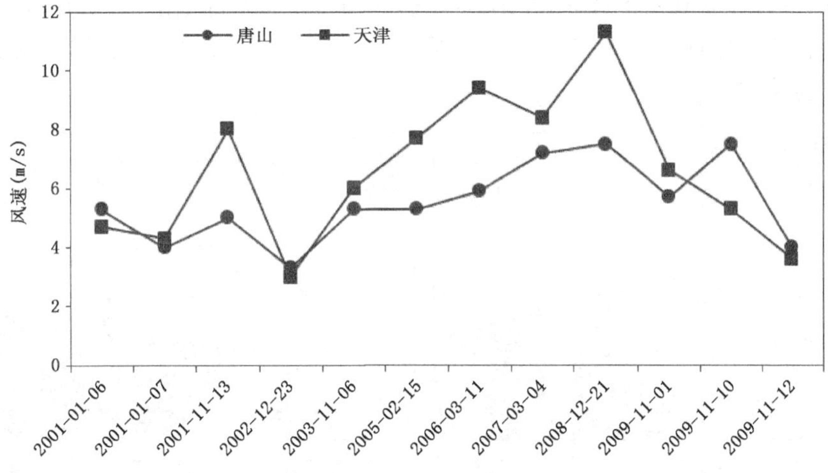

图9.14 回流降雪过程中天津和唐山观测站地面风速

9.4 典型强降雪天气个例

9.4.1 实况分析

2014年2月6—8日,受高空槽和回流形势的共同影响,河北省中南部大部分地区出现区域性降水过程。6日夜间开始廊坊市自南向北逐渐出现降雪。其中中部(廊坊市区、固安、永清)及霸州累计降水量均在5.0 mm以上(表9.7),北三县和南部地区普遍在3.0 mm以下,最大值6.8 mm出现在霸州。降水的主要时段集中在6日夜间至7日白天。

表9.7 2月6日08时至2月8日08时廊坊市各观测站降水量(单位:mm)

三河	大厂	香河	廊坊	固安	永清	霸州	文安	大城
1.9	2.9	2.5	5.0	5.6	6.1	6.8	4.1	2.3

9.4.2 成因分析

9.4.2.1 环流背景

从2月6—7日500 hPa平均高度场可见(图9.15a),欧亚地区中高纬呈两槽一脊型,极涡中心平均位置在中西伯利亚东部,其西部两涡之间有暖脊向北伸展,引导冷空气不断沿偏北气流南下,蒙古至我国北方区域内平均为纬向环流控制,2月6日20时,500 hPa上短波槽从新疆移出至河西走廊一带,到7日08时低槽到达河套,廊坊市逐渐转受槽前西南气流中(图9.15b);700 hPa、850 hPa有切变线与之配合(图9.15c、d),垂直结构略前倾,其中850 hPa等压面上在蒙、冀、晋交接至河套为近"人"字形切变线(图9.15d)。到7日08时500 hPa槽线移至河北省西侧,在40°N附近出现了一条大风速带,风速达20 m/s以上,20时迅速移出河北,同时700 hPa、850 hPa仍有切变线与之配合。地面形势上,6日20时低压倒槽从我国西南伸向内蒙古中部,7日08时在河套地区形成闭合低压中心,廊坊市位于其前部(图9.16),蒙古高压前部冷空气随高压东移南下并西进,形成冷垫,廊坊市及其东部上游地区为一致的偏东或东北气流,随着河套地区低压倒槽东移北上,形成了"东北高西南低"的回流形势,暖空气沿冷垫爬升,凝结产生降水。

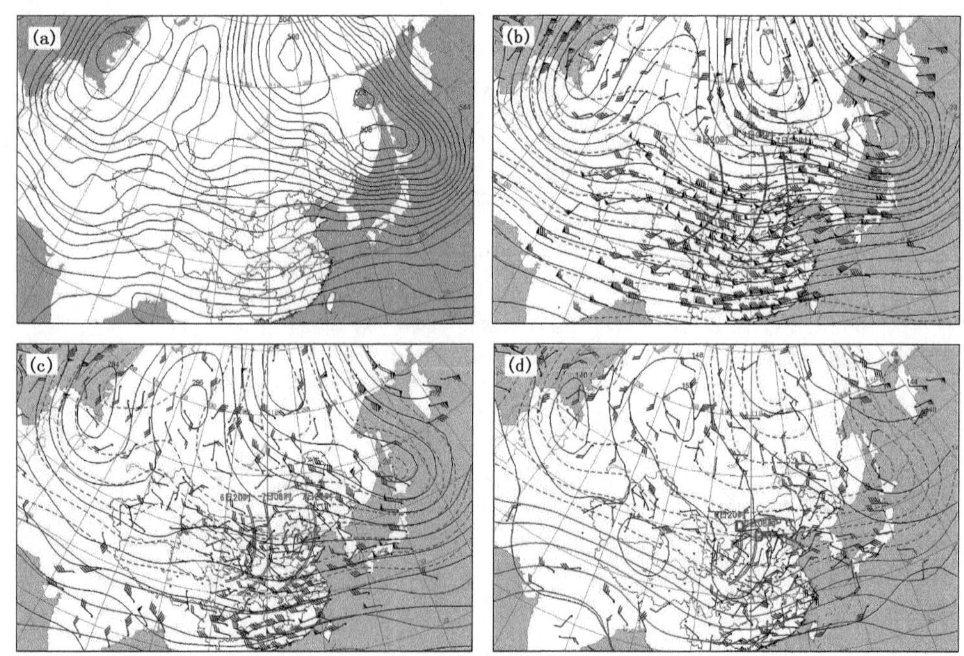

图9.15　2月6—7日500 hPa平均场(a)和7日08时500 hPa(b)、700 hPa(c)和850 hPa(d)形势场

9.4.2.2 水汽和动力条件诊断分析

(1)水汽条件

此次天气过程中,回流形势的建立使得部分水汽沿偏东气流从渤海经天津到达廊坊市,为

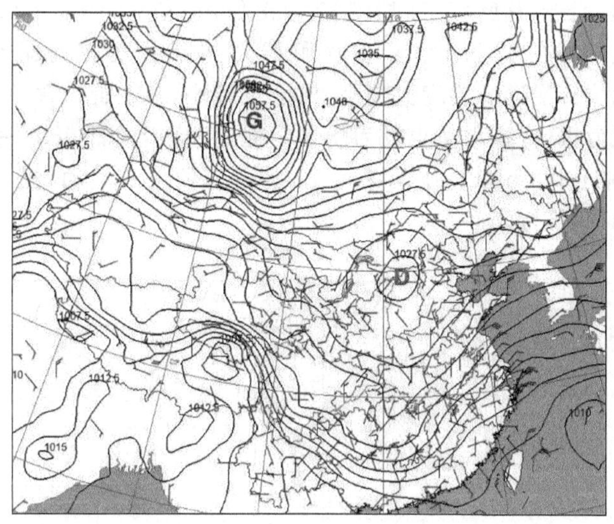

图 9.16 2月7日08时地面形势场

本地降水的形成提供了一定的水汽条件，但 850 hPa 偏南风风速较小，未形成良好的水汽通道，因此不利于降雪的长时间维持。由7日08时沿116.6°E相对湿度剖面图可见(图9.17a)，40°N 以北的湿层出现在 700 hPa 以上，且范围小，大于 90%的层次浅薄，而 40°N 以南至 20°N 700 hPa 以下相对湿度普遍在 70%以上，30°～35°N 超过 90%，此外，从廊坊市附近水汽通量散度和风场时间剖面图可以看出(图 9.17b)，降水时段受地面回流形势控制，900 hPa 以下为一致的偏东气流，850～500 hPa 有着较明显的水汽辐合，从6日20时到7日08时辐合中心维持在 850～700 hPa，高空水汽的持续辐合有利于降雪天气的维持。

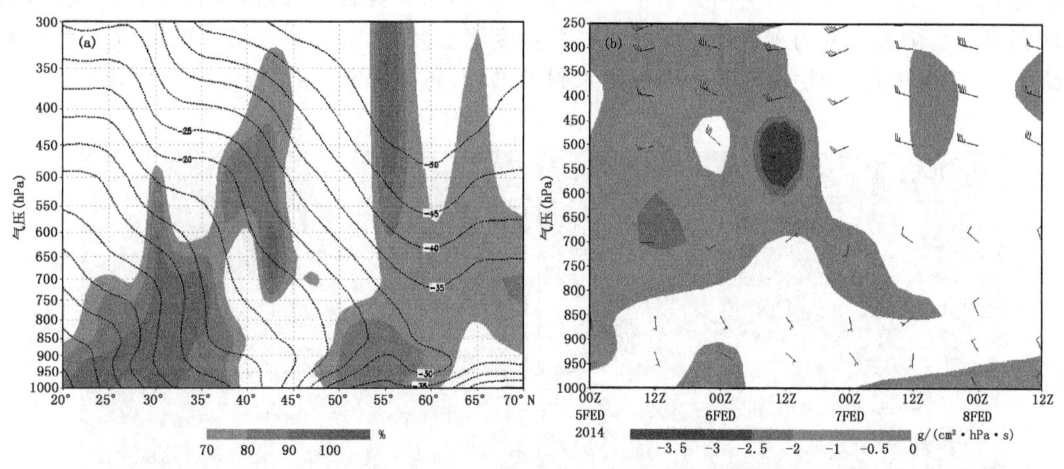

图 9.17 2月7日08时相对湿度剖面图(沿 116.6°E 作经向剖面)(a)和廊坊附近水汽通量散度—风场时间演变剖面图(b，世界时)

(2)动力条件

从2月7日08时沿116.6°E垂直螺旋度纬度剖面可见(图9.18a)，降水时廊坊地区垂直螺旋度超低层为正值，低层为负值，高层又转为正值，正值中心位于 30°N 附近，中心值为 3.5×10^{-4} m/s^{2}，负值中心在 37°N 附近。这种低层为负、高层为正的配置有利于降水的产生（赵桂香，2007），但廊坊市附近螺旋度值较小，梯度也较小，说明此次降水的系统较为浅薄，低层的回流爬升作用更为重要，降水量也较为均匀。此外，分析 7 日 08 时垂直速度剖面图可见（图 9.18b），廊坊市附近 400 hPa 以下均为负值，为一致的上升运动，但中低层垂直速度值偏小，不利于降雪的长时间维持。

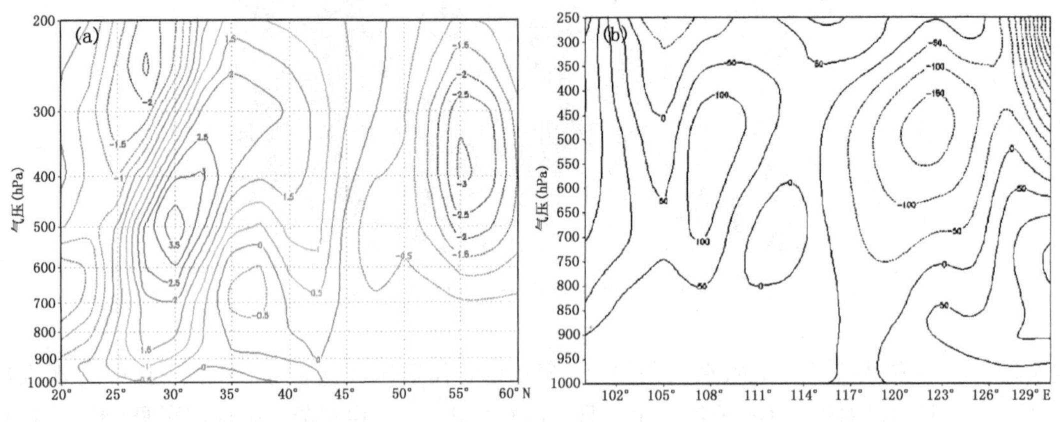

图 9.18　2 月 7 日 08 时垂直螺旋度剖面图（a，116.6°E）和垂直速度剖面图（b）

9.4.2.3　卫星资料分析

此次降雪过程中，红外云图上云顶亮温的低值中心在辽宁至与河北交界一带，廊坊市位于中心云团外围的云区中，因此造成廊坊市 7 日早晨至下午降雪的云系为位于主体后部的零散云系（图 9.19）。7 日凌晨高空槽云系位于河套东北部，云顶亮温较低，降雪云系抬升较高，出现较弱降雪。随着云系的东移，09 时云团中心强度明显减弱，但影响廊坊市的降水云系亮温下降，云层厚度增加，廊坊市区及中南部降水强度增加，转为中雪，降雪持续到 7 日下午。

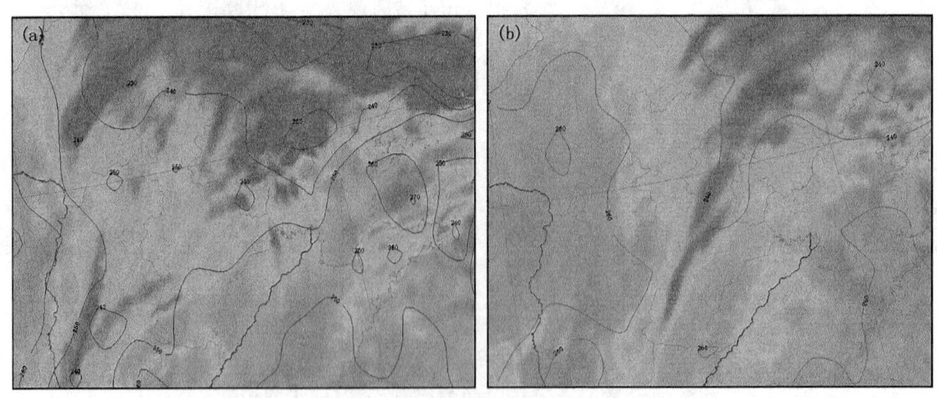

图 9.19　2 月 7 日红外云图和相当黑体亮温（附彩图）

（a. 05 时；b. 09 时）

9.4.3 结论

此次降雪过程为典型的回流型强降雪过程，“东北高、西南低”的地面形势使得冷空气沿偏东气流经渤海西进影响华北中部，形成冷垫，暖湿气流在高空短波槽、低空切变线等影响系统的配合下抬升，形成降雪天气。

此次天气过程虽有一定的水汽和动力条件配合，但强度总体偏弱，850 hPa 未形成较好的西南气流水汽输送，不利于降雪的长时间持续。

第 10 章　连阴雨(雪)

连阴雨(雪)是廊坊市重要的影响天气之一。连阴雨(雪)天气条件下,空气潮湿,有利于各种霉菌的生长和繁殖,容易引起人体疾病的发生和食物发霉变质;也容易造成空气和土壤长期潮湿,日照严重不足,影响农作物生长发育,若在农作物成熟收获期,还会造成果实发芽霉烂,导致农作物减产。

10.1　定义及标准

参照连阴雨(雪)天气过程的统计标准(宋善允 等,2017),本章把日降水量≥0.1mm 作为一个雨(雪)日,全天日照≤2 小时算作阴天。规定:连续 3 天或以上阴天,且其中至少有 3 个雨(雪)日,视为一次连阴雨(雪)天气过程。确定连阴雨(雪)天气过程后,从第一个雨(雪)日算连阴雨(雪)天气过程开始,连续 3 天日降水量≤0.1mm,或连续 2 天日照>2 小时,算连阴雨(雪)过程结束。连阴雨(雪)过程期间,可以有一天不是阴天或雨(雪)日,每个雨(雪)日统计时间为北京时 20—20 时,此外,由于连阴雪个例数较少,气候统计分析过程不另行区分降水相态,将秋末至春末的连阴雨夹雪或连阴雪也一并统计分析在内;同时规定廊坊市辖区内一站及以上出现连阴雨(雪),即记为一次连阴雨(雪)过程。

10.2　统计特征

10.2.1　连阴雨(雪)的年代分布特征

资料统计结果表明,1981—2015 年廊坊市 9 个观测站出现连阴雨(雪)过程总和为 529 站次,每站年均发生连阴雨(雪)1.7 次、平均日数 6.1 天。从连阴雨(雪)天气过程逐年分布特征看(图 10.1),连阴雨(雪)发生呈增加趋势,递增率为 0.3 站次/年,其中 2015 年出现连阴雨(雪)最多,达到 37 站次;最少为 1982 年,全市没有连阴雨(雪)天气发生。从年代平均分布变化看(图 10.2),1981—1989 年均值为 1.2 次/(年・站),低于历年平均值,1990—1999 年均值为 1.8 次/(年・站),2010—2015 年为 1.9 次/(年・站),连阴雨(雪)过程随年代变化呈增加趋势。

10.2.2　连阴雨(雪)的月、季分布特征

分析廊坊市连阴雨(雪)的逐月分布,从图 10.3 中可以看出,连阴雨(雪)全年均可发生,月变化明显,1—4 月、10 月和 12 月发生次数较少,1 月最少,为 11 站次,其历年均值为 0.3 站次;6—9 月较多,其中 7 月次数最多,为 119 站次,其历年均值为 3.4 站次。

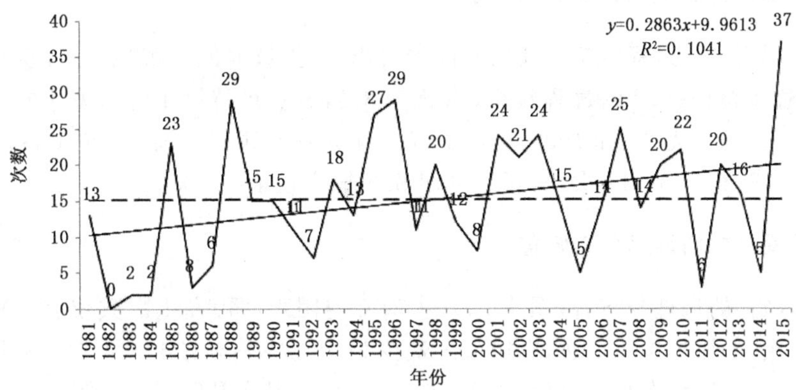

图 10.1 1981—2015 年廊坊市连阴雨(雪) 过程分布特征(黑虚线为平均值,黑直线为趋势线)

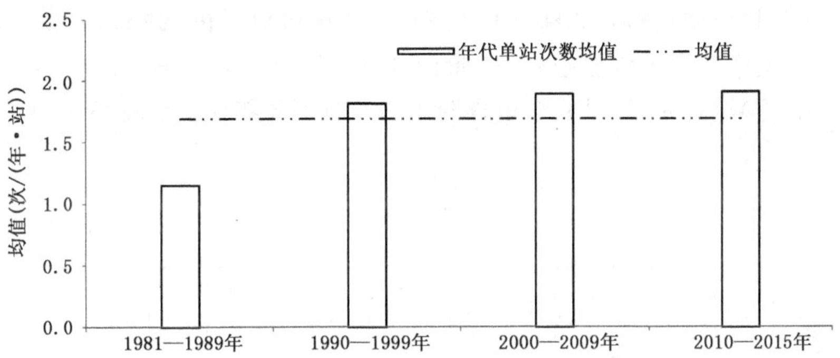

图 10.2 廊坊市连阴雨(雪)过程年代平均值分布

从季节分布看,夏季(6—8 月)出现最多,为 285 站次,占比 53.9%;冬季出现最少,仅有 39 站次,占比 7.4%;秋季(9—11 月)142 站次,占比 26.8%;春季(3—5 月)63 站次,占比 11.9%。

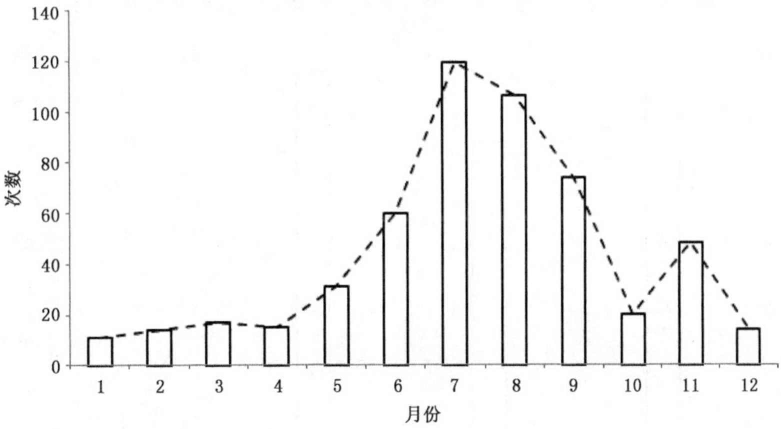

图 10.3 1981—2015 年廊坊市连阴雨(雪)过程逐月分布特征

10.2.3 连阴雨(雪)的极端日期分布特征

廊坊市连阴雨(雪)过程一年中任何时间均可出现,持续时间一般以3～4天为主,占比达91.2%,持续时间为5～6天的过程较少,占比9.8%,最长可持续10天,发生在2002年6月22日至7月1日(全市范围)和1996年7月27日至8月5日(大厂站)。全市各站持续5天以上的连阴雨(雪)过程为3～11次,文安最少(3次),固安最多(11次)。

10.2.4 连阴雨(雪)的地理分布特征

从连阴雨(雪)的地理分布看(图10.4),中南部连阴雨(雪)发生次数较北部略多,其中固安最多,为74次,平均每年2.1次,廊坊市区最少为48次,平均每年1.4次。从图10.5中可见,单站连阴雨(雪)发生次数最多为57次,占比34.8%;其次是区域性连阴雨(雪),共发生56次,占比34.2%;第三是局部连阴雨(雪) 过程,发生46次,占比28.1%;全市连阴雨(雪)发生次数最少,只有5次,占比3.1%。廊坊市四类连阴雨(雪)过程的年代均值分布变化与连阴雨(雪)总次数的年代均值变化略有差别(图10.6),从图中可以看出,20世纪80—90年代,除全市连阴雨(雪)外,其余几类为增加趋势,20世纪90年代以后,局地连阴雨(雪)呈下降趋势,单站和区域连阴雨(雪)过程先减后增,全市连阴雨(雪)过程随年代变化较小。

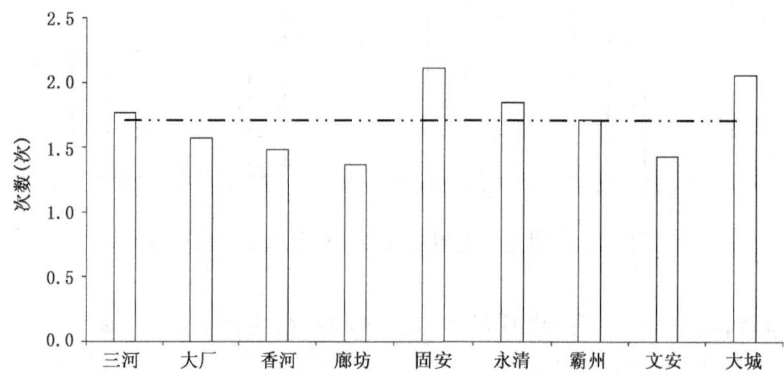

图10.4 1981—2015年廊坊市各站连阴雨(雪)过程次数年均值

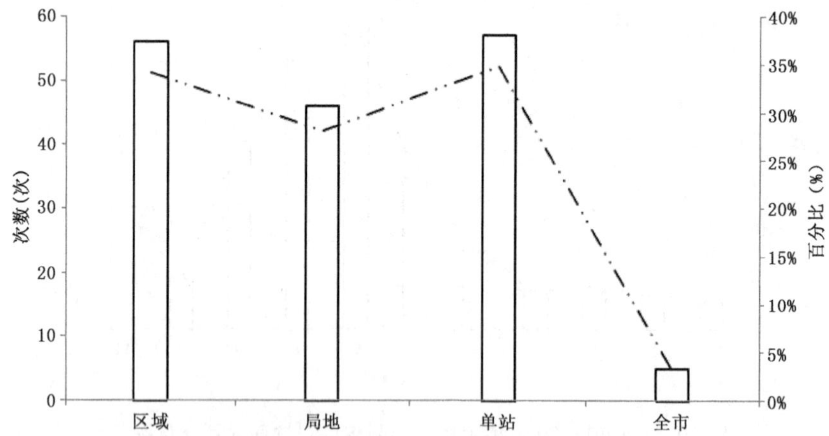

图10.5 连阴雨(雪)过程四种区域性划分次数及百分比分布

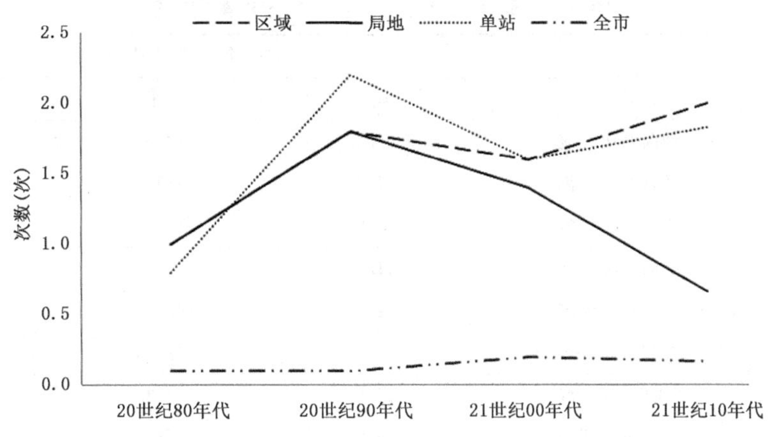

图 10.6　连阴雨(雪)过程区域性年代均值变化

10.2.5　连阴雨(雪)过程的降水量特征

分析 35 年来廊坊市 9 个观测站连阴雨(雪)天气过程的降水量特征发现，整个连阴雨(雪)过程期间降水量总和≥50 mm 的站次最多，为 154 站次，占总站次的 29.1%，降水总量平均为 87.8 mm，这与夏季连阴雨的贡献有关。其中 1996 年 8 月 2—5 日的区域连阴雨过程，降水总量最大，为 279.9 mm，此次过程三河站日降水量最大达到 158.7 mm；其次过程降水量在[10，25)之间，达 151 站次，占比达 28.5%，降水量平均为 17 mm；第三位是降水量在[25，50)之间，达 139 站次，占比达 26.3%，降水量平均为 35.7 mm；过程降水量<10 mm 的站次最少，为 85 站次，占比为 16.1%，降水量平均为 4.7 mm。

对连阴雨(雪)天气过程的日降水量统计发现，日降水量<10 mm 的日数最多，为 1230 天，占比 66.6%；日降水量为中雨[10，25)的日数次之，为 362 天，占比达 19.6%；然后是日降水量为大雨[25，50)的日数，为 174 天，占比达 9.4%；日降水量≥50 mm 的日数最少，为 81 天，占比 4.4%。

10.3　连阴雨(雪)的大气环流形势

利用 1999—2015 年 MICAPS 气象资料和客观分型方法，对廊坊市 70 个连阴雨(雪)天气过程的 500 hPa、700 hPa 以及地面的影响系统进行统计分析，结果见表 10.1。

从表 10.1 中可以看出，连阴雨(雪)过程开始日和过程中廊坊市 500 hPa 和 700 hPa 高空主要为槽前西南气流和平直西风环流控制；随冷空气不断南下，连阴雨(雪)过程结束日，高空受脊前西北气流控制的比例增大。从地面气压场的分布形势看，连阴雨(雪)开始日和过程中，廊坊市地面主要位于高压场后部、高压底部(回流，下同)和低压倒槽控制中，其中高压底部形势出现次数最多；在连阴雨(雪)结束日，高压后部和低压倒槽形势所占比例明显下降，高压底部的形势略有下降。

表 10.1 连阴雨(雪)的高低空天气形势配置特征

		过程个数/所占比例(%)		
		开始	过程	结束
500 hPa 环流	槽前西南气流	30/42.9	27/38.6	15/21.7
	平直西风环流	26/37.1	36/51.4	28/40.6
	脊前西北气流	8/11.4	4/5.7	21/30.4
700 hPa 环流	槽前西南气流	43/61.4	41/58.6	18/26.1
	平直西风环流	10/14.2	19/27.1	15/21.7
	脊前西北气流	8/11.4	2/2.9	24/34.8
地面环流	高压底部(回流)	33/47.2	37/52.9	32/45.7
	高压后部	18/25.7	13/18.6	7/10.0
	低压倒槽	14/20.0	13/18.6	9/12.9

10.3.1 高空 500 hPa 大气环流形势

从上述分析可以看到，连阴雨(雪)天气开始时廊坊市高空 500 hPa 的主要控制形势有槽前西南气流、平直西风环流和脊前西北气流三种形势；地面以高气压场底部(回流)、高气压场后部及低压倒槽控制为主。从欧亚范围进一步分析高空、地面三种主要形势的大气环流特征(图 10.7～10.12)。

(1)西脊东槽型

此型下廊坊市 500 hPa 高空主要处于槽前西南气流控制中(图 10.7)，是连阴雨(雪)天气发生最主要的环流形势，占比达 42.9%。连阴雨(雪)开始日欧亚中高纬巴尔喀什湖以东为西

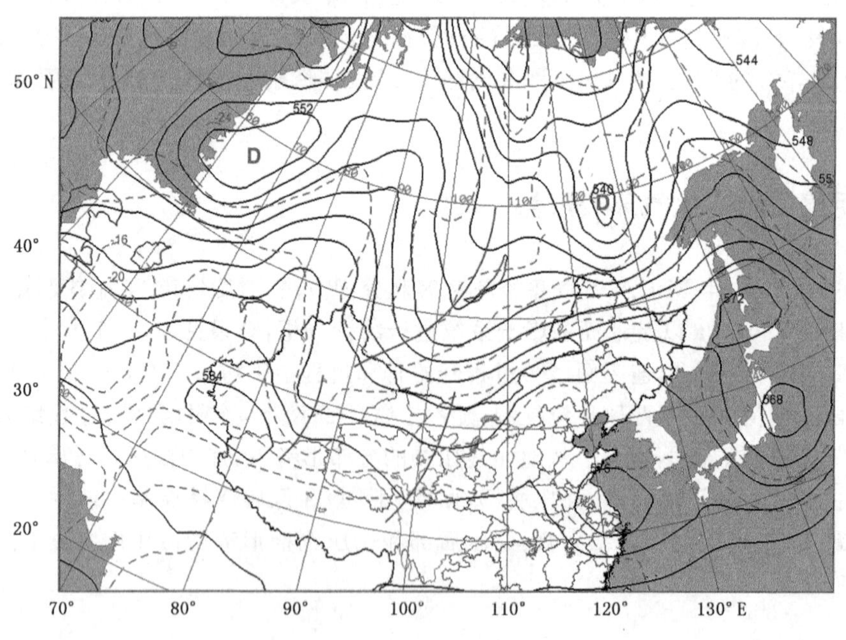

图 10.7 西脊东槽型

脊东槽型，高压脊位于巴尔喀什湖附近，径向度较大，可从巴尔喀什湖向北延伸到60°N，低槽位于贝加尔湖至河套西部一带，槽的南端通常可达我国四川中北部一带；连阴雨(雪)过程期间，高压脊前不断有冷空气南下，高空槽东移缓慢，廊坊市一直处于槽前西南气流控制下，直到高空槽逐渐移出廊坊市，转为脊前西北气流控制时，连阴雨(雪)结束；在这种环流形势下，若高压脊径向度较小，脊前冷空气势力较弱，中纬度环流会逐渐转平缓，成为平直西风环流，形成短波槽东移影响廊坊市，造成连阴雨(雪)天气。

(2)纬向环流型

此型下廊坊市500 hPa高空主要处于平直西风环流控制中(图10.8)，出现连阴雨(雪)的次数也较多，占比达37%。连阴雨(雪)开始日欧亚中高纬巴尔喀什湖以东，主要为平直西风环流控制，期间不断有短波槽东移影响廊坊市，环流形势较为稳定，中低层多为弱的西南偏西气流，水汽条件较好时，阴雨天气持续；若北方有冷空气侵入，也可出现高空槽加深，廊坊市转受槽前西南气流控制，维持降水天气；随高空槽东移南压，廊坊市500 hPa转为受槽后西北气流控制时，或700 hPa及以下转为西北气流控制时，连阴雨(雪)过程结束。

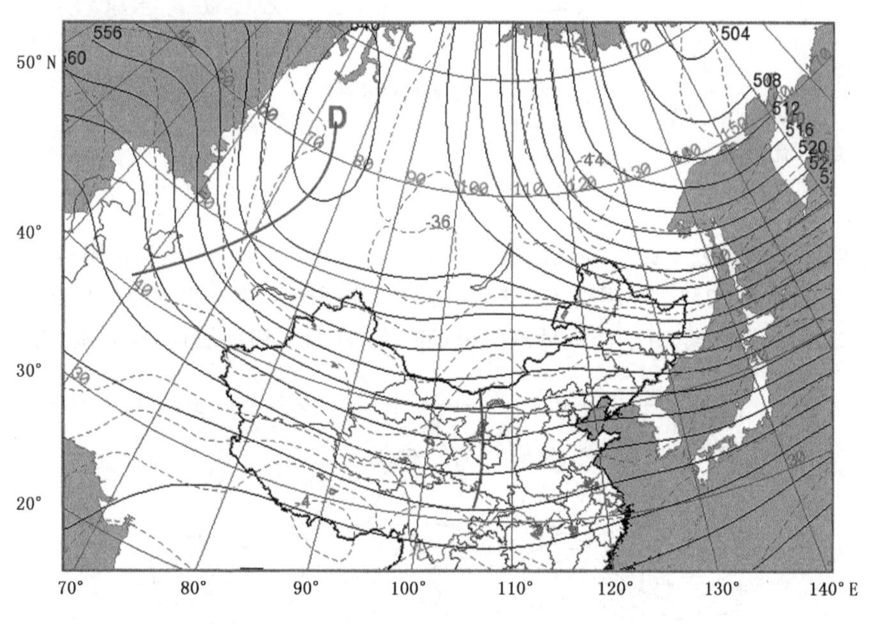

图10.8　纬向环流型

(3)宽槽弱脊型

此型下廊坊市500 hPa高空处于弱脊前西北气流控制下(图10.9)，也是廊坊市连阴雨(雪)天气的主要环流形势，占比达11.4%。连阴雨(雪)开始日欧亚中高纬为槽脊相间分布形势，在新疆至蒙古国东北部为宽槽控制，廊坊市处于河套至渤海湾的弱脊控制中，在河套西部高空槽东移南下过程中，廊坊市逐渐转为西南或偏西气流控制，出现连阴雨(雪)天气；在连阴雨(雪)天气持续时，高空500 hPa环流形势与第2类纬向环流型相似，当廊坊高空转受槽后西北气流控制，或700 hPa转为西北气流控制时，连阴雨(雪)天气结束。

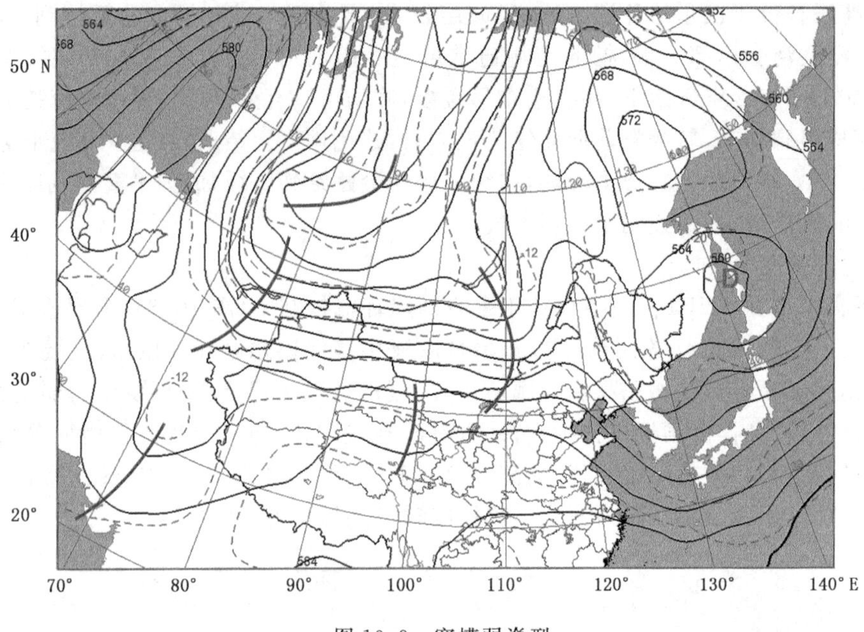

图 10.9　宽槽弱脊型

10.3.2　地面环流形势

(1)地面回流型

此型下廊坊市地面处于高压场底部的回流形势控制下(图 10.10),是连阴雨(雪)天气的地面主要形势,占比达 47.2%。连阴雨(雪)天气开始日,我国中东部为北高南低形势,廊坊市处于高压场底部,地面为偏东风,由于南部低压倒槽的存在,冷高压移动缓慢,连阴雨(雪)天气持续;

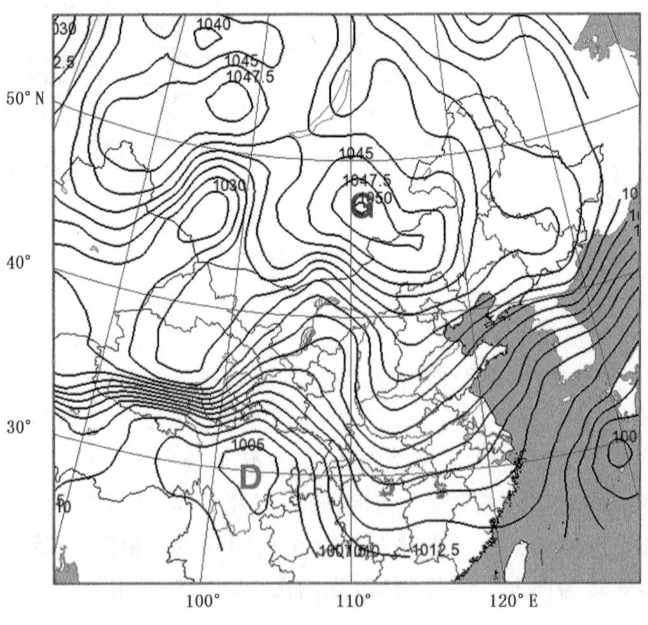

图 10.10　地面回流型

当高空 500 hPa 为平直西风环流控制时，地面形势稳定少动，当 700 hPa 或 850 hPa 西南气流较强时，阴雨(雪)天气可维持 3 天以上，此种高低空配置是连阴雨(雪)最主要的配置形势，占比达 21.1%。随高空冷空气持续南下，地面高压场控制河北地区时，连阴雨(雪)过程结束。

(2)地面东高西低型

此型下廊坊市地面处于高压场后部控制中，占比 25.7%。连阴雨(雪)天气开始日，我国新疆以东地区为东高西低形势(图 10.11)，河套以西为低压场控制，廊坊市处于入海高压后部，地面为东南风。当廊坊市高空为槽前西南气流控制时，槽前上升气流凝结形成暖区降水，随西部低压系统东移，廊坊市地面转为受低压场控制，气流辐合作用加强，阴雨(雪)天气持续，当廊坊市逐渐转为受槽后西北气流控制，地面转为高压场前部或高压底前部，阴雨(雪)天气结束。

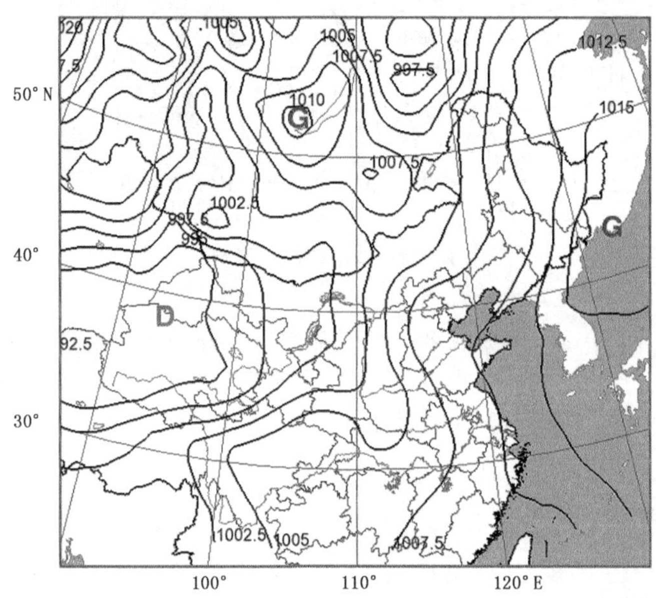

图 10.11　地面东高西低型

(3)地面两高一低型

此型下廊坊市地面以低压倒槽控制为主，占比 20%。连阴雨(雪)天气开始日，我国新疆以东地区为两高一低型分布(图 10.12)，其中河套至渤海湾间为低压倒槽控制，廊坊市处于低压倒槽前部，连阴雨(雪)期间廊坊市主要受低压倒槽控制，产生持续性降水天气。当廊坊市 500 hPa 高空为槽前西南气流控制时，影响系统深厚，有利于地面低压倒槽的维持或加强，若高空槽移动缓慢，容易造成较强的降水量。随高空系统东移南压，地面低压倒槽减弱南撤，阴雨(雪)天气结束。

10.3.3　小结

连阴雨(雪)天气过程是一种大型天气过程，降水范围大，持续时间长，降水量级一般较小；对连阴雨(雪)天气的预报应着眼于大尺度环流的调整和持续，并在预报中关注高、低空影响系统的配置及水汽条件，做好降水时段的预报。当廊坊市上空 500 hPa 为高空槽前西南或偏西气流控制时，地面处于高气压场底部、高气压场后部或低压倒槽控制时，有利于连阴雨(雪)天气的形成；当高、低空影响系统较为深厚(槽、脊径向度较大，影响系统清楚)时，有利于连阴雨

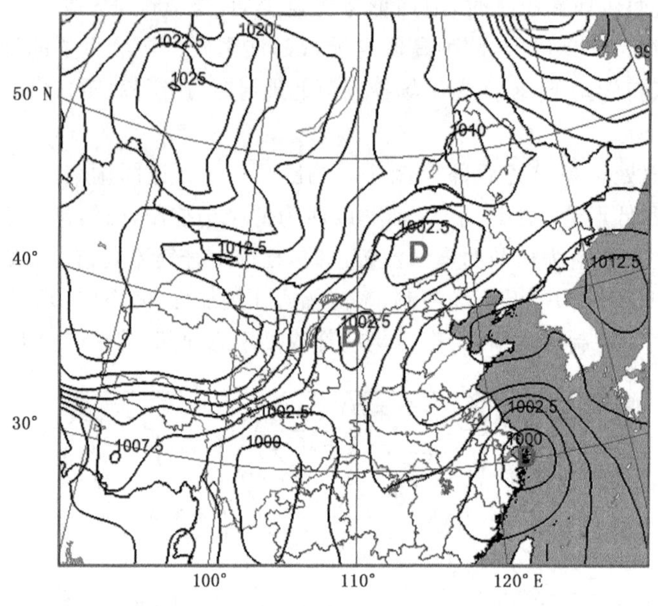

图 10.12　地面两高一低型

(雪)天气的维持,若中低层 700 hPa 或 850 hPa 高空有较好的水汽输送条件,则降水量较大,甚至可达暴雨量级;当有冷空气持续南下时,廊坊市高空转为脊前西北或偏北气流控制,地面转处于高气压场控制时,连阴雨(雪)天气结束。

10.4　连阴雨典型个例分析

10.4.1　天气实况

2016 年 10 月 20—22 日廊坊市出现一次连阴雨天气过程,此次过程的降水量和日照分布情况见表 10.2,从表中可以看出,连续三天日降水量均为小雨,其中第二天(21 日)略大,呈北大南小,最大降水量 6.6 mm 出现在三河市,其余两天降水量基本在 2 mm 以下。从逐日的日照分布看,连阴雨开始的前两天全天无日照,第三天中北部出现<2 h 的短暂日照。

表 10.2　2016 年 10 月 20—22 日连阴雨过程降水量和日照分布特征

	20 日		21 日		22 日	
	日降水量(mm)	日照时数(h)	日降水量(mm)	日照时数(h)	日降水量(mm)	日照时数(h)
三河	0.9	0	6.6	0	3.1	1.3
大厂	1.5	0	6.2	0	3.5	0
香河	0.4	0	4.7	0	2.8	1.1
廊坊	0.7	0	4.4	0	3	0.5
固安	1.4	0	5.5	0	1.5	0.2

续表

	20 日		21 日		22 日	
	日降水量(mm)	日照时数(h)	日降水量(mm)	日照时数(h)	日降水量(mm)	日照时数(h)
永清	1.4	0	3.3	0	1.7	0
霸州	1.5	0	2.6	0	2.6	0
文安	1	0	1.6	0	4.9	0
大城	0.1	0	1.5	0	5	0

10.4.2　环流形势分析

连阴雨过程开始日，20 日 08 时 500 hPa 高空欧亚中纬度基本为两槽一脊的分布形势(图 10.13a)，新疆至河套地区基本为宽槽控制区，廊坊市处于河套至渤海湾间的弱脊后西南气流控制中，属于连阴雨(雪)高空环流形势的第 3 类(宽槽弱脊型)，我国西南地区到河套中部多短波槽。地面气压场上(图 10.13b)，我国新疆以东地区为西低东高形势，河套以西为低压场控制，廊坊市处于高压场后部，类似于连阴雨(雪)地面环流形势的第 2 类(东高西低型)。

分析逐日高空形势的演变，20 日 08 时廊坊市上空 500 hPa 为槽前西南气流控制，700 hPa、850 hPa 以西南或偏南气流为主，影响系统深厚；随高空槽东移，20 日夜间在冷暖空气共同影响下，廊坊市出现降水；21 日 08 时第 1 个短波槽移过，500 hPa、700 hPa 转为以偏西或弱西北气流控制，降水出现间歇；21 日 20 时 500 hPa 高空第 2 个短波槽移近，700 hPa、850 hPa表现为西南气流建立，风速达到 8～10 m/s，西部切变线东移，廊坊市再次出现降水天气，系统移动缓慢，降水持续到 22 日 09 时；22 日 20 时随冷空气缓慢南压，廊坊市上空 500 hPa、700 hPa、850 hPa 均转为偏北风，降水结束。

分析逐日地面形势的演变，20 日 08 时廊坊市处于东部高压场的后部，河套西部地区为低压倒槽，20 时随河套低压倒槽的发展和东移，地面辐合加强，在冷暖空气共同影响下，降水产生；21 日 08 时受蒙古地区南下冷空气影响，低压倒槽南撤辐合减弱，降水间歇；21 日 20 时随蒙古地区冷高压缓慢东移南压至 40°～45°N，河套至渤海湾间有明显锋生，等压线较密集，达到 5 条，廊坊市处于锋区内，降水天气再次产生，由于冷空气东移南下速度缓慢，降水时间较长，至 22 日 08 时，随冷空气整体南下，廊坊市地面转为高压场控制，降水结束。

分析此次连阴雨过程的水汽条件(图 10.13c)可以看出，20 日 19—22 时廊坊市上空水汽条件较好，空气相对湿度＞60％的湿层高度可达 500 hPa，700 hPa、850 hPa 相对湿度达到 90％；降水间歇时段，20 日 23 时—21 日 18 时，空气相对湿度＞60％的高度明显降低至 700 hPa，850 hPa 的相对湿度降至 70％；在第 2 个降水时间段，21 日 19 时—22 日 09 时，700 hPa、850 hPa 西南气流建立，风速达到 8～10 m/s，空气相对湿度＞60％湿层再次伸展到 500 hPa，22 日 08 时开始，随着 850 hPa 逐渐转为西北气流，空气相对湿度下降，整层相对湿度降低为 50％以下，连阴雨过程结束。

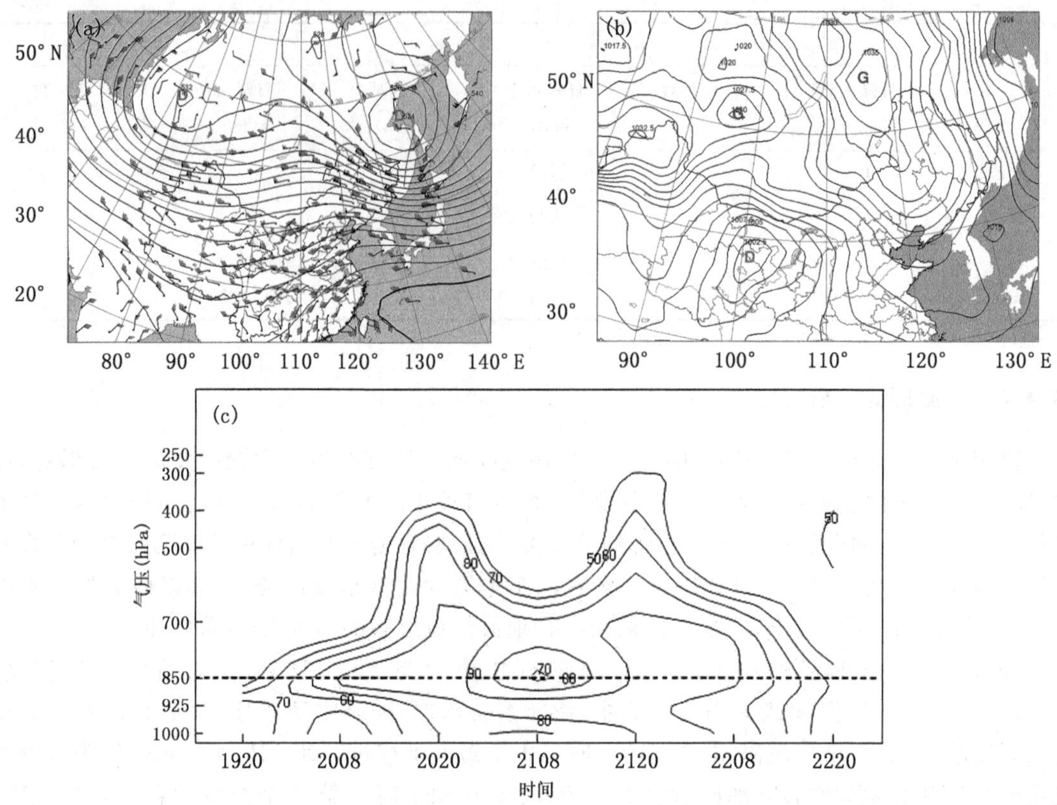

图 10.13　20 日 08 时 500 hPa 高度场(a)、20 日 08 时地面气压场(b)、19 日 20 时—22 日 20 时廊坊相对湿度时间垂直剖面图(c)

10.4.3　小结

此次连阴雨过程为典型的秋季连阴雨，持续 3 天，日降水量较小，均为小雨。降水时段主要有两段，分别出现在 20 日夜间和 21 日 20 时—22 日 09 时。连阴雨开始日，廊坊市高空 500 hPa处于弱脊后的西南气流控制下，随冷空气东移南下逐渐转为较稳定的平直西风环流形势，期间受两个短波槽移过影响，出现降水天气；地面形势先表现为辐合加强，产生降水，随后在北方南下冷空气的影响下在廊坊市附近形成锋区，再次出现降水；在冷空气持续影响下廊坊市高空转高压脊控制、地面转高气压场控制时，连阴雨结束。

第 11 章　廊坊市历史气象灾害及区划

气象灾害是由于气象因素作用于人类社会，造成人员伤亡、财产损失，影响社会经济发展，对公众工作、生活状况产生不利影响的事件，也是一种影响范围大，致灾损失重，且频繁发生的自然灾害。传统意义上气象灾害是气候灾害与天气灾害的统称（丁一汇 等，2008）。天气灾害是指大范围或局地性、持续性或突发性、较长时间或短时间的强烈异常天气而带来的灾害，如台风、暴雨、冰雹、龙卷等。气候灾害则是大范围、长时间、持续性的气候异常所造成的灾害，如长时间气温偏高、偏低，或降水偏多、偏少等，这些气候异常会带来干旱、洪涝、低温、冷害等，对农业、工业、牧业、水利、交通等产生巨大影响，造成巨大经济损失。此外，由气象灾害衍生或由气象因素与其他因素共同或相互作用而造成的次生灾害称为气象衍生灾害，主要有滑坡、泥石流、森林火灾、森林病虫鼠害、农业生物灾害、大气环境灾害、水环境灾害、流行疾病等。随着社会经济的发展和人民生活质量的提高，目前又逐渐细化出一些新的气象灾害种类，如城市气象灾害、交通气象灾害等。气象灾害及其次生、衍生灾害对经济发展、社会民生、生态环境和可持续发展均有直接或间接的重大影响（冯强 等，2001；黄荣辉 等，2002；辛吉武 等，2007；郗蒙浩 等，2008）。

11.1　廊坊市历史气象灾害

11.1.1　资料来源及处理

2007—2015 年廊坊市气象局对全市所有气象灾情进行了 5 次较为全面的基础性普查，普查的气象灾情种类有暴雨洪涝、干旱、气象地质灾害、大风、龙卷、冰雹、雷电、雪灾、低温冻害、低温冷害、病虫害、沙尘暴、高温、大雾和其他灾害。普查内容包括：发生类别、发生地点、开始日期、结束日期、受灾人口、死亡人口、转移安置人口、农作物受灾面积、农作物成灾面积、农作物绝收面积、损坏房屋、倒塌房屋、公路损失、铁路损失、电力损失、市政损失、农业经济损失、直接经济损失、信息来源等近 90 个条目。除利用各气象站记录资料外，还向水利、国土、民政、农业、林业、交通、电力、铁路、建筑、保险等部门进行了灾情资料查询，将各方资料进行相互补充、印证，最终得到一个较为符合实际的灾情数据。在统计气象灾害灾情损失时，分 10 个县（市、区）（分别是三河市、大厂县、香河县、固安县、广阳区、安次区、永清县、霸州市、文安县、大城县）分别统计，对由多种灾害类型共同引发的复合型气象灾害，且灾情数据无法分开时，按损失最大的灾害类别进行灾情数据的填写，其他灾害类别同时填写在另一条记录中，但不重复填写灾情，在备注项加以注明，如雷击往往伴随着暴雨、大风，地质灾害往往伴随暴雨洪涝等。

本章从廊坊市 5 次气象灾情普查资料中选取 1949—2015 年的气象灾情普查数据，并选取 1964—2015 年廊坊市 9 个地面气象观测站逐日气象观测资料作为统计分析的研究基础资料。

由于廊坊市城区的广阳、安次两区仅有一个地面气象观测站，本章中两区所使用的气象观测资料同是廊坊市区地面气象观测站(54515 站)的气象观测资料。在统计灾情及灾害性天气时按 2 个区及 8 个县(市)合计 10 个行政区进行统计。当某日某一行政区(县、市、区)内因某种灾害性天气而出现灾情损失时，则记该县市区出现 1 站次该种气象灾情。

11.1.2 廊坊市气象灾害种类及特征

廊坊市发生的气象灾害种类繁多，其中暴雨洪涝、干旱、雷电、冰雹、大风等发生频率较大，造成损失最为严重。此外还有一些如大雾、低温等其他气象灾害以及相关的气象衍生灾害。气象灾害的特点是种类多、成灾面积大、累积损失严重等(表 11.1)。具体表现为：时空分布广，各类气象灾害在全市均有发生(表 11.2)；发生频率高，平均每站每年发生灾害性天气 95.4 站次，雷电灾害平均每年发生次数最多，高达 30.5 站次；对人民生命安全威胁大，伤亡达 2559 人；经济损失严重，总计达 240.2 亿元。

表 11.1 廊坊市主要气象灾害及特征

气象灾害	天气、气候特征	灾害特征	容易引发的衍生灾害
暴雨洪涝	上游或当地出现大雨、暴雨	河水泛滥、河流决堤、城市积水	流行性疾病
干旱	久晴、少雨、高温	城市、农村、工业、农业缺水	农作物、森林病虫害、火灾
冰雹	冰雹	毁坏庄稼、破坏房屋、伤害人畜	农作物病虫害
大风	强对流天气，大风、龙卷	毁坏树木、庄稼、电杆、通信设施	电力、交通、通讯事故
雷电	雷暴、闪电	人畜伤亡、击毁电子设施等	火灾、电力、通讯事故
其他灾害	霜冻、大雾、沙尘暴	农作物、林木冻害，交通受阻，电力、交通事故多发，空气污染，危及人体健康	农林灾害，交通事故，空气污染，呼吸疾病

表 11.2 1964—2015 年廊坊市各县(市)主要气象灾害统计(单位：天/年)

灾害种类	三河	大厂	香河	廊坊	固安	永清	霸州	文安	大城	年平均
暴雨(≥50 mm)	2.25	1.85	1.98	1.75	1.83	1.60	1.67	1.58	1.88	1.82
大雪及以上	1.02	1.00	1.04	0.98	0.85	0.88	0.81	0.62	0.83	0.89
冰雹	0.75	0.77	0.79	0.81	0.83	0.85	0.87	0.88	0.90	0.83
霾	3.62	19.15	4.52	9.13	3.06	4.87	5.12	3.87	2.83	6.24
雾	14.40	16.68	15.58	23.56	26.92	27.08	28.56	20.48	22.96	21.80
瞬时大风	9.35	13.87	12.54	23.71	12.94	19.87	9.17	13.12	13.50	14.23
浮尘	1.98	4.58	1.02	1.04	1.79	0.87	1.38	0.81	4.10	1.95
扬沙	3.13	5.46	6.21	9.35	20.33	8.29	7.92	6.83	10.35	8.65
沙尘暴	0.25	0.46	0.50	1.81	4.35	2.21	0.29	0.77	1.17	1.31
雷暴	33.10	31.70	29.70	31.90	32.20	30.80	31.30	27.90	26.00	30.51
寒潮	2.88	2.33	2.31	3.96	2.40	3.35	3.48	2.46	4.44	3.07
$T \geq 37$℃	1.83	1.73	2.06	2.62	2.04	2.75	3.19	4.08	3.96	2.70
$T \geq 38$℃	0.94	0.75	0.85	1.21	0.94	1.08	1.52	2.10	2.06	1.27
$T \geq 40$℃	0.13	0.10	0.12	0.11	0.13	0.13	0.19	0.25	0.25	0.16

11.1.3　廊坊市气象灾情

根据普查数据，整理归纳廊坊市 1949—2015 年的各种气象灾情损失(表 11.3)。由表 11.3 可以看到，1949—2015 年廊坊市由于气象灾害造成的有统计记录的直接经济损失达 2402164 万元，农业经济损失达 541434 万元，死亡人数达 265 人。进一步分析 1949—2015 年气象灾情损失后发现，公路损失、铁路损失、电力损失、市政损失、农业经济损失、直接经济损失等多个调查项目数据呈上升趋势。其中，1988—2015 年各直接经济损失占 1949—2015 年所造成直接经济损失总数的 98.5%，农业经济损失占 1949—2015 年农业经济损失总数的 95.5%。2000—2015 年造成的直接经济损失占总数的 17.5%，农业经济损失占总数的 64.6%。这些项目损失增大的主要原因是社会经济的发展，在公路、铁路、电力、市政工程等方面投入逐年提高，尤其是 20 世纪 90 年代之后，基础设施的投入大幅提高，设施密度增大，当灾害发生时就造成大量的经济损失。受灾人口、农作物受灾面积、农作物成灾面积、农作物绝收面积等多个项目数据较为平稳或略有上升。死亡人口、转移安置人口、死亡大牲畜、损坏房屋、倒塌房屋等多个项目数据下降明显，表明随着社会、经济发展、防灾减灾工程体系建设，各种承灾主体的防御能力有明显提升。

表 11.3　1949—2015 年廊坊市各种气象灾情损失统计

灾害类别	暴雨洪涝	冰雹	冰冻	大风	低温冷害	冷害	干旱	雷电	连阴雨	龙卷	霜冻	其他	总计
受灾人口(人)	1758332	729985	5611	411806	76290	2000	1985874	115	80000	0	3565	0	5053578
死亡人口(人)	137	5	0	7	0	0	0	17	0	99	0	0	265
失踪人口(人)	0	0	0	0	0	0	0	0	0	0	0	0	0
受伤人口(人)	569	216	0	641	0	0	0	17	0	851	0	0	2294
被困人口(人)	0	0	0	0	0	0	0	0	0	0	0	0	0
饮水困难人口(人)	52200	0	0	0	0	0	0	0	0	0	0	0	52200
转移安置人口(人)	89602	0	0	0	0	0	0	0	0	0	0	0	89602
农作物受灾面积(公顷)	2173721	678405	535	575625	11909	13	703391	6928	2466	227	400	9733	4163354
农作物成灾面积(公顷)	196115	149730	323	59196	2674	13	101050	1698	2466	0	400	1419	515086
农作物绝收面积(公顷)	181852	57092	20	6094	33	13	58667	0		0	60	4333	308164
损坏房屋(间)	58166	12023	0	120329	0	0	0	82	0	6674	0	0	197274
倒塌房屋(间)	245993	5008	0	6774	0	0	0	3	0	1417	0	120	259315
铁路损失(万元)	0	0	0	0	0	0	0	41	0	0	0	0	41
电力损失(万元)	30	0	0	0	0	0	0	0	0	0	0	0	30
死亡大牲畜(万元)	991193	56	0	19	0	0	0	0	0	17	0	0	991285
农业经济损失(万元)	225917	63743	1632	80873	3300	45	161814	154	3045	0	911	0	541434
直接经济损失(万元)	2062084	111459	226	71976	1426	45	151365	135	3045	0	0	403	2402164

1949—2015 年，廊坊市各种气象灾害中，暴雨洪涝造成的受灾人口和死亡人口都是最多的，分别达到 175.8 万多人和 137 人，分别占全部的 39%和 52%(图 11.1)。受灾人口列第二、第三位的是低温冻害和冰雹。龙卷所造成死亡人口占比第二，达到 35%，死亡 99 人，廊坊历史记录中仅有 5 次龙卷，其中 1969 年 8 月 29 日发生在霸州市褚河港乡与天津静海县交界的

龙卷造成的灾害最为严重，仅霸州辖区统计死亡达 98 人，受伤人数为 763 人；雷电造成的死亡人数也达 17 人。

从农业损失来看，暴雨洪涝灾害造成的农业受灾面积比例（图 11.2a）和成灾面积比例（图 11.2b）均为最高，分别达到了 52.2％和 59.0％，干旱位居其次，分别达到 16.9％和 19.0％，冰雹列第三位，达 16.3％和 18.5％，在受灾面积统计中大风造成的农业受灾面积也比较严重，达 575625 公顷，占 13.8％，但是其造成的成灾面积仅为 59196 公顷，占 2.0％。

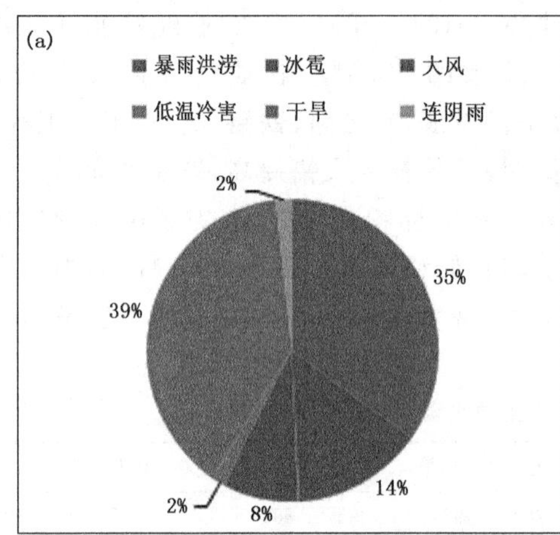

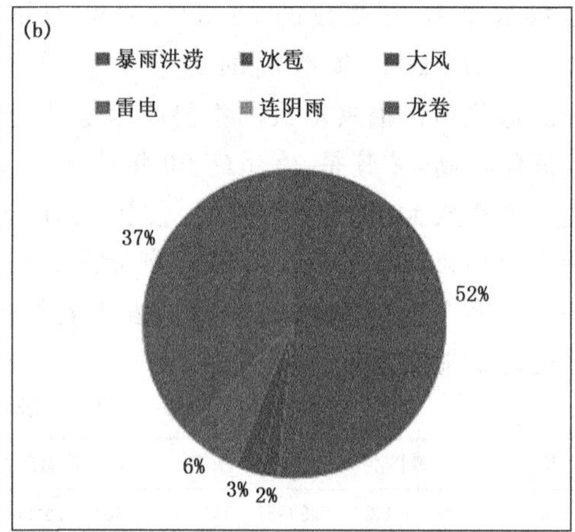

图 11.1　1949—2015 年廊坊市各种气象灾害所造成受灾人口(a)和死亡人口(b)比例(附彩图)

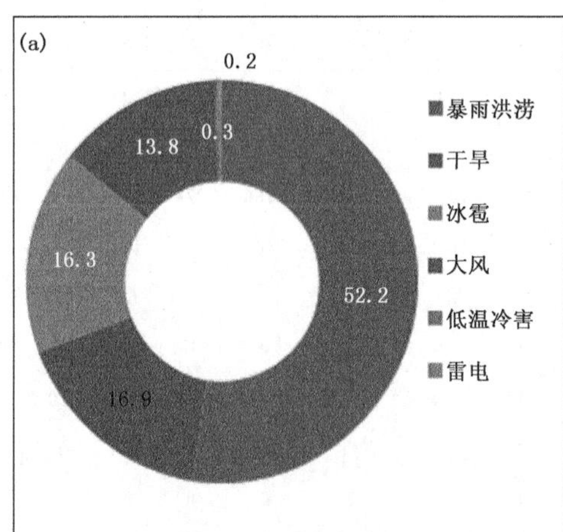

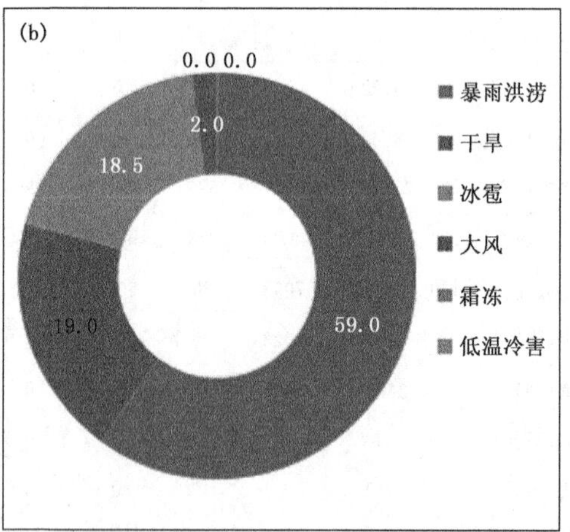

图 11.2　1949—2015 年廊坊市各种气象灾害所造成农作物受灾面积(a)和成灾面积(b)比例(附彩图)

造成农业经济损失最严重的是暴雨洪涝，达 225917.2 万元，占农业经济损失总额的 41.7％（图 11.3a），其次是干旱，161814 万元，占比 29.9％。暴雨洪涝造成的直接经济损失比例最大，总计达 2062084 万元，占比达 85.8％（图 11.3b），其次是干旱，达 151365 万元，占总额的 6.3％。

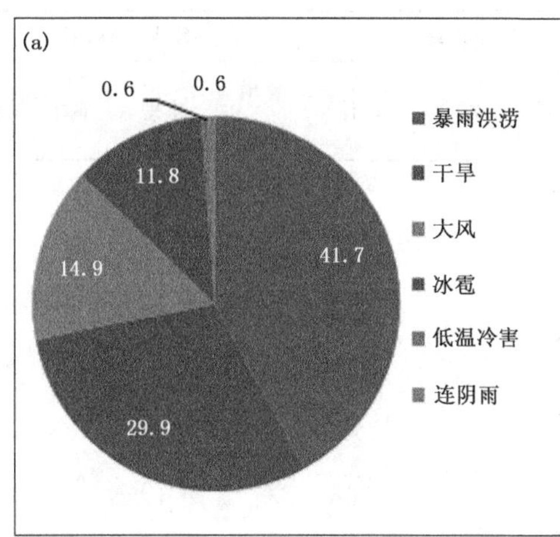

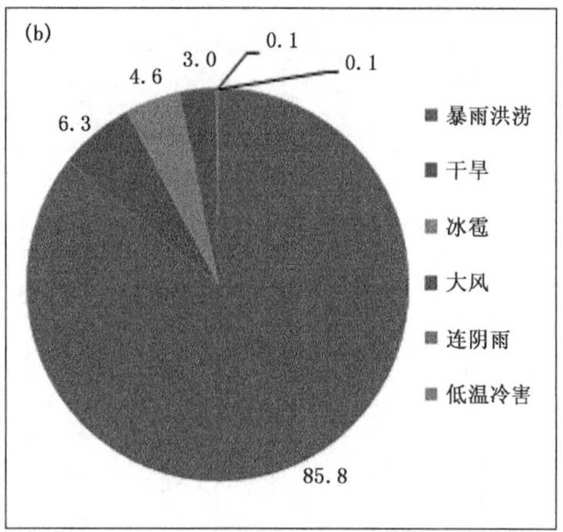

图 11.3　1949—2015 年廊坊市主要气象灾害所造成农业经济损失(a)和直接经济损失(b)比例(附彩图)

11.2　廊坊市气象灾害致灾概率分析

统计廊坊市最易造成灾情的暴雨洪涝、冰雹和雷电(雷电观测记录截止到 2013 年)(表 11.4),可以看到,1964—2015 年廊坊市每年发生灾害性天气的站次要远大于出现气象灾情的站次,综合致灾概率(灾情出现站次/灾害性天气出现站次×100%)最高为 25.3%,最低为 0.3%,平均仅为 4.3%;2014 年、2015 年无雷电灾害天气记录的情况下,致灾率达到 57.1%和 81.8%。暴雨洪涝、冰雹和雷电三种灾害性天气每年出现 300.9 站次,而每年由其所造成的灾情仅有 12.5 站次。在各类灾害性天气中发生频率最高的是雷电,每年平均发生 277.1 站次,其次是暴雨,每年发生 17.0 站次。廊坊市暴雨洪涝、冰雹、雷电三种气象灾害中,由暴雨洪涝而导致的灾情最多,平均每年有 5.6 站次,其次是冰雹(4.8 站次),雷电为 2.1 站次。冰雹致灾概率最大,达 159.0%,其次是暴雨洪涝,致灾概率为 69.1%,雷电致灾概率最小,仅为 0.8%。

表 11.4　1964—2015 年廊坊市气象灾情出现站次与气象灾害天气发生站次

年	灾情出现站次				灾害性天气出现站次				致灾概率(%)			
	暴雨洪涝	冰雹	雷电	合计	暴雨	冰雹	雷电	合计	暴雨洪涝	冰雹	雷电	合计
1964	7	2	0	9	38	14	315	367	18.4	14.3	0.0	2.5
1965	0	1	0	1	11	6	303	320	0.0	16.7	0.0	0.3
1966	6	3	0	9	20	11	339	370	30.0	27.3	0.0	2.4
1967	2	1	0	3	21	7	394	422	9.5	14.3	0.0	0.7
1968	0	3	0	3	5	8	290	303	0.0	37.5	0.0	1.0
1969	5	1	0	6	27	14	288	329	18.5	7.1	0.0	1.8
1970	2	1	0	3	16	6	307	329	12.5	16.7	0.0	0.9

续表

年	灾情出现站次				灾害性天气出现站次				致灾概率(%)			
	暴雨洪涝	冰雹	雷电	合计	暴雨	冰雹	雷电	合计	暴雨洪涝	冰雹	雷电	合计
1971	3	0	0	3	17	6	272	295	17.6	0.0	0.0	1.0
1972	2	1	1	4	18	5	185	208	11.1	20.0	0.5	1.9
1973	2	3	1	6	23	2	306	331	8.7	150.0	0.3	1.8
1974	2	4	0	6	13	8	331	352	15.4	50.0	0.0	1.7
1975	1	9	1	11	13	13	248	274	7.7	69.2	0.4	4.0
1976	1	6	2	9	20	5	277	302	5.0	120.0	0.7	3.0
1977	9	7	1	17	28	9	330	367	32.1	77.8	0.3	4.6
1978	3	5	0	8	30	5	299	334	10.0	100.0	0.0	2.4
1979	6	3	0	9	31	5	255	291	19.4	60.0	0.0	3.1
1980	1	7	0	8	19	10	272	301	5.3	70.0	0.0	2.7
1981	1	0	0	1	8	5	168	181	12.5	0.0	0.0	0.6
1982	2	7	1	10	18	8	362	388	11.1	87.5	0.3	2.6
1983	1	0	0	1	4	0	241	245	25.0	//	0.0	0.4
1984	4	1	2	7	16	12	214	242	25.0	8.3	0.9	2.9
1985	3	8	1	12	12	8	356	376	25.0	100.0	0.3	3.2
1986	1	5	1	7	16	6	364	386	6.3	83.3	0.3	1.8
1987	1	8	0	9	22	16	348	386	4.5	50.0	0.0	2.3
1988	6	1	0	7	30	6	330	366	20.0	16.7	0.0	1.9
1989	2	0	0	2	7	6	181	194	28.6	0.0	0.0	1.0
1990	1	9	0	10	14	10	376	400	7.1	90.0	0.0	2.5
1991	3	7	1	11	22	16	338	376	13.6	43.8	0.3	2.9
1992	2	0	2	4	13	1	274	288	15.4	0.0	0.7	1.4
1993	1	0	1	2	2	9	242	253	50.0	0.0	0.4	0.8
1994	8	0	1	9	52	7	337	396	15.4	0.0	0.3	2.3
1995	3	3	1	7	32	9	231	272	9.4	33.3	0.4	2.6
1996	10	1	1	12	23	0	283	306	43.5	//	0.4	3.9
1997	0	1	5	6	9	0	215	224	0.0	//	2.3	2.7
1998	3	1	1	5	12	8	268	288	25.0	12.5	0.4	1.7
1999	1	1	1	3	5	5	209	219	20.0	20.0	0.5	1.4
2000	2	6	0	8	7	13	196	216	28.6	46.2	0.0	3.7
2001	11	5	6	22	12	12	231	255	91.7	41.7	2.6	8.6
2002	12	9	3	24	1	7	218	226	1200.0	128.6	1.4	10.6
2003	29	24	9	62	17	6	222	245	170.6	400.0	4.1	25.3
2004	17	11	8	36	7	1	266	274	242.9	1100.0	3.0	13.1

续表

年	灾情出现站次				灾害性天气出现站次				致灾概率(%)			
	暴雨洪涝	冰雹	雷电	合计	暴雨	冰雹	雷电	合计	暴雨洪涝	冰雹	雷电	合计
2005	20	12	12	44	15	8	259	282	133.3	150.0	4.6	15.6
2006	18	15	11	44	6	1	271	278	300.0	1500.0	4.1	15.8
2007	7	7	0	14	15	1	221	237	46.7	700.0	0.0	5.9
2008	24	11	16	51	6	3	276	285	400.0	366.7	5.8	17.9
2009	4	18	5	27	12	1	237	250	33.3	1800.0	2.1	10.8
2010	1	0	5	6	17	1	241	259	5.9	0.0	2.1	2.3
2011	4	2	5	11	24	4	337	365	16.7	50.0	1.5	3.0
2012	17	2	0	19	27	5	286	318	63.0	40.0	0.0	6.0
2013	6	0	0	6	8	2	245	255	75.0	0.0	0.0	2.4
2014	1	3	0	4	5	2	#	7	20.0	150.0	#	57.1
2015	3	4	2	9	6	5	#	11	50.0	80.0	#	81.8
合计	281	239	107	627	852	338	13854	15044	3456.2	7949.3	41.0	354.8
平均	5.6	4.8	2.1	12.5	17.0	6.8	277.1	300.9	69.1	159.0	0.8	7.1

注:表中“#”表示无数据;“//”表示计算中分母为 0。

1949 年以来,因灾害性天气而出现灾情的站次呈上升趋势(图 11.4),尤其是 2000 年之后,每年出现灾情的站次明显增加,据统计,2000—2015 年暴雨洪涝、冰雹和雷电造成灾情的站次总和占历年灾情总站次的 61.7%(图 11.5),而暴雨、冰雹和雷暴灾害性天气出现站次之和仅占历年灾情总站次的 26.3%。分别来看,暴雨洪涝灾害占历年灾情站次的 62.6%、冰雹灾情占 54.0%、雷电灾情占 76.6%,而同期三种灾害性天气所占比例分别是 42.1%、21.4% 和 25.3%,由上述可以看出,2000—2015 年三种灾害性天气造成的灾情有明显增加。

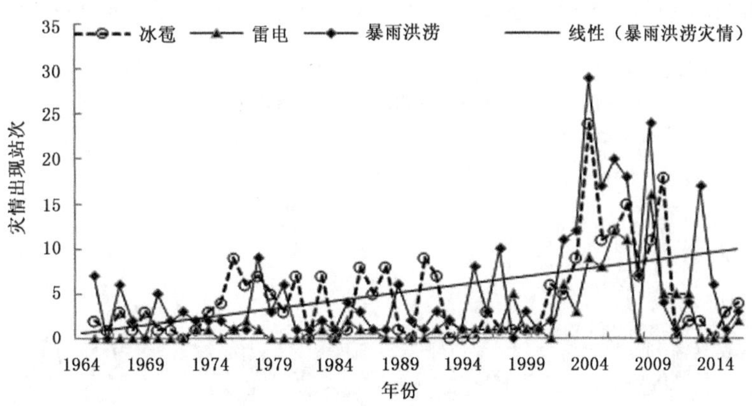

图 11.4　1964—2015 年廊坊市暴雨洪涝、冰雹和雷电造成灾情站次逐渐变化曲线

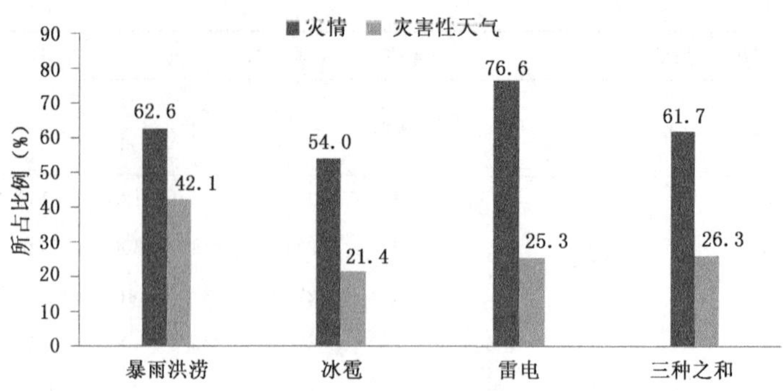

图 11.5　2000—2015 年廊坊市暴雨洪涝、冰雹和雷暴灾害性天气、灾情占历年总站次的比例

经过统计分析发现，发生灾害性天气的站次总体呈下降趋势（图 11.6～11.8），其中，1996 年之前出现站次有起伏，但是基本稳定，1996 年之后下降趋势明显。从灾害性天气所造成的灾情统计来看，廊坊市暴雨洪涝、冰雹、雷电灾害出现站次呈上升趋势，特别是 2000—2009 年这 10 年间，各种灾情出现站次明显高于之前，2010 年之后灾情出现站次略有下降，但总体也

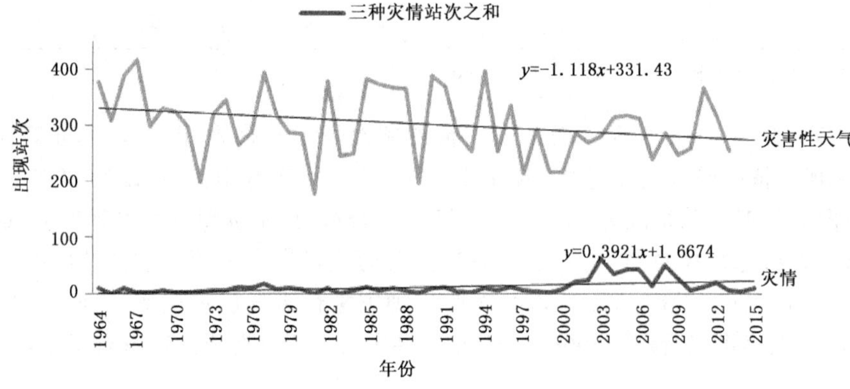

图 11.6　1964—2015 年廊坊市三种主要灾害性天气与灾情站次的变化曲线

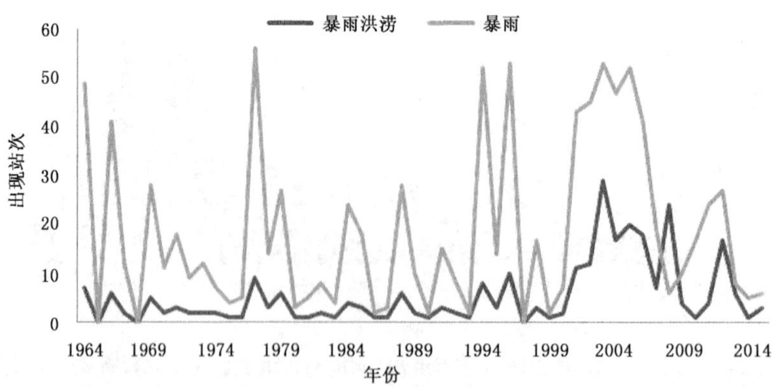

图 11.7　1964—2015 年廊坊市暴雨洪涝灾害与暴雨天气出现站次的变化曲线

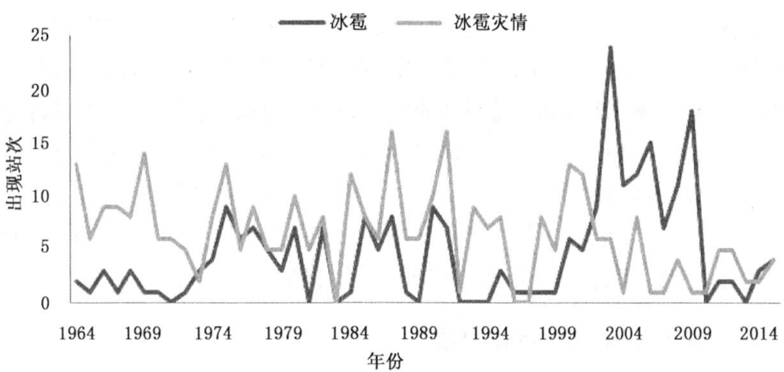

图 11.8　1964—2015 年廊坊市冰雹灾害性天气与灾情站次的变化曲线

高于 20 世纪 70 年代和 80 年代。廊坊市另一种主要灾害性天气，大风的下降趋势则更为明显，变化率为－65.6 站次/10 年，这可能和城市化造成的地面气象观测站周边环境的变化有密切的关系。

11.3　典型重大灾害性天气过程灾情案例

11.3.1　2012 年“7 · 21”特大暴雨天气过程灾情

受高空低涡和地面低压系统的影响，2012 年 7 月 21—22 日廊坊市中北部出现有气象记录以来单日平均最强降雨，全市平均降水量为 171.4 mm，其中，7 月 21 日 08 时—22 日 08 时全市平均降水量达 146.3 mm，固安 366.7 mm、市区 254.6 mm、永清 208.6 mm，均创历史极值，从河北省区域自动站资料显示，北京房山、门头沟一带降水量级也大部在 300 mm 以上，和固安县构成 300 mm 以上的强降雨中心。强降水造成了严重的城市内涝，部分县(市)出现了局地沥涝、大棚倒塌、低洼居民受灾等情况(图 11.9)。

图 11.9　廊坊市广阳区银河南路(a)和固安县蔬菜大棚(b)灾情照片

据统计，“7·21”暴雨洪水以及数次的强降雨，使我市 10 个县(市、区)累计 51 个乡镇遭受暴雨洪水灾害，受灾人口 96.87 万人，紧急转移安置人口 2.59 万人。农作物受灾面积 156.45 千公顷，成灾面积 44.28 千公顷。房屋倒塌 2327 间，房屋损毁 1090 间。3046 个企业停产，公路中断 111 条次，供电中断 19 条次，通讯中断 11 条次。损坏堤防 442 处，总长度 77.89 km；损坏渠道护坡 5 处；损坏丁坝 16 道；损坏护岸 3 处；冲毁塘坝 2 座，损毁灌溉设施 138 处；损坏闸涵 126 座；损坏泵站 5 座；损坏机电井 239 眼；损坏桥梁及附属设施 14 处。

直接经济总损失 25.01 亿元，其中农业损失 12.88 亿元，工业损失 6.05 亿元，水利设施直接经济损失 2.81 亿元，家庭财产损失 1.5 亿元，其他损失 1.77 亿元。

11.3.2　2015 年 7—8 月干旱天气过程灾情

2015 年 7 月，廊坊市平均降水量为 142.9 mm，较常年同期(159.6 mm)偏少 10.4%，大城偏少最多，降水量仅为 70.1 mm，比常年同期(157.4 mm)偏少 55.5%。8 月全市平均降水量为 82.6 mm，比常年(126.5 mm)偏少 34.7%，属于历史同期降水偏少时段。三河和香河降水量偏少超过 50%，分别偏少 60.2%和 67.2%，其他县(市)偏少 8%～46%不等。根据 2015 年 7 月 8 日各县(市)通过土钻法测的 10～50 cm 土壤相对湿度数据知，廊坊市 10～50 cm 存在不同程度的旱情，其中 30 cm 土层除三河、大厂、文安中西部墒情适宜，其他地区存在不同程度的旱情，其中大城、永清中部墒情达到重旱级别；10 cm 土层除了三河大部分及大厂小部分土壤墒情适宜，其他市县均存在不同程度的旱情(图 11.10)，其中大城全部乡镇、文安霸州东部及永清大部分旱情较重。

7—8 月降水偏少，部分地区出现了阶段性气象干旱，尤其是在玉米需水关键期降水偏少，6 月初到 7 月中旬，降水较常年同期偏少 70%左右，而且分布不均，廊坊全市均出现了不同程度的农业干旱，致使降水偏少的中南部地区玉米减产。

图 11.10　廊坊市固安县(a)和大城县(b)干旱玉米灾情照片

11.3.3　2016 年 6 月 10 日冰雹大风天气过程灾情

受冷暖空气共同影响，6 月 10 日 16 时左右开始至前半夜，廊坊市自北向南出现雷雨、短时强降水、短时大风、冰雹等强对流天气。廊坊市区观测站于 16:59 和 17:37—17:52 两次观测到冰雹，最大直径约为 15 mm；香河最大瞬时风速为 22.4 m/s，廊坊市区和大城瞬时风速达到 19.0 m/s。

本次强对流天气导致 3.52 万人口不同程度受灾，香河县农作物受灾严重，农作物受灾面积达 3515.23 公顷，成灾面积 2315.75 公顷，直接经济损失共计 3126 万元，市区车辆受损严重（图 11.11）。

图 11.11　廊坊市城区降雹(a)和香河县大风(b)灾情照片

参考文献

安月改,2004.京津冀区域近50年大雾天气气候变化特征[J].电力环境保护,20(3):1-4.

陈思蓉,朱伟军,周兵,2009.中国雷暴气候分布特征及变化趋势[J].大气科学学报,32(5):706.

陈渭民,2003.雷电学原理[M].北京:气象出版社:82.

程丽芳,2012.杭州市灰霾气候特征及清洁过程的对比分析[J].科技通报,28(7):31-35.

仇娟娟,何立富,2013.苏沪浙地区短时强降水与冰雹天气分布及物理量特征对比分析[J].气象,39(5):577-584.

丁一汇,马天键,王邦中,等,2008.中国气象灾害大典(综合卷)[M].北京:气象出版社:1-415.

杜荣光,齐冰,洪盛茂,等,2014.杭州地区霾日指标构建及应用初步研究[J].环境污染与防治,36(3):40-45.

冯强,陶诗言,王昂生,等,2001.暴雨洪涝灾害对社会经济和人民生活的影响分析[J].灾害学.16(3):44-48.

郭立平,李成才,王旭光,等,2016.廊坊空气重污染的大气环流形势和气象条件[J].中国人口·资源与环境,26(S1):79-83.

郭立平,周玉都,黄浩杰,2017.廊坊市降水变化特征分析[J].现代农业科技,(5):176-178.

何立富,李峰,李泽椿,2006.华北平原一次持续性大雾过程的动力和热力特征[J].应用气象学报,17(2):160-167.

黄荣辉,周连童,2002.我国重大气候灾害特征、形成机理和预测研究[J].自然灾害学报,11(1):1-9.

李正明,杨先荣,王劲松,等,2007.春季大风沙尘天气的气候特征及预报系统—以甘肃临夏州为例[J].中国沙漠,27(4):663-667.

梁爱民,张庆红,申红喜,等,2006.北京地区雷暴大风预报研究[J].气象,32(11):73-80.

廖晓农,于波,卢丽华,等,2009.北京雷暴大风气候特征及短时临近预报方法[J].气象,35(9):18-28.

刘梅,魏建苏,俞剑蔚,等,2009.近57a江苏省雷暴日时、空分布气候特征[J].气象科学,29(6):827-832.

刘宁微,马雁军,刘晓梅,等,2011.沈阳地区霾与雾的观测研究[J].环境科学学报,31(5):1064-1069.

刘小宁,张洪政,李庆祥,等,2005.我国大雾的气候特征及变化初步解释[J].应用气象学报,16(2):220-229.

刘艳杰,周玉都,马庚雪,2018.河北廊坊冰雹天气特征统计分析[J].气象与环境科学,41(1):108-115.

马敏敬,崔东林,王式功,等,2009.兰州市霾日的气候特征[J].兰州大学学报:自然科学版,45(6):56-61.

苗爽,周忠玉,2014.西安市雾霾与清洁天气变化特征及影响因素分析[C]/中国环境科学学会2014中国环境科学学会学术年会(第六章),成都:中国环境科学学会.

彭艳,王钊,许新田,2009.西北地区一次大范围沙尘天气环流动力特征分析[J].中国沙漠,29(4):766-772.

秦丽,李耀东,高守亭,等,2006.北京地区雷暴大风的天气—气候学特征研究[J].气候与环境研究,11(6):754-762.

宋善允,彭军,连志鸾,等,2017.河北省天气预报员手册[M].北京:气象出版社.

孙奕敏,1994.灾害性浓雾[M].北京:气象出版社:1-5.

王福侠,俞小鼎,裴宇杰,等,2016.河北省雷暴大风的雷达回波特征及预报关键点[J].应用气象学报,27(3):342-351.

吴兑,2011.灰霾天气的形成与演化[J].环境科学与技术,34(3):157-161.

吴兑,毕雪岩,邓雪娇,等,2006.珠江三角洲气溶胶云造成的严重灰霾天气[J].自然灾害学报,15(6):77-83.

吴兑,吴晓京,李菲,等,2011.中国大陆1951—2005年雾与轻雾的长期变化[J].热带气象学报,27(2):145-151.

吴海英,孙燕,曾明剑,等,2007.冷空气引发江苏近海强风形成和发展的物理过程探讨[J].热带气象学报,23

(4):388-394.

郗蒙浩,石峰,李志伟,等,2008. 关于灾害管理学的几点想法[J]. 防灾科技学院学报. 10(1):78-80.

辛吉武,许向春,2007. 我国的主要气象灾害及防御对策[J]. 灾害学,22(3):85-89.

许敏,刘艳杰,王洁,等,2014. 廊坊市回流型强降雪天气及预报指标分析[J]. 气象与环境学报,30(2):31-37.

姚学祥,2011. 天气预报技术与方法[M]. 北京:气象出版社:258-285.

叶笃正,丑纪范,刘纪远,等,2000. 关于我国华北沙尘天气的成因与治理对策[J]. 地理学报,55(5): 513-521.

俞小鼎,姚秀萍,熊廷南,等,2006. 多普勒天气雷达原理与业务应用[M]. 北京:气象出版社.

曾淑芩,巩崇水,赵中军,等,2012. 动力一统计方法在 24 小时雷暴预报的应用[J]. 气象,38(12):1510-1511.

张仙,湛芸,王磊,等,2013. 冷涡背景下京津冀地区连续降雹统计分析[J]. 气象,39(12):1570-1579.

赵桂香,2007. 一次回流与倒槽共同作用产生的暴雪天气分析[J]. 气象,33(11):41-48.

赵玲,万里鹏,2006. 一次春季冷锋过境引起的大风天气分析[J]. 黑龙江气象,4:13-15.

中国气象局,2003. 地面气象观测规范[M]. 北京:气象出版社.

周贺玲,李丽平,乐章燕,等,2011. 河北省雾的气候特征及趋势研究[J]. 气象,37(4):462-467.

朱乾根,林锦瑞,寿绍文,等,2000. 天气学原理与方法[M]. 北京:气象出版社:649.

卓鸿,王冀,霍苗,等,2016. 不同类型大尺度环流背景下首都国际机场的雷暴特征分析[J]. 暴雨灾害,35(4):377.

Weisman M L,Klemp J B,1982. The dependence of numerically simulated convective storms on vertical wind shear and buoyancy [J]. Mon. Wea. Rev. ,110(6):504-520.

附录A 廊坊市主要气象灾害风险区划图

绘图说明:廊坊市气象局根据辖区内9个气象观测站气象数据,编制了廊坊市冰雹、大风、大雾、雷暴、沙尘、倒春寒等7种主要气象灾害风险区划图(图A.1～A.7,附彩图)。利用廊坊市9个气象观测站气象数据结合135个区域自动站监测数据,以乡镇为单元编制了廊坊市高温和暴雨的气象灾害风险区划图(图A.8～A.9,附彩图)。

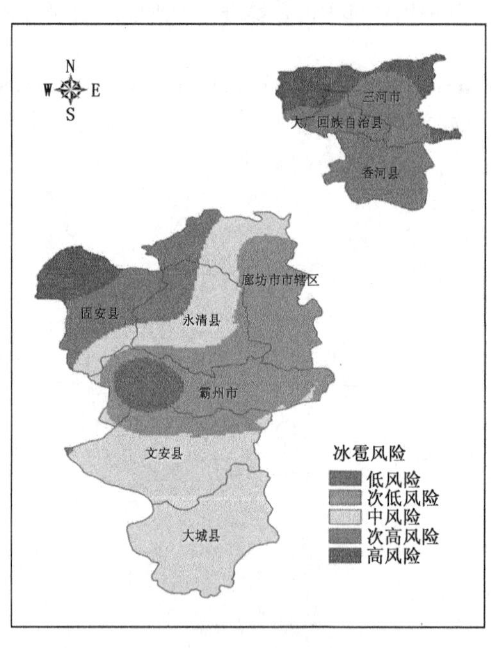

图A.1 廊坊市冰雹灾害风险区划图

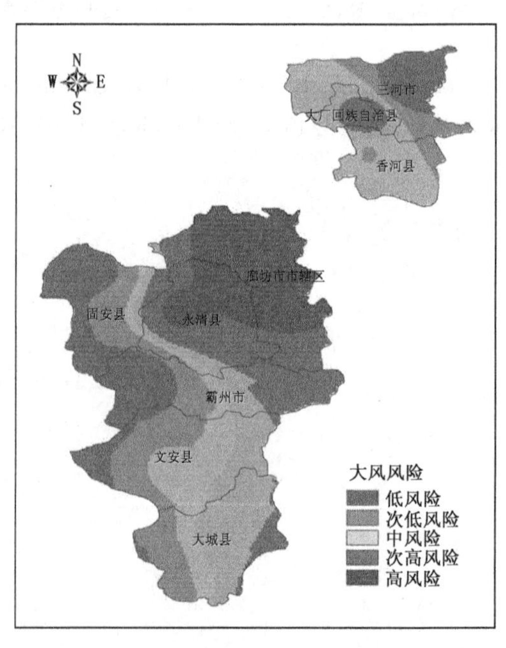

图A.2 廊坊市大风灾害风险区划图

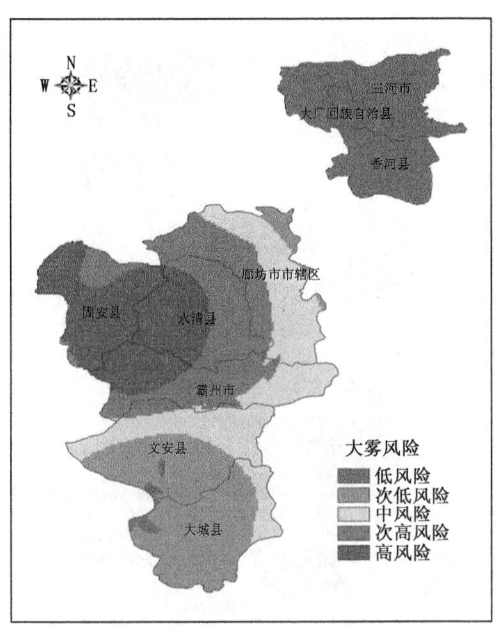

图 A.3　廊坊市大雾灾害风险区划图

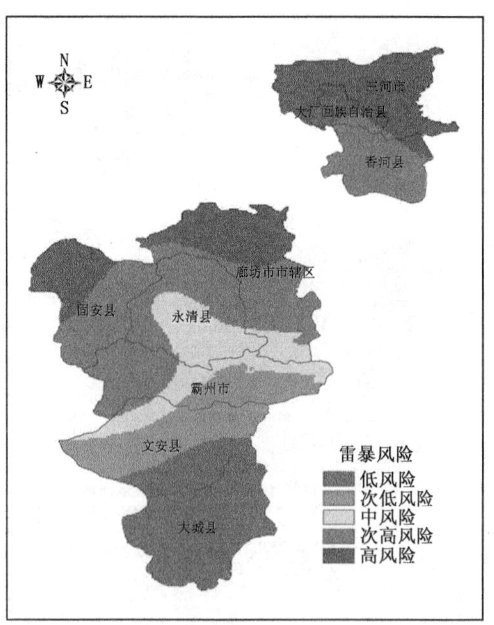

图 A.4　廊坊市雷暴灾害风险区划图

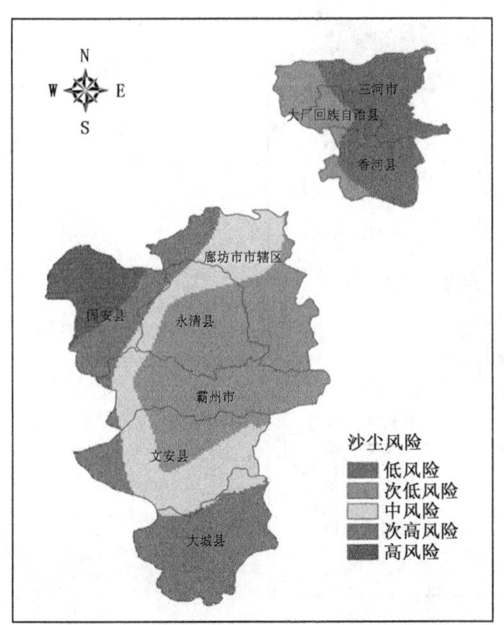

图 A.5　廊坊市沙尘灾害风险区划图

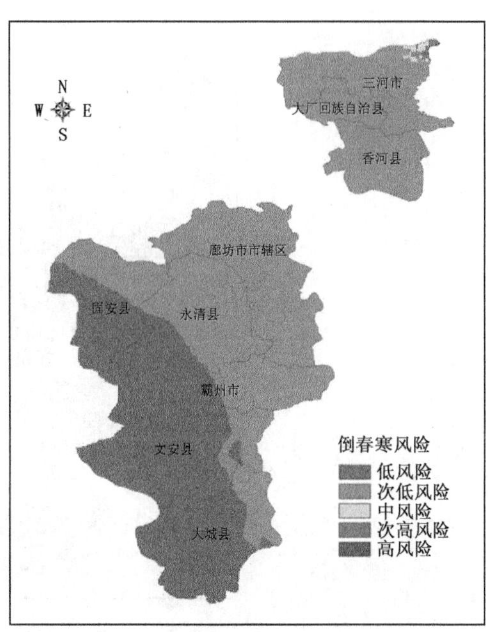

图 A.6　廊坊市倒春寒灾害风险区划图

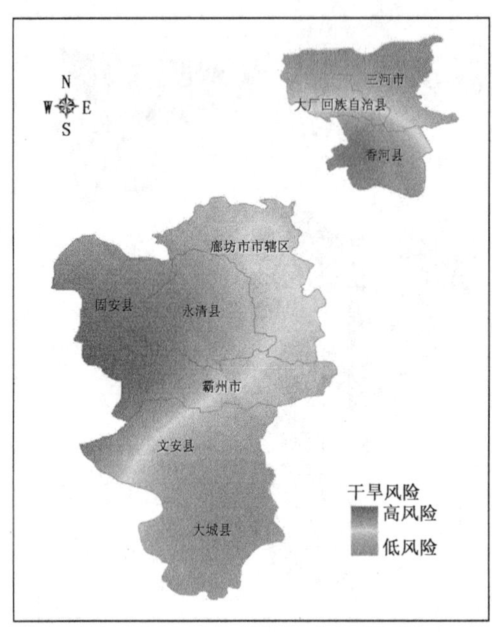

图 A.7　廊坊市干旱灾害风险区划图

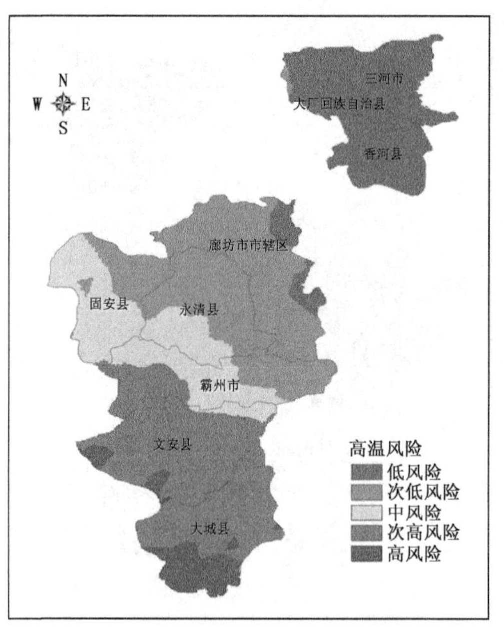

图 A.8　廊坊市高温灾害风险区划图

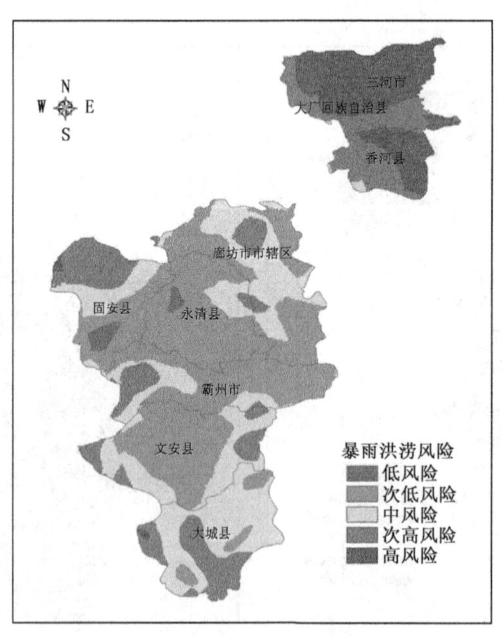

图 A.9　廊坊市暴雨洪涝灾害风险区划图

附录B　资料、时间段统计标准及规定

B.1　各章节资料来源及统计时间段

(1)本书天气现象、气象要素等气象观测资料来自廊坊市辖区9个气象观测站，各章节各灾害天气的气候特征统计时间段主要是1964—2015年，典型个例资料的统计时间段是2000—2018年。由于观测要求变化及资料等原因，雷暴资料选取时间段为1964—2013年、雷暴大风资料为1980—2013年、10分钟最大风速资料为1980—2015年、连阴雨(雪)资料为1981—2015年、廊坊市历史气象灾害及区划分析，依据廊坊市5次气象灾情普查资料，为1949—2015年的气象灾情普查数据。

(2)空气污染资料来自廊坊市环境监测站2014—2015年的空气质量观测资料。

(3)客观环流形势分型资料为1999—2015年MICAPS气象资料，各章节根据灾害天气个例分布的不同，具体个例的大气环流形势分析时间段以各章节文中所述为主。

此外，永清县1996—1997年观测数据缺测。

B.2　季节、区域、时段划分标准

季节划分标准——春季(3—5月)、夏季(6—8月)、秋季(9—11月)、冬季(12月—次年2月)。

区域划分标准——单站：廊坊市辖区观测站任意1站；局部(2～3站)：廊坊市辖区观测站任意2～3站；区域(4～8站)：廊坊市辖区观测站任意4～8站；全市(范围)：廊坊市辖区9个观测站。

廊坊市地理分布划分标准——北部(三河、大厂、香河)，中部(廊坊市辖区、固安、永清)，南部(霸州、文安、大城)

日界划分标准——除各章节特别说明外，本书中日界划分标准指北京时20时—20时，日平均值指一日内4次(02:00,08:00,14:00,20:00)定时观测的平均值。

附录C 大气环流形势客观分型方法介绍

C.1 大气环流形势客观分型方法

本书中大气环流形势天气分型为主观分类、客观分型相结合来进行分析，客观分型部分采取“25 点分型法”，或称 25 点相关系数法分型。具体步骤为：首先根据《天气学原理》中介绍的每一种天气形势（如高压脊、低压场、高压场、均压场等），在历史天气个例中选择一定数量（>30）的样本，然后对每一种天气形势做平均，即高度场、地面气压场、温度场的平均场（MICAPS 第四类数据格式，经纬度间隔均为 2.5°）；其次，针对廊坊市地理位置选取（35°～45°N，110°～120°E）区域中的 25 个格点数据作为某类天气分型的标准分型模式，按照自西向东、自北向南的方式把 25 个格点排列成一组数字；第三，按照上述方法建立天气分型比对数组，编写程序提取需要自动分型的形势场中对应的 25 个格点数据，同样按照自西向东、自北向南的方式把 25 个格点排列成数组；最后，将需要分型的数组与建立好的天气分型数组进行比对，线性相关最好的即判断为同一种天气形势。数组线性相关计算公式如下：

$$r=\frac{\sum_{i=1}^{n}(x_i-\bar{x})(y_i-\bar{y})}{\sqrt{\sum_{i=1}^{n}(x_i-\bar{x})^2\cdot\sum_{i=1}^{n}(y_i-\bar{y})^2}}$$

$$=\frac{n\sum_{i=1}^{n}x_iy_i-\sum_{i=1}^{n}x_i\cdot\sum_{i=1}^{n}y_i}{\sqrt{n\sum_{i=1}^{n}x_i^2-(\sum_{i=1}^{n}x_i)^2}\cdot\sqrt{n\sum_{i=1}^{n}y_i^2-(\sum_{i=1}^{n}y_i)^2}}$$

C.2 天气形势客观分型种类

根据廊坊市上空大气环流形势分布的特点，本书中将廊坊市上空高空环流形势分为 7 种类型，包括高空低涡形势、高压脊内、槽前西南气流、横槽、脊前西北气流、平直西风环流、陡强脊前西北气流，各型示意图见图 C.1～C.7；地面环流形势分为 8 种类型，分别为高压场底部、回流形势、鞍形场、变性高压场、高压场前部、高压场后部、低气压场、倒槽，各型示意图见图 C.8～C.15；温度场分为 7 种类型，分别为冷中心内、暖中心内、冷槽前部、暖脊前部、冷槽后部、南高北低、暖脊，各型示意图见图 C.16～C.22。

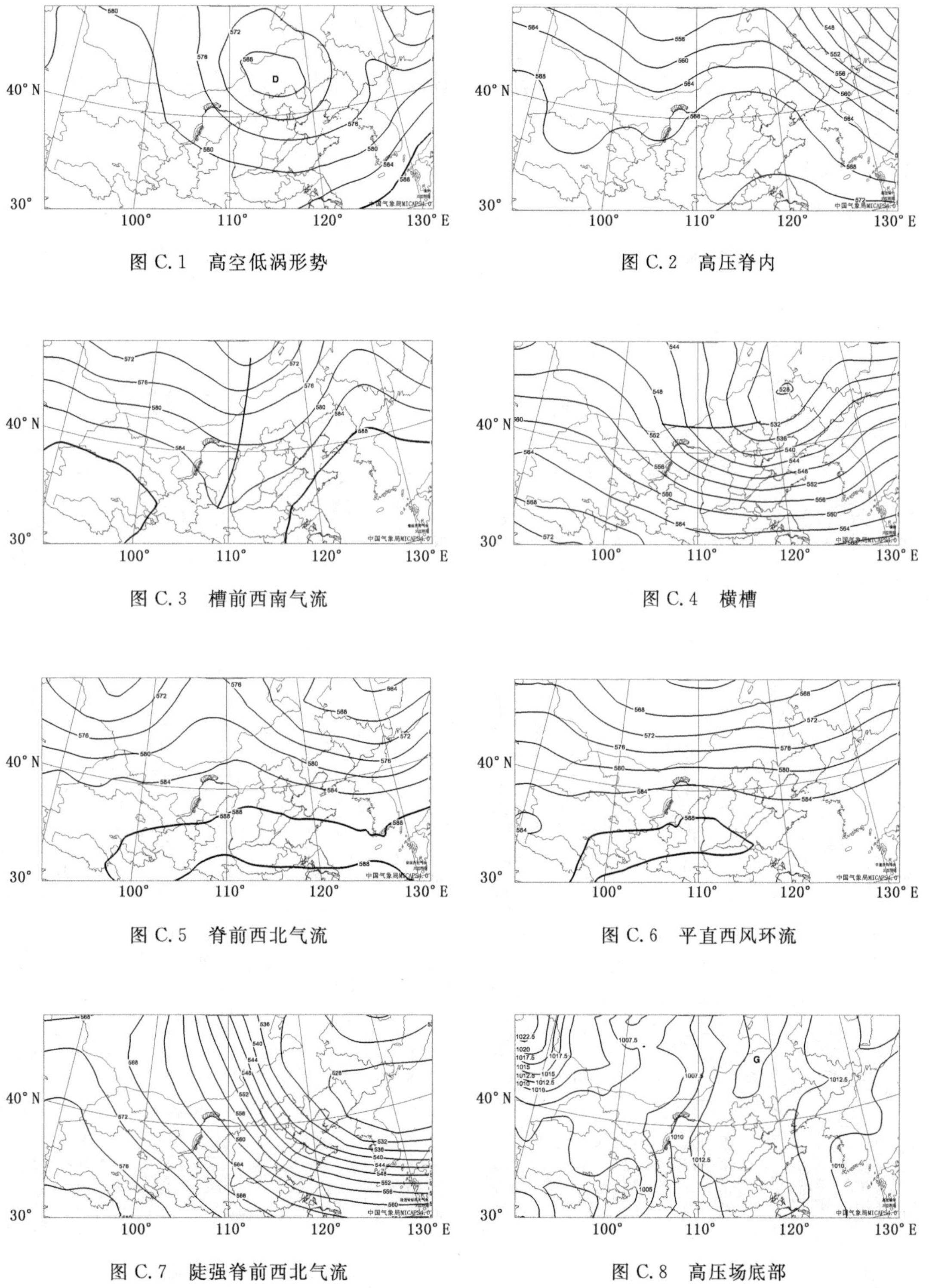

图 C.1　高空低涡形势

图 C.2　高压脊内

图 C.3　槽前西南气流

图 C.4　横槽

图 C.5　脊前西北气流

图 C.6　平直西风环流

图 C.7　陡强脊前西北气流

图 C.8　高压场底部

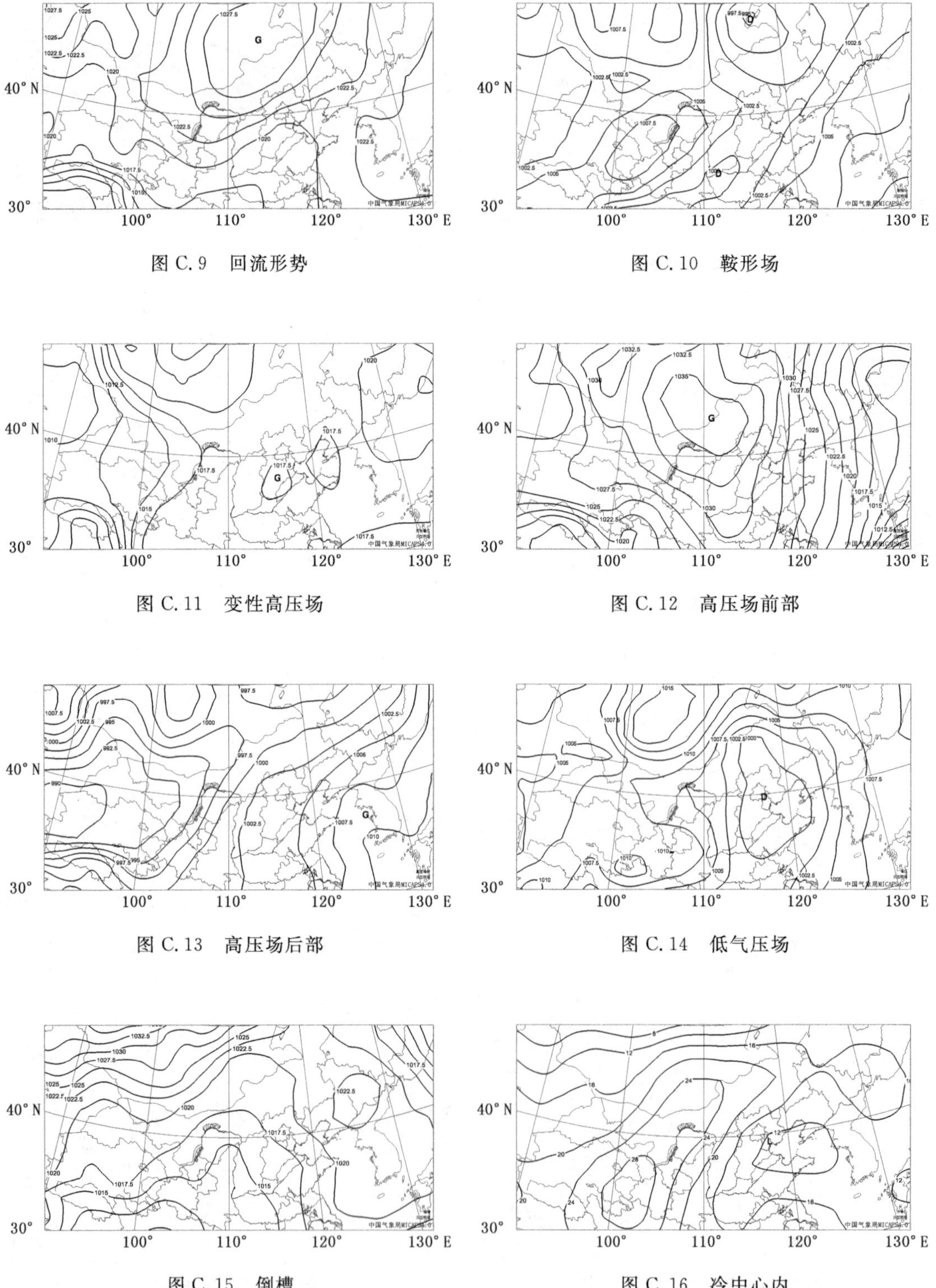

图 C.9 回流形势

图 C.10 鞍形场

图 C.11 变性高压场

图 C.12 高压场前部

图 C.13 高压场后部

图 C.14 低气压场

图 C.15 倒槽

图 C.16 冷中心内

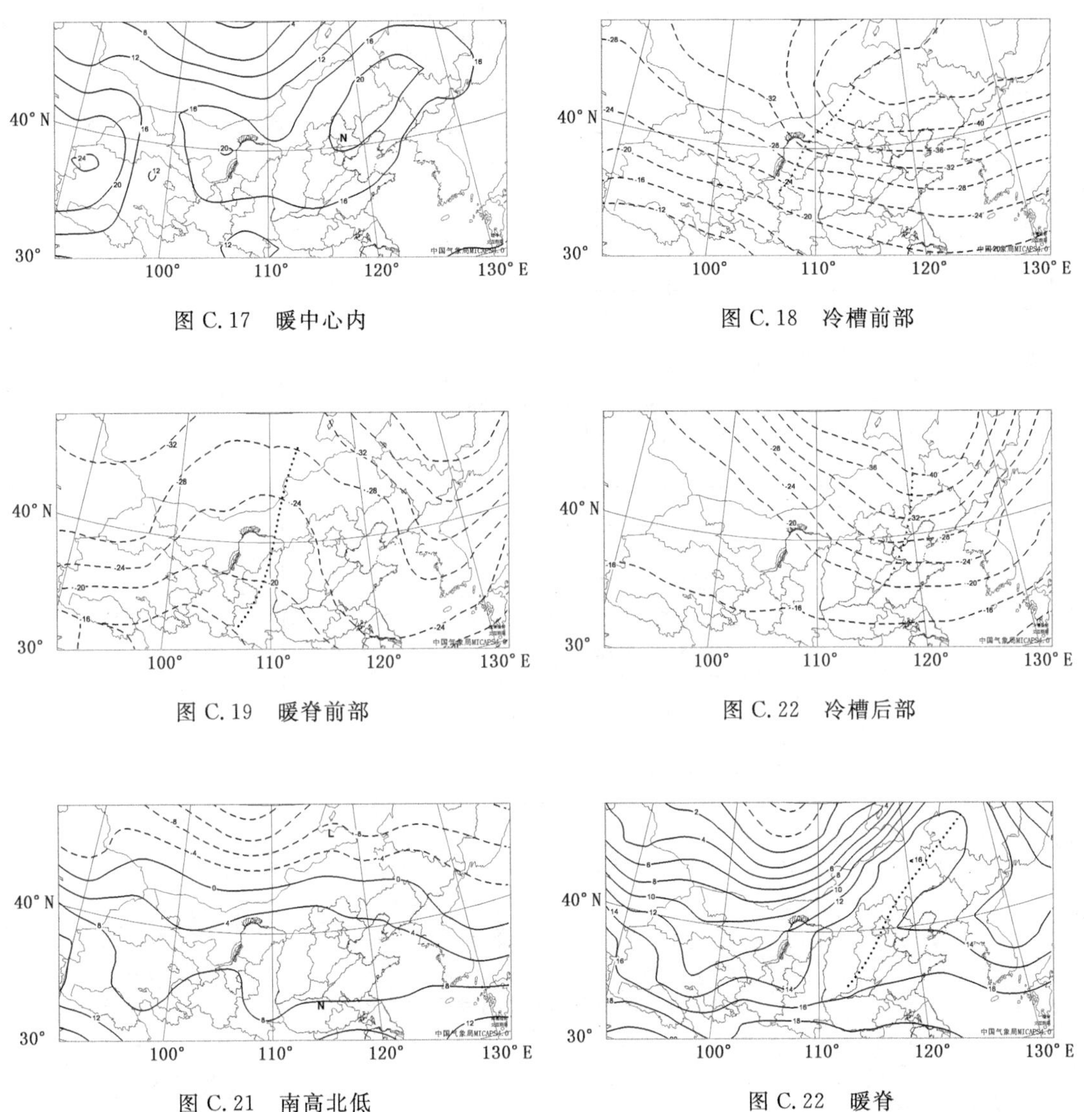

图 C.17　暖中心内

图 C.18　冷槽前部

图 C.19　暖脊前部

图 C.22　冷槽后部

图 C.21　南高北低

图 C.22　暖脊

C.3　程序编写流程图

大气环流形势"25 点分型法"(25 点相关系数法分型)客观分型计算机程序编写流程图见图 C.23。

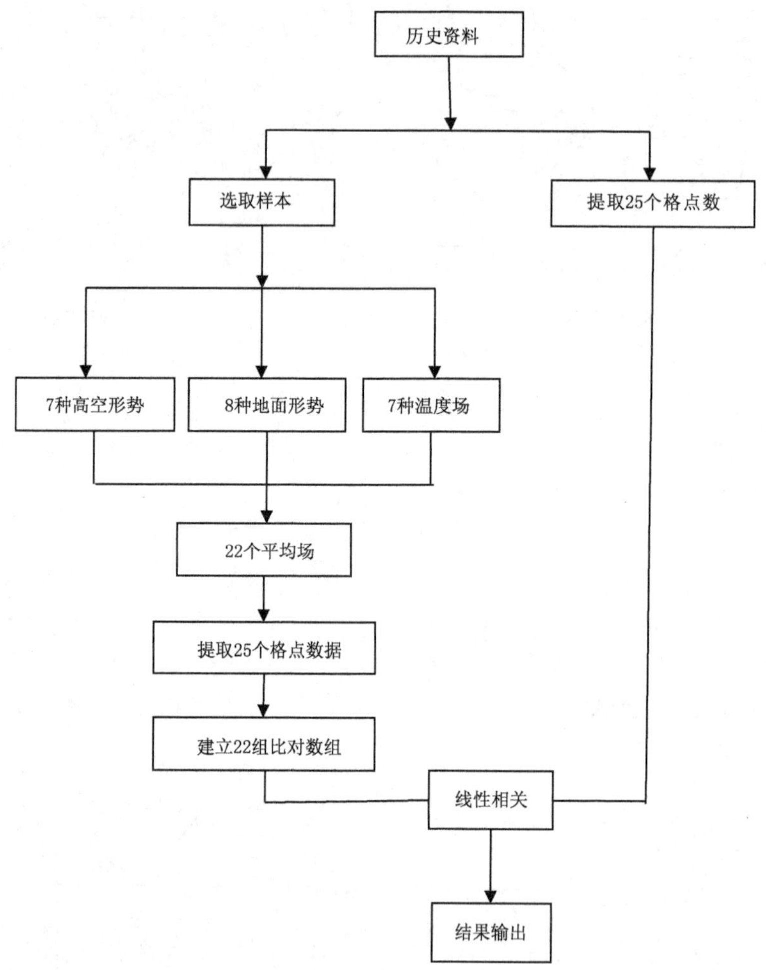

图 C.23　25 点分型法程序编写流程图

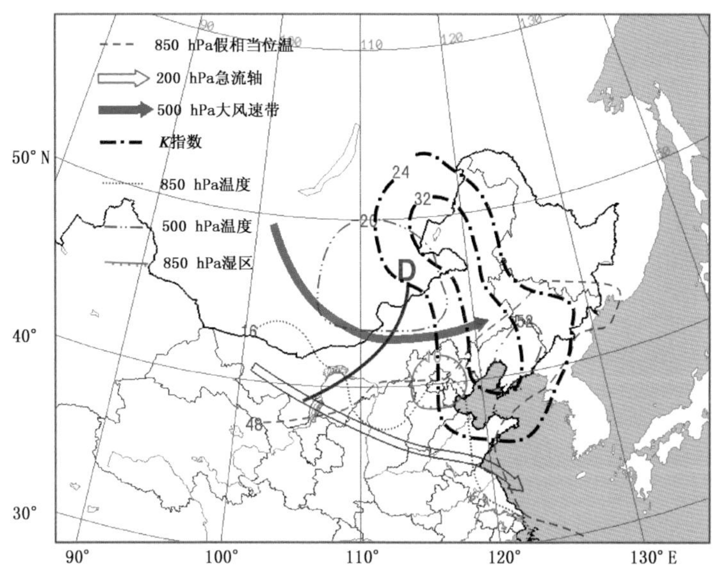

图 2.9　北涡南槽型高、低空形势配置图

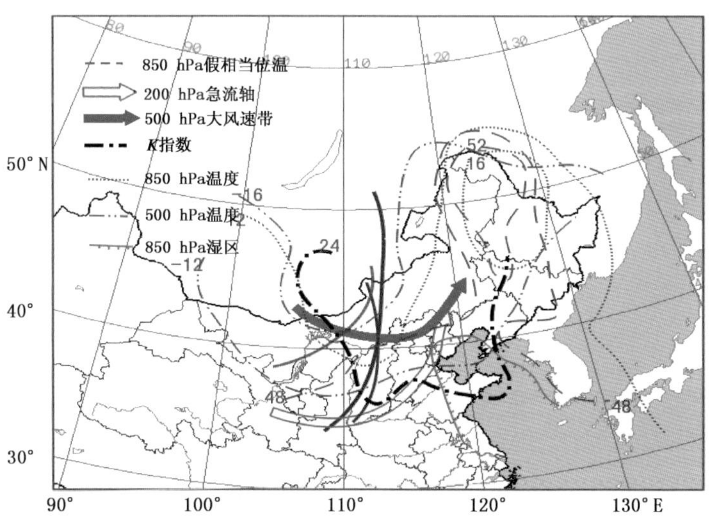

图 2.10　短波槽型高、低空形势配置图

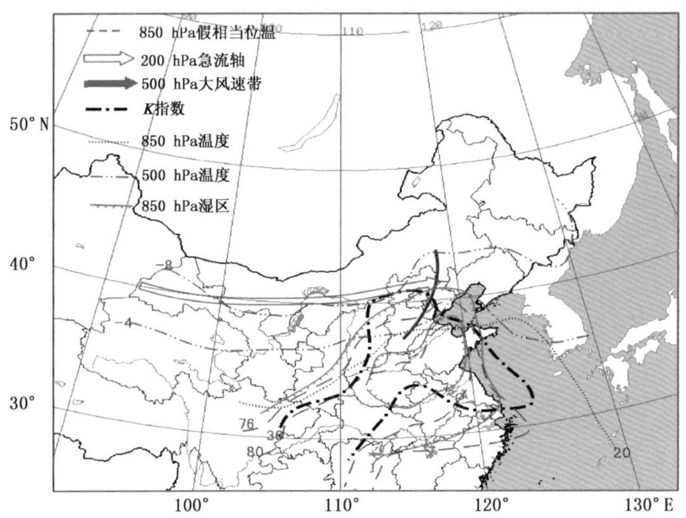

图 2.11　西北气流型高、低空形势配置图

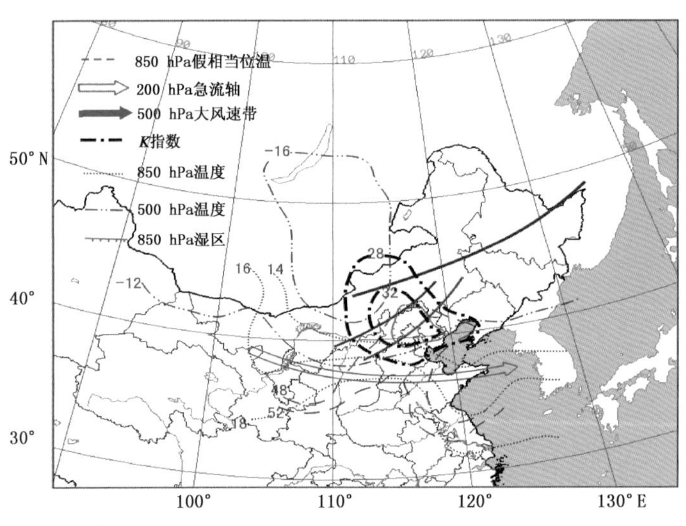

图 2.12　横槽型高、低空形势配置图

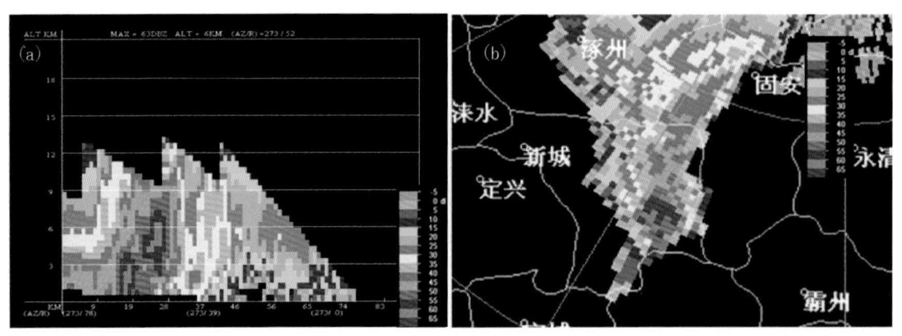

图 2.22　冰雹天气雷达回波特征

（a.2009 年 7 月 23 日反射率因子剖面；b.2015 年 6 月 10 日反射率因子图）

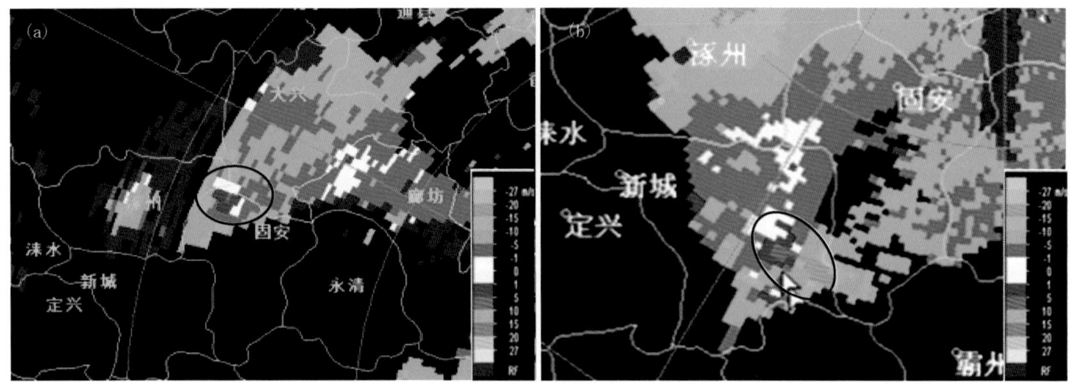

图 2.23　冰雹天气雷达径向速度特征

（a. 2015 年 5 月 17 日逆风区；b. 2015 年 6 月 10 日弱切变）

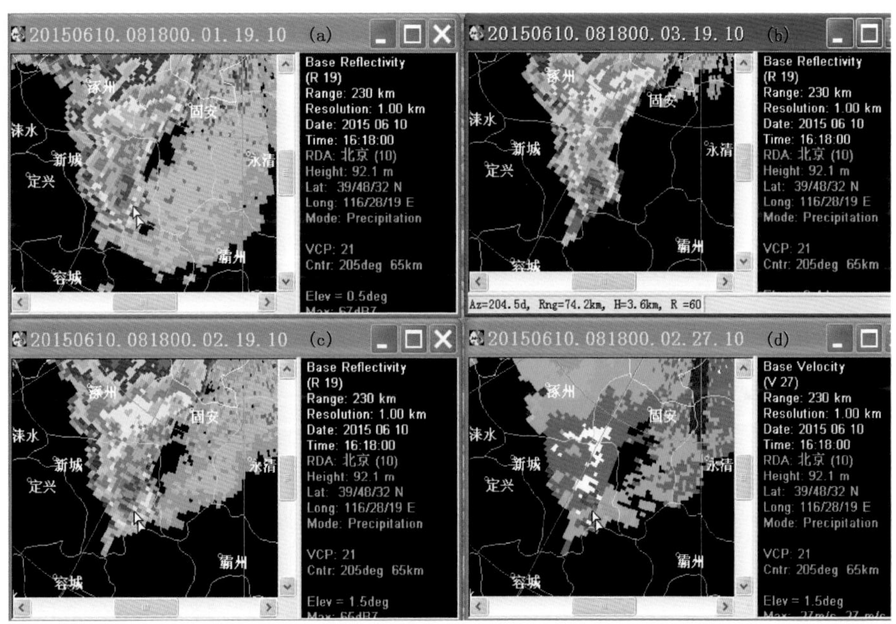

图 2.28　2015 年 6 月 10 日 16:18 北京雷达反射率因子及径向速度图

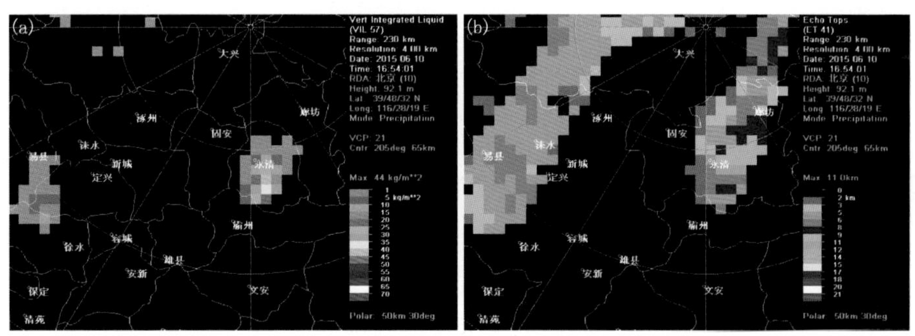

图 2.29　2015 年 6 月 10 日 16:54 北京雷达 VIL(a)和 ET(b)高度

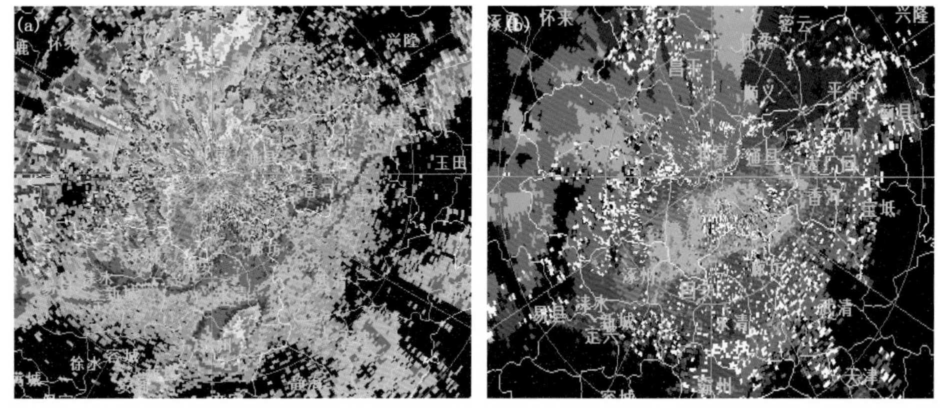

图 2.44　2006 年 8 月 1 日 18:29 北京雷达 0.5°仰角反射率因子(a)和径向速度(b)

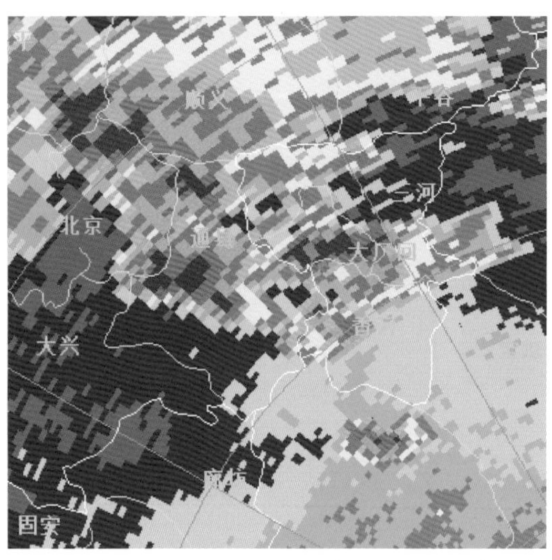

图 2.45　2008 年 8 月 14 日 13:36 天津雷达 0.5°仰角反射率因子

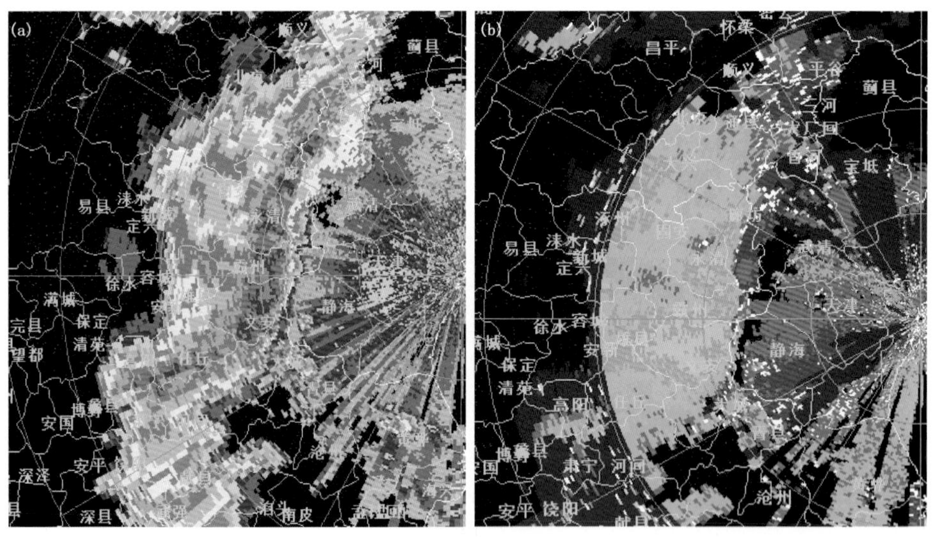

图 2.46　2008 年 6 月 23 日 17:48 北京雷达 0.5°仰角反射率因子(a)和径向速度(b)

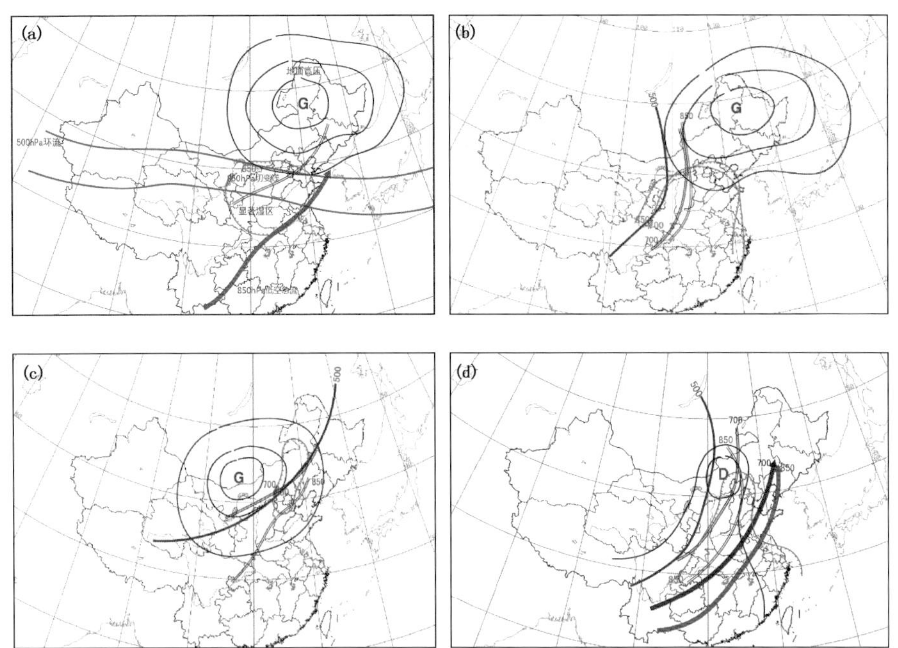

图 9.11 强降雪天气高低空及地面环流主要形势配置

（a、b. 回流型；c. 高压型；d. 低压倒槽型）

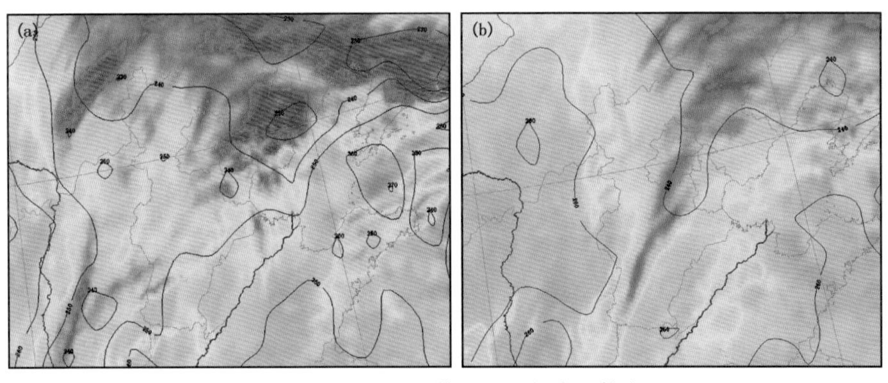

图 9.19 2 月 7 日红外云图和相当黑体亮温

（a. 05 时；b. 09 时）

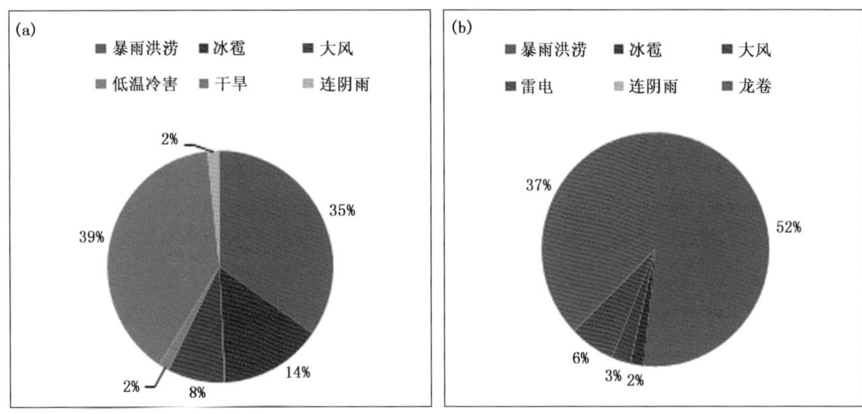

图 11.1 1949—2015 年廊坊市各种气象灾害所造成受灾人口(a)和死亡人口(b)比例

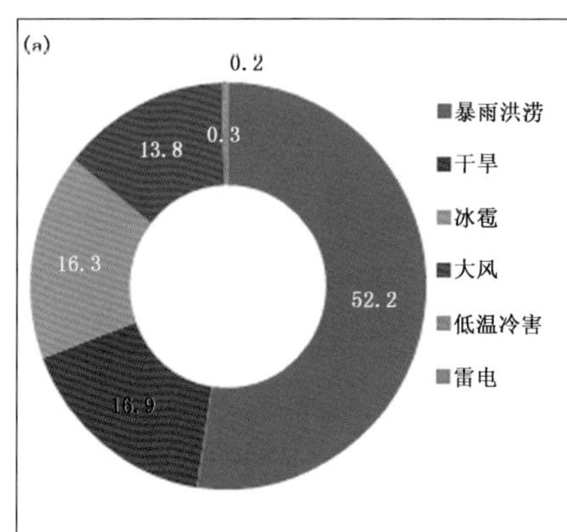

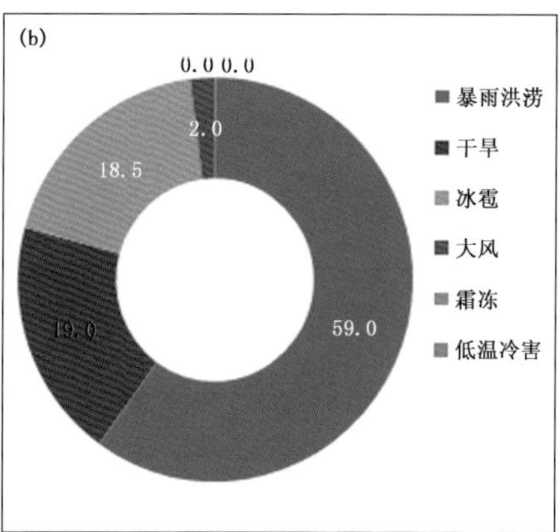

图 11.2　1949—2015 年廊坊市各种气象灾害所造成农作物受灾面积(a)和成灾面积(b)比例

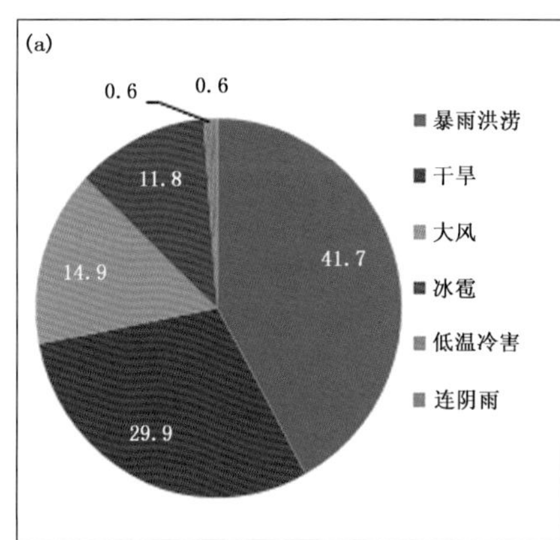

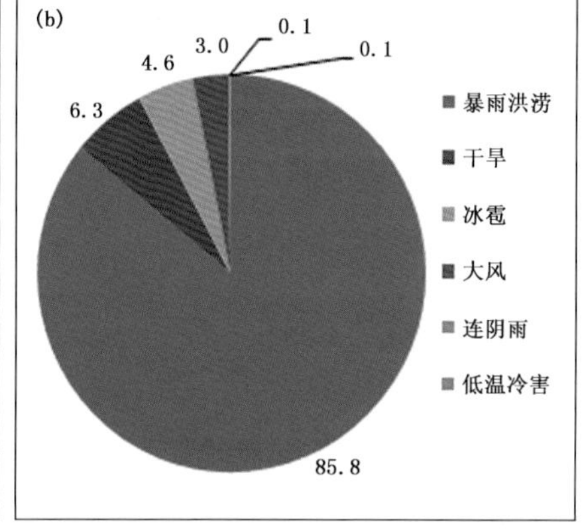

图 11.3　1949—2015 年廊坊市主要气象灾害所造成农业经济损失(a)和直接经济损失(b)比例

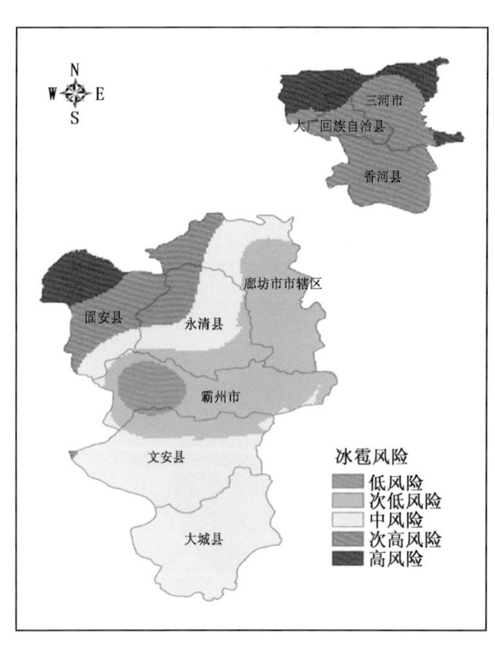

图 A.1　廊坊市冰雹灾害风险区划图

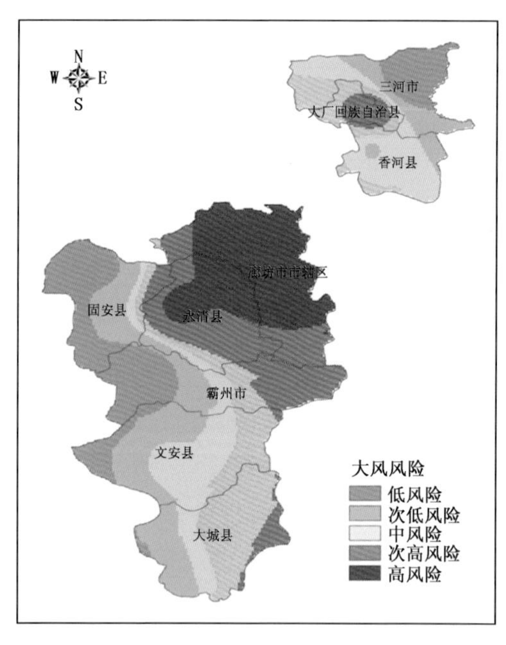

图 A.2　廊坊市大风灾害风险区划图

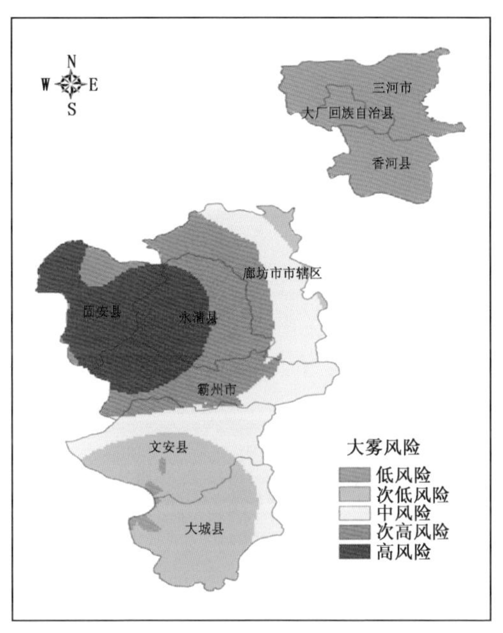

图 A.3　廊坊市大雾灾害风险区划图

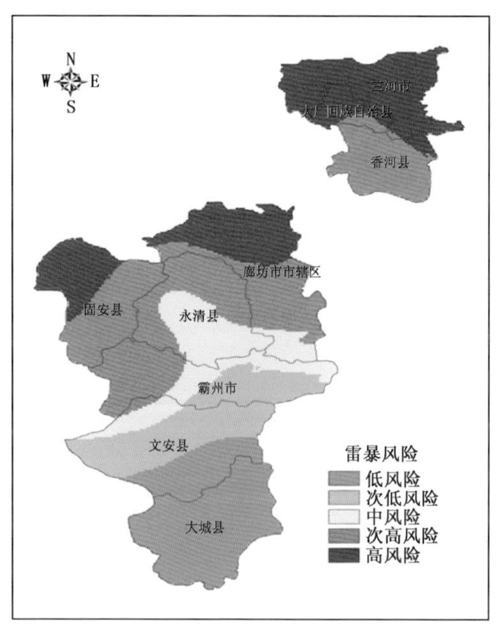

图 A.4　廊坊市雷暴灾害风险区划图

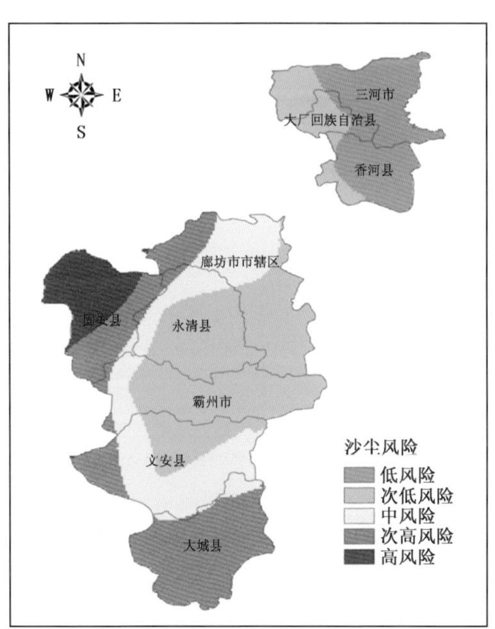

图 A.5　廊坊市沙尘灾害风险区划图

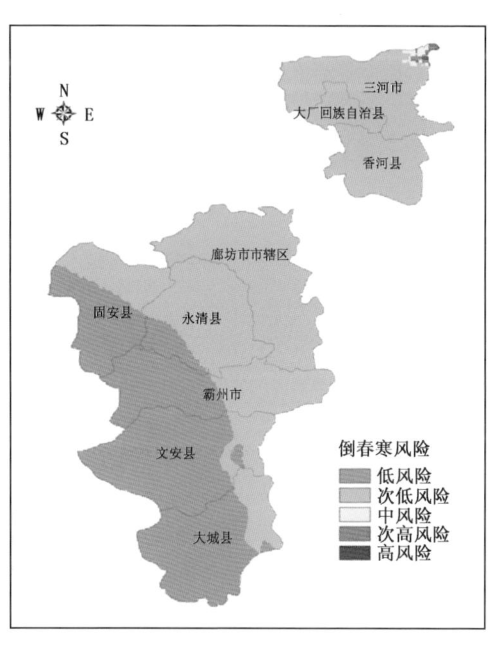

图 A.6　廊坊市倒春寒灾害风险区划图

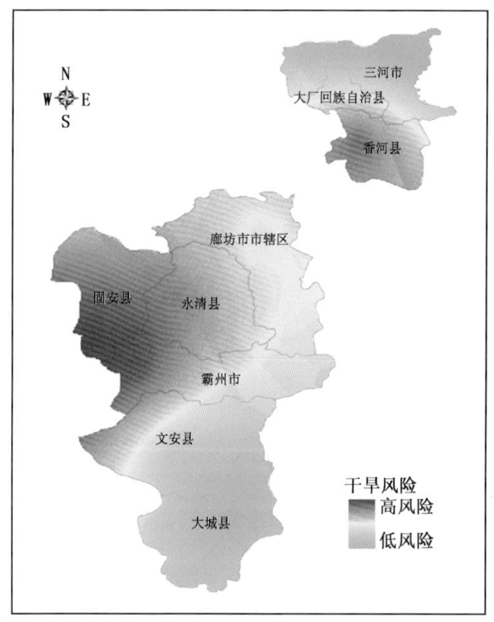

图 A.7　廊坊市干旱灾害风险区划图

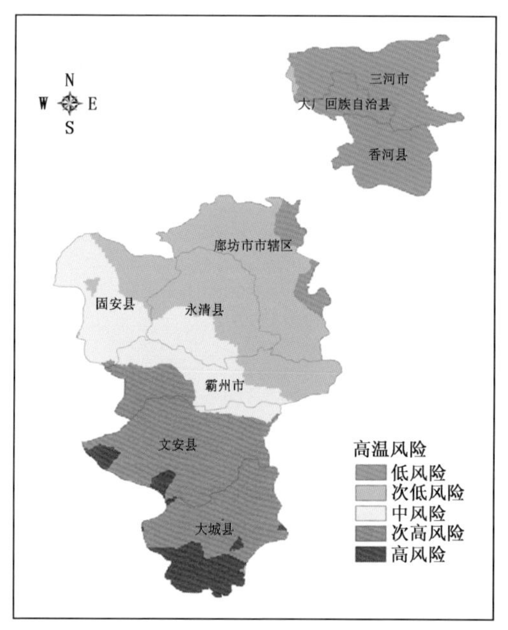

图 A.8　廊坊市高温灾害风险区划图

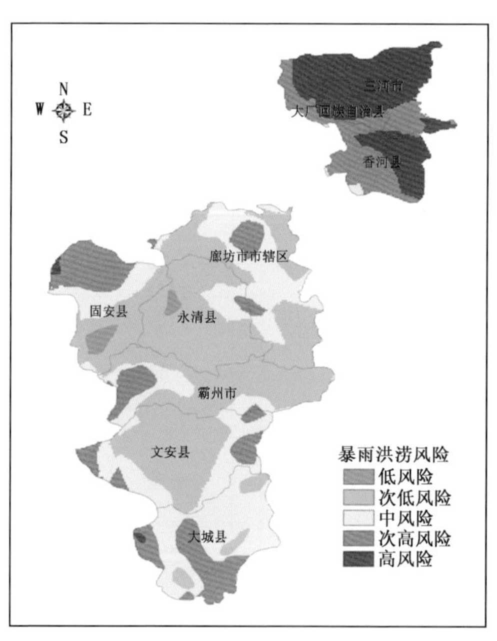

图 A.9　廊坊市暴雨洪涝灾害风险区划图